Frank Saßmannshausen

Vegetationsökologische Charakterisierung terrestrischer Mofetten

Frank Saßmannshausen

Vegetationsökologische Charakterisierung terrestrischer Mofetten

Untersuchungen in einem west-tschechischen Wiesental

Südwestdeutscher Verlag für Hochschulschriften

Impressum/Imprint (nur für Deutschland/only for Germany)
Bibliografische Information der Deutschen Nationalbibliothek: Die Deutsche Nationalbibliothek verzeichnet diese Publikation in der Deutschen Nationalbibliografie; detaillierte bibliografische Daten sind im Internet über http://dnb.d-nb.de abrufbar.
Alle in diesem Buch genannten Marken und Produktnamen unterliegen warenzeichen-, marken- oder patentrechtlichem Schutz bzw. sind Warenzeichen oder eingetragene Warenzeichen der jeweiligen Inhaber. Die Wiedergabe von Marken, Produktnamen, Gebrauchsnamen, Handelsnamen, Warenbezeichnungen u.s.w. in diesem Werk berechtigt auch ohne besondere Kennzeichnung nicht zu der Annahme, dass solche Namen im Sinne der Warenzeichen- und Markenschutzgesetzgebung als frei zu betrachten wären und daher von jedermann benutzt werden dürften.

Coverbild: www.ingimage.com

Verlag: Südwestdeutscher Verlag für Hochschulschriften GmbH & Co. KG
Heinrich-Böcking-Str. 6-8, 66121 Saarbrücken, Deutschland
Telefon +49 681 37 20 271-1, Telefax +49 681 37 20 271-0
Email: info@svh-verlag.de

Zugl.: Essen, Universität Duisburg-Essen, Diss., 2010

Herstellung in Deutschland (siehe letzte Seite)
ISBN: 978-3-8381-3196-2

Imprint (only for USA, GB)
Bibliographic information published by the Deutsche Nationalbibliothek: The Deutsche Nationalbibliothek lists this publication in the Deutsche Nationalbibliografie; detailed bibliographic data are available in the Internet at http://dnb.d-nb.de.
Any brand names and product names mentioned in this book are subject to trademark, brand or patent protection and are trademarks or registered trademarks of their respective holders. The use of brand names, product names, common names, trade names, product descriptions etc. even without a particular marking in this works is in no way to be construed to mean that such names may be regarded as unrestricted in respect of trademark and brand protection legislation and could thus be used by anyone.

Cover image: www.ingimage.com

Publisher: Südwestdeutscher Verlag für Hochschulschriften GmbH & Co. KG
Heinrich-Böcking-Str. 6-8, 66121 Saarbrücken, Germany
Phone +49 681 37 20 271-1, Fax +49 681 37 20 271-0
Email: info@svh-verlag.de

Printed in the U.S.A.
Printed in the U.K. by (see last page)
ISBN: 978-3-8381-3196-2

Copyright © 2012 by the author and Südwestdeutscher Verlag für Hochschulschriften GmbH & Co. KG and licensors
All rights reserved. Saarbrücken 2012

Inhaltsverzeichnis

1 Einführung ... 9
   1.1 Vorgeschichte der Untersuchung ... 9
   1.2 Bisherige Erkenntnisse ... 10
      1.2.1 Geologisch-vulkanologische Grundbegriffe ... 10
      1.2.2 Lufthaushalt normaler Böden ... 12
      1.2.3 Gashaushalt von Mofettenböden und deren Oberfläche ... 15
      1.2.4 Eigenschaften und Chemismus von Mofettenböden ... 16
      1.2.5 Pflanzenwachstum an Mofettenstandorten ... 18
      1.2.6 Kenntnisstand zur Mofettenvegetation ... 20
   1.3 Ziele der Untersuchung ... 23
2 Material und Methoden ... 24
   2.1 Untersuchungsgebiet ... 24
      2.1.1 Topographie und Landschaftsgeschichte ... 24
      2.1.2 Klima ... 25
      2.1.3 Geologie ... 26
      2.1.4 Böden ... 28
      2.1.5 Flora und Vegetation ... 30
      2.1.6 Fauna ... 33
      2.1.7 Funga ... 36
   2.2 Auswahl und Abgrenzung der Untersuchungsobjekte ... 36
   2.3 Bodengasmessung ... 44
   2.4 Bodenuntersuchung ... 46
      2.4.1 Bodenfeuchte ... 46
      2.4.2 Bodenazidität ... 48
      2.4.3 Humusgehalt ... 49
   2.5 Vegetationskundliche Untersuchungen ... 50
      2.5.1 Vegetationsaufnahmen ... 50
      2.5.2 Vegetationstabellen ... 52
      2.5.3 Phytoindikative und gasmesstechnische Mofettenabgrenzung ... 55
      2.5.4 Ökologische Zeigerwerte ... 56
   2.6 Datenverarbeitung und Statistik ... 59
3 Ergebnisse und Diskussion ... 61
   3.1 Mofettengase im Plesná-Tal ... 61
      3.1.1 Tiefengradient der CO_2-Konzentration ... 61
      3.1.2 Antagonismus von CO_2 und O_2 in Mofettenböden ... 62
   3.2 Ökologische Charakterisierung der Untersuchungsobjekte ... 67
      3.2.1 Wiese Hartoušov ... 67
         3.2.1.1 Transekte ... 67
         3.2.1.2 Fläche ... 77
      3.2.2 Birnenmofette ... 89
      3.2.3 Borstgrasmofette ... 99
         3.2.3.1 Fläche Nord ... 99
         3.2.3.2 Fläche Süd ... 110
         3.2.3.3 Transekte ... 114
      3.2.4 Rehmofette ... 117
      3.2.5 Sumpfmofette ... 121
   3.3 Mofettenzeiger und Mofettentypen ... 124
      3.3.1 Synoptische Vegetationstabelle ... 124
      3.3.2 Ökologische Eigenschaften der Mofettenzeiger ... 126
         3.3.2.1 Lichtzahl ... 130

3.3.2.2		Temperaturzahl	131
3.3.2.3		Kontinentalitätszahl	132
3.3.2.4		Feuchtezahl	132
3.3.2.5		Reaktionszahl	133
3.3.2.6		Stickstoffzahl	136
3.3.3		Determination der Mofettentypen	137
3.3.4		Ökologische Charakterisierung der Mofettentypen	139
3.3.5		Pflanzensoziologische Charakterisierung der Mofettentypen	144
3.4		CO_2-Toleranz ausgewählter Arten	145
3.5		Kurzmonographien ausgewählter Arten	148
3.5.1		Positive Mofettenzeiger	148
3.5.1.1		Scheiden-Wollgras *(Eriophorum vaginatum)*	148
3.5.1.2		Sumpf-Sternstreifenmoos *(Aulacomnium palustre)*	150
3.5.1.3		Heidekraut, Besenheide *(Calluna vulgaris)*	151
3.5.1.4		Kleines Habichtskraut *(Hieracium pilosella)*	153
3.5.1.5		Borstgras *(Nardus stricta)*	155
3.5.1.6		Herbst-Löwenzahn *(Leontodon autumnalis)*	156
3.5.1.7		Schaf-Schwingel *(Festuca ovina)*	157
3.5.1.8		Rotstängelmoos *(Pleurozium schreberi)*	158
3.5.1.9		Kleiner Ampfer *(Rumex acetosella)*	159
3.5.2		Mofettovage	160
3.5.2.1		Wiesen-Segge, Braun-Segge *(Carex nigra)*	160
3.5.2.2		Rasen-Schmiele *(Deschampsia cespitosa)*	161
3.5.2.3		Gemeiner Teufelsabbiss *(Succisa pratensis)*	162
3.5.2.4		Blutwurz *(Potentilla erecta)*	163
3.5.2.5		Wiesen-Fuchsschwanz *(Alopecurus pratensis)*	164
3.5.2.6		Großer Wiesenknopf *(Sanguisorba officinalis)*	166
3.5.3		Negative Mofettenzeiger	167
3.5.3.1		Wiesen-Knöterich, Schlangen-Knöterich *(Bistorta officinalis)*	167
3.5.3.2		Wiesen-Kerbel *(Anthriscus sylvestris)*	168
3.5.3.3		Große Brennnessel *(Urtica dioica)*	170
3.5.3.4		Gamander-Ehrenpreis *(Veronica chamaedrys)*	171
3.5.3.5		Echtes Mädesüß *(Filipendula ulmaria)*	172
4	Zusammenfassung		174
5	Ausblick		176
6	Literatur		178
7	Anhang		191
8	Danksagung		198

Abbildungsverzeichnis

Abb. 1: Blick von Osten auf das Plesná-Tal bei Vackovec.   24
Abb. 2: Lage der Untersuchungsobjekte im Plesná-Tal.   37
Abb. 3: Blick von Norden auf die Wiese Hartoušov.   40
Abb. 4: Aufnahmestrukturen der Wiese Hartoušov.   41
Abb. 5: Blick von Nordwesten auf die winterliche Birnenmofette.   42
Abb. 6: Gesamtkomplex der Borstgrasmofette.   43
Abb. 7: Beziehung zwischen den Wassergehalten bei Frisch- und Trockengewichtsbezug.   47
Abb. 8: Beziehung zwischen den Wassergehalten bei Trocknungstemperaturen von 70 und 105 °C.   48
Abb. 9: Der Aufnahmerahmen im Einsatz auf der Wiese Hartoušov.   50
Abb. 10: Beziehung zwischen den O_2- und CO_2-Konzentrationen der aggregierten Messpunkte von Wiese, Birnen- und Borstgrasmofette in 10 (A), 20 (B), 40 (C) und 60 Tiefe (D).   65
Abb. 11: CO_2-Konzentration in 10 (A), 20 (B), 40 (C) und 60 cm Tiefe (D) auf den Transekten der Wiese Hartoušov.   68
Abb. 12: Bodenfeuchte (A), pH-Wert (B) und Humusgehalt (C) auf den Transekten der Wiese Hartoušov.   71
Abb. 13: CO_2-Konzentration und pH-Wert auf dem Transekt WiQ4.   73
Abb. 14: Positive (A) und negative Mofettenzeiger (B) auf den Transekten der Wiese Hartoušov.   75
Abb. 15: CO_2-Konzentration in 10 (A) und 20 cm Tiefe (B) im Raster der Wiese Hartoušov.   79
Abb. 16: CO_2-Konzentration in 40 (C) und 60 cm Tiefe (D) im Raster der Wiese Hartoušov.   80
Abb. 17: Bodenfeuchte (A) und pH-Wert (B) im Raster der Wiese Hartoušov.   81
Abb. 18: CO_2-Konzentration und pH-Wert auf den Quergradienten 16 (A) und 17 (B).   84
Abb. 19: Humusgehalt im Raster der Wiese Hartoušov.   85
Abb. 20: Positive (A) und negative Mofettenzeiger (B) im Raster der Wiese Hartoušov.   87
Abb. 21: Zeigerindex im Raster der Wiese Hartoušov.   88
Abb. 22: CO_2-Konzentration 2008 (A – D) und 2009 (E – H) in 10 (A, E), 20 (B, F), 40 (C, G) und 60 cm Tiefe (D, H) im Raster der Birnenmofette.   90

Abb. 23: Veränderung der CO_2-Konzentration in 10 (A), 20 (B), 40 (C) und 60 cm
Tiefe (D) im Raster der Birnenmofette. 91

Abb. 24: Bodenfeuchte (A), pH-Wert (B) und Humusgehalt (C) im Raster der
Birnenmofette. 93

Abb. 25: Humus- und Bodenwassergehalt im Bereich der Birnenmofette. 95

Abb. 26: Positive (A) und negative Mofettenzeiger (B) sowie der Zeigerindex (C)
im Raster der Birnenmofette. 98

Abb. 27: CO_2-Konzentration in 10 (A), 20 (B), 40 (C) und 60 cm Tiefe (D)
im Raster der Borstgrasmofette Nord. 100

Abb. 28: Bodenfeuchte (A), pH-Wert (B) und Humusgehalt (C) im Raster der
Borstgrasmofette Nord. 102

Abb. 29: Mittlerer Wassergehalt im Geländegradienten der Borstgrasmofette Nord. 103

Abb. 30: Mittlere CO_2-Konzentration und pH-Wert im Geländegradienten
der Borstgrasmofette Nord. 104

Abb. 31: Mittlere Humus- und Bodenwassergehalte im Bereich der
Borstgrasmofette Nord. 105

Abb. 32: Positive (A) und negative Mofettenzeiger (B) sowie der Zeigerindex (C)
im Raster der Borstgrasmofette Nord. 109

Abb. 33: CO_2-Konzentration in 10 (A), 20 (B), 40 (C) und 60 cm Tiefe (D)
im Raster der Borstgrasmofette Süd. 110

Abb. 34: Bodenfeuchte (A), pH-Wert (B) und Humusgehalt (C) im Raster der
Borstgrasmofette Süd. 112

Abb. 35: Positive (A) und negative Mofettenzeiger (B) sowie der Zeigerindex (C)
im Raster der Borstgrasmofette Süd. 113

Abb. 36: CO_2-Konzentration und Mofettenzeiger auf dem nördlichen
Längstransekt der Borstgrasmofette. 115

Abb. 37: CO_2-Konzentration und Mofettenzeiger auf dem südlichen
Quertransekt der Borstgrasmofette. 116

Abb. 38: CO_2-Konzentration und Mofettenzeiger auf dem östlichen
Längstransekt der Rehmofette. 118

Abb. 39: CO_2-Konzentration und Mofettenzeiger auf dem westlichen
Längstransekt der Rehmofette. 120

Abb. 40: CO_2-Konzentration und Mofettenzeiger auf dem
Längstransekt der Sumpfmofette. 121

Abb. 41: CO_2-Konzentration und Mofettenzeiger auf dem
Quertransekt der Sumpfmofette. 122

Abb. 42: Mittlere Zeigerwerte der in Tab. 28 enthaltenen Arten. 129

Abb. 43: Zeigerwertspektren zu Tab. 28. 130

Abb. 44: Mittlere Reaktionszahl im Raster der Birnenmofette. 135

Abb. 45: Mittelwerte von CO_2-Konzentration, Feuchte- und Reaktionszahl auf den 16 untersuchten Transekten. 141

Abb. 46: Ökogramme der sieben Mofettentypen mit CO_2-Konzentration, Feuchte-und Reaktionszahl. 143

Abb. 47: *Eriophorum vaginatum* im Raster der Wiese Hartoušov. 150

Abb. 48: *Aulacomnium palustre* im Raster der Wiese Hartoušov. 151

Abb. 49: *Calluna vulgaris* im Raster der Birnenmofette. 153

Abb. 50: *Hieracium pilosella* im Raster der Birnenmofette. 155

Abb. 51: *Nardus stricta* im Raster der Birnenmofette. 156

Abb. 52: *Leontodon autumnalis* im Raster der Wiese Hartoušov. 157

Abb. 53: *Festuca ovina* im Raster der Birnenmofette. 158

Abb. 54: *Pleurozium schreberi* im Raster der Birnenmofette. 159

Abb. 55: *Rumex acetosella* im Raster der Birnenmofette. 160

Abb. 56: *Carex nigra* im Raster der Birnenmofette. 161

Abb. 57: *Deschampsia cespitosa* im Raster der Birnenmofette. 162

Abb. 58: *Succisa pratensis* im Raster der Birnenmofette. 163

Abb. 59: *Potentilla erecta* Raster der Birnenmofette. 164

Abb. 60: *Alopecurus pratensis* im Raster der Wiese Hartoušov. 165

Abb. 61: *Sanguisorba officinalis* im Raster der Wiese Hartoušov. 167

Abb. 62: *Bistorta officinalis* im Raster der Wiese Hartoušov. 168

Abb. 63: *Anthriscus sylvestris* im Raster der Birnenmofette. 170

Abb. 64: *Urtica dioica* im Raster der Birnenmofette. 171

Abb. 65: *Veronica chamaedrys* im Raster der Birnenmofette. 172

Abb. 66: *Filipendula ulmaria* im Raster der Wiese Hartoušov. 173

Tabellenverzeichnis

Tab. 1: Lageparameter der im Plesná-Tal ausgewählten Transekte. 39

Tab. 2: Skalen nach LONDO (1976) und BRAUN-BLANQUET (1964)
in leicht modifizierter Form. 52

Tab. 3: Klassen der Sippen-Stetigkeit (nach DIERSCHKE 1994). 53

Tab. 4: Trefferquote des Zeigerindex bei Isolinien der CO_2-Konzentration von 1, 2
und 5 % für die Wiese Hartoušov, die Birnen- und die Borstgrasmofette. 56

Tab. 5: Mittelwert (MW) und Standardfehler (SF) der CO_2-Konzentration für
die Wiese Hartoušov, die Birnen- und die Borstgrasmofette. 61

Tab. 6: Beziehung zwischen den O_2- und CO_2-Konzentrationen der Messpunkte
für die Wiese Hartoušov, die Birnen- und die Borstgrasmofette. 64

Tab. 7: CO_2-definierte Mofetten- und Kontrollzonen auf den
Transekten der Wiese Hartoušov. 69

Tab. 8: Rangkorrelationskoeffizient nach Spearman für die CO_2-Konzentration
und den pH-Wert auf den Transekten der Wiese Hartoušov. 72

Tab. 9: Rangkorrelationskoeffizient nach Spearman (r_s) für den Humus- und
Bodenwassergehalt auf den Transekten der Wiese Hartoušov. 74

Tab. 10: Rangkorrelationskoeffizient nach Spearman für die CO_2-Konzentration
und die Mofettenzeiger auf den Transekten der Wiese Hartoušov. 77

Tab. 11: Rangkorrelationskoeffizient nach Spearman für die
in Abb. 18 dargestellten Beziehungen. 84

Tab. 12: Rangkorrelationskoeffizient nach Spearman für die CO_2-Konzentration
und die Anteile der Mofettenzeiger auf der Wiese Hartoušov. 86

Tab. 13: Rangkorrelationskoeffizient nach Spearman für die CO_2-Konzentration
und die Bodenfeuchte im Bereich der Birnenmofette. 94

Tab. 14: Rangkorrelationskoeffizient nach Spearman für die CO_2-Konzentration
und den Humusgehalt im Bereich der Birnenmofette. 96

Tab. 15: Rangkorrelationskoeffizient nach Spearman für die CO_2-Konzentration
und die Anteile der Mofettenzeiger im Bereich der Birnenmofette. 97

Tab. 16: Rangkorrelationskoeffizient nach Spearman für die CO_2-Konzentration
und den pH-Wert im Bereich der Borstgrasmofette Nord. 103

Tab. 17: Rangkorrelationskoeffizient nach Spearman für die CO_2-Konzentration und
den Humusgehalt im südwestlichen Teilbereich der Borstgrasmofette Nord. 106

Tab. 18: Rangkorrelationskoeffizient nach Spearman für die CO_2-Konzentration und die
Anteile der Mofettenzeiger im Bereich der Borstgrasmofette Nord. 108

Tab. 19: Rangkorrelationskoeffizient nach Spearman für die CO_2-Konzentration und den
pH-Wert im Bereich der Borstgrasmofette Süd. 111

Tab. 20: Rangkorrelationskoeffizient nach Spearman für die CO_2-Konzentration und die
Anteile der Mofettenzeiger im Bereich der Borstgrasmofette Süd. 114

Tab. 21: Rangkorrelationskoeffizient nach Spearman für die CO_2-Konzentration und
die Anteile der Mofettenzeiger auf dem nördlichen
Längstransekt der Borstgrasmofette. 115

Tab. 22: Rangkorrelationskoeffizient nach Spearman für die CO_2-Konzentration und die
Anteile der Mofettenzeiger auf dem südlichen Quertransekt der Borstgrasmofette. 117

Tab. 23: Rangkorrelationskoeffizient nach Spearman für die CO_2-Konzentration und die
Anteile der Mofettenzeiger auf dem östlichen Längstransekt der Rehmofette. 119

Tab. 24: Rangkorrelationskoeffizient nach Spearman für die CO_2-Konzentration und die
Anteile der Mofettenzeiger auf dem westlichen Längstransekt der Rehmofette. 120

Tab. 25: Rangkorrelationskoeffizient nach Spearman für die CO_2-Konzentration und die
Anteile der Mofettenzeiger auf dem Längstransekt der Sumpfmofette. 122

Tab. 26: Rangkorrelationskoeffizient nach Spearman für die CO_2-Konzentration und die
Anteile der Mofettenzeiger auf dem Quertransekt der Sumpfmofette. 123

Tab. 27: Ausschnitt aus der synoptischen Vegetationstabelle für das Plesná-Tal. 126

Tab. 28: Übersicht der Mofettenzeiger des Plesná-Tals (soziologisches Verhalten und
Zeigerwerte nach ELLENBERG 1986 und ELLENBERG et al. 1992). 127

Tab. 29: Mittelwerte der in den Abb. 45 und 46 dargestellten Größen
für die zweigeteilten Mofettenbereiche. 142

Tab. 30: CO_2-Toleranz von 20 ausgewählten Arten. 146

Tab. 31: Zeigereigenschaften und CO_2-Toleranz von 20 ausgewählten Pflanzenarten. 147

Abkürzungsverzeichnis

B	Begleiter
Bi	Birnenmofette
Bo	Borstgrasmofette
C	Charakterart
d, D	Differenzialart
FG	Frequenzgrad
K	Klassencharakterart, Kontrolle
Konz.	Konzentration
KS	Krautschicht
k. W.	kein Wert
L	Längstransekt oder -gradient
M	Mofette
mäß.	mäßig
Max	Maximum
Min	Minimum
mittl.	mittlerer, mittlere
MW	Mittelwert
MZ	Mofettenzeiger
n	Stichprobenumfang
neg.	negativ
O	Ordnungscharakterart
p	Signifikanzniveau
pos.	positiv
Q	Quertransekt oder -gradient
r	Maßkorrelationskoeffizient nach Pearson
r^2	Bestimmtheitsmaß
Re	Rehmofette
r_s	Rangkorrelationskoeffizient nach Spearman
SF	Standardfehler
Stet.	Stetigkeit
Su	Sumpfmofette
Typ A	*Arrhenatheretalia*-Typ
Typ C	*Calluna*-Typ
Typ CN	*Calluna-Nardus*-Typ
Typ E	*Eriophorum*-Typ
Typ ED	*Eriophorum-Deschampsia*-Typ
Typ EN	*Eriophorum-Nardus*-Typ
Typ M	*Molinietalia*-Typ
V	Verbandscharakterart
Wi	Wiese Hartoušov

1 Einführung

1.1 Vorgeschichte der Untersuchung

VON FABER (1925) gebührt die Ehre, sich als erster Wissenschaftler mit der spezifischen Vegetation beschäftigt zu haben, die unter dem Einfluss vulkanischer Gase gedeiht. Seine Studien auf der Insel Java (Indonesien) beschäftigten sich mit den „Solfataren-Pflanzen", einer Gruppe von Extremophyten, deren Habitat von heißen, schwefelhaltigen Exhalationen geprägt ist und daher andere Umweltbedingungen aufweist als der CO_2-bestimmte Lebensraum der Mofettenpflanzen. Zwanzig Jahre später fiel dem italienischen Botaniker G. MONTELUCCI (1947, 1949 zit n. SELVI 1994) ein bis dato unbekanntes Süßgras auf, das er im Umfeld der heißen Quellen „Sorgenti Albule" (Rom, Italien) fand und später mit dem Namen *„Agrostis albida"* belegte (1977 zit. n. SELVI 1994).

Dieser Name ist heute nicht mehr gültig. Die korrekte Artbeschreibung als *Agrostis canina* L. ssp. *monteluccii* (SELVI 1994) fällt in eine Epoche, die man als „italienische Phase" der botanischen Mofettenforschung bezeichnen könnte. Die Aktivitäten wurden von einer Gruppe italienischer Botaniker getragen, von denen I. BETTARINI, F. MIGLIETTA, A. RASCHI und F. SELVI namentlich erwähnt seien. In ihrer stark von (post)vulkanischen Prozessen geprägten Heimat (s. KRAFFT 1984b) fanden sie ein reiches Betätigungsfeld. So existieren nach MIGLIETTA et al. (1993) allein im westlichen Mittelitalien über 100 natürliche CO_2-Quellen. Von den zahlreichen Studien, die in den 1990er Jahren entstanden, sind die Arbeiten von SELVI (1997) sowie SELVI & BETTARINI (1999) wegen ihres vegetationsökologischen Schwerpunktes hervorzuheben.

Der „Sprung" in andere europäische Mofettengebiete oder gar auf andere Kontinente gelang bislang nur dem physiologischen Zweig der „Mofettenbotanik", welcher sich in den Folgejahren reich entfaltete und bis heute Früchte trägt. Ein Großteil dieser Untersuchungen (z. B. TURK et al. 2002; MACEK et al. 2005; PFANZ et al. 2004, 2007; VODNIK et al. 2002a, 2002b, 2005, 2006) fand unter maßgeblicher Beteiligung der Arbeitsgruppe Pfanz im slowenischen Mofettenfeld Stavešinci statt. Die Physiologie der Mofettenpflanzen wurde daneben noch in Island von COOK et al. (1997, 1998) und in Japan von ONODA et al. (2007, 2009) studiert.

Das zunehmende Interesse der Arbeitsgruppe am deutschen Vulkangebiet in der Osteifel (s. KRAFFT 1984a), das nur etwa zwei Autostunden von Essen entfernt ist, mündete zunächst in der Diplomarbeit von K. STUBBE (2002). Diese untersuchte das CO_2-beeinflusste Wachstum des Büschelschöns *(Phacelia tanacetifolia* Bentham) im Wehrer Kessel. Den Anstoß zur Aufnahme vegetationskundlicher Studien am Ostufer des nahe gelegenenen Laacher Sees gab die Einladung zu einem im Juli 2006 von der Universität Jena durchgeführten Studentenpraktikum. In seinem Verlauf hatte der Verfasser erstmalig Gelegenheit, die Vegetation am Extremstandort Mofette kennenzulernen.

Während des sehr fruchtbaren, einwöchigen Aufenthaltes konnte die schon früher geäußerte Vermutung des sächsischen Geologen K. HEIDE bestätigt werden, dass ein als *Carex acutiformis* Ehrh. identifiziertes Sauergras terrestrische Mofettenstandorte anzeige. Der Erkenntnislage konnte durch die Examensarbeiten von N. HENNIGFELD (2007) und M. HÖHER (2007) beträchtlich verbessert werden. Von diesen war die erstgenannte eher vegetationsökologisch ausgerichtet, während die andere vor allem physiologische Grundlagendaten lieferte.

Im gleichen Zeitraum erfolgte die Vorerkundung des späteren Untersuchungsgebietes im tschechischen Plesná-Tal. Diesem wurde wegen einer weitaus größeren Vielfalt an Mofettenstandorten, deutlicheren Vegetationsgrenzen und angenehmeren Arbeitsbedingungen (die interessanteste der am Laacher See befindlichen Mofetten liegt unmittelbar am stark frequentierten Uferwanderweg) letztlich der Vorzug vor dem Laacher See gegeben. Wenn die in der Eifel gewonnenen Daten auch nicht direkt in die vorliegende Arbeit einflossen, so legten die dortigen Untersuchungen doch den erfahrungstechnischen Grundstein für die Forschungsaktivitäten in Tschechien. Parallel zur Erstellung der vorliegenden Dissertationsschrift wurden sechs Examensarbeiten angefertigt, die sich mit der Mofettenvegetation des Plesná-Tales und ihren spezifischen Lebensbedingungen beschäftigen (GREIß 2008; KÖLBACH 2008; BAAKES 2009; THOMALLA 2009, PELZ 2010, SAVIC 2010).

1.2 Bisherige Erkenntnisse

1.2.1 Geologisch-vulkanologische Grundbegriffe

Mofetten gehören mit den Fumarolen und Solfataren zu den sogenannten postvulkanischen Erscheinungen, bei denen nicht Laven oder Klasten, sondern in charakteristischer Weise zusammengesetzte und temperierte Gase oder Gasgemische an die Oberfläche treten. Während es sich bei den Fumarolen und Solfataren um mehr oder weniger heiße, schwefelhaltige Exhalation handelt, die im ersten Fall SO_2 und im zweiten H_2S führen, werden Mofetten als „kühle CO_2-Austritte" definiert, deren Temperatur stets unter 100 °C liegt (BRINKMANN 1984; LESER et al. 1997). Der Mofettenbegriff leitet sich von dem oskischen Wort „mephitis" ab, das von den Römern als Bezeichnung für die „schädliche Ausdünstung der Erde" bzw. die „Schutzgöttin gegen die Erdausdünstungen" umgedeutet wurde (MENGE 1963). Im Italienischen wandelte sich das Wort zu „mofeta", woraus sich unser Fremdwort „Mofette" unschwer ableiten lässt (s. PFANZ 2008). In angelsächsischen Publikationen wird dem Synonym „natural CO_2 spring" meist der Vorzug vor „mofette" gegeben.

Man geht davon aus, dass die niedrige Temperatur und das Fehlen reaktiver Substanzen wie H_2S und H_2 auf eine Zwischenspeicherung des Mofettengases in tiefer liegenden Kammern zurückzuführen sind. Dort werden einige Komponenten chemisch gebunden, während das verbleibende CO_2-Gas allmählich abkühlt (BAUBRON 1990; FARRAR et al. 1995). Im Untersuchungsgebiet liegt die

Temperatur des Mofettengases, das sich in 29 bis 21 km Tiefe vom Magma trennt (KÄMPF et al. 2005) etwa im Bereich der mittleren Oberbodenemperatur. Messbare Temperaturunterschiede gegenüber der Oberfläche sind nach TANK et al. (2005) vor allem darauf zurückzuführen, dass die Oberflächentemperatur witterungsbedingten und jahreszeitlichen Schwankungen unterliegt, was bei dem aus großer Tiefe aufsteigenden Mofettengas naturgemäß nicht der Fall ist. Die kühlen CO_2-Austritte werden von TANK et al. (2005) in drei Gruppen unterteilt:

- Mineralquellen und Säuerlinge („mineral springs")
- Nasse Mofetten („water mofettes")
- Trockene Mofetten („dry mofettes")

Beim erstgenannten Typ löst sich das Gas in Tiefenwässern mit denen es später in Quellen austritt (PFANZ 2008). Mineralquellen sind als Quellaustritte definiert, die pro kg Wasser mindestens 250 mg freies CO_2 oder 1.000 mg gelöste Stoffe enthalten. Die wichtigsten Anionen dieser Wässer sind Cl^-, SO_4^{2-} und HCO_3^-, unter den Kationen dominieren Na^+, Ca^{2+}, Mg^{2+}, Fe^{2+} und Al^{3+} (MURAWSKI & MEYER 1997). Als Säuerlinge werden Mineralquellen ab einem CO_2-Gehalt von 1.000 mg pro kg bezeichnet (LESER 1997; MURAWSKI & MEYER 1997). Sie sind z. B. aus dem Brohltal (Rheinland-Pfalz, Deutschland) oder aus Bad Brambach (Sachsen, Deutschland) bekannt (s. STOFFELS & THEIN 2000; KOCH & HEINICKE 2004). In der Nähe des Untersuchungsgebietes im Naturschutzgebiet Soos stellt die „Kaiserquelle" einen Anziehungspunkt für Touristen dar. Das Wasser dieser 9 m tiefen, artesischen Thermalwasserbohrung ist mit 17,4 °C deutlich wärmer als die Mineralquellen und nassen Mofetten der Umgebung (HEINECKE et al. 2002). Es ist besonders reich an Eisen- und Schwefelverbindungen, die man riechen und schmecken kann.

Nasse Mofetten sind dadurch gekennzeichnet, dass trockenes CO_2-Gas oberflächennah in einen stehenden oder fließenden Wasserkörper eintritt. Die in Form von kleinen Bläschen oder großen „Blubberblasen" erfolgenen Ausgasungen sind wegen ihrer Auffälligkeit gut lokalisierbar. Beispiele solcher Unterwasser-Mofetten sind die bekannten Ausgasungsstellen am Ostufer des Laacher Sees (Rheinland-Pfalz, Deutschland), die von PFANZ (2008) beschriebenen marinen CO_2-Austritte vor Panarea (Liparische Inseln, Italien) oder die im Untersuchungsgebiet befindliche Mofette Bublák (s. Kap. 2.1.3).

Bei den trockenen Mofetten gelangt das aus den Gesteinsklüften strömende Gas direkt in den Boden, wo es sich mehr oder weniger „diffus" verteilt. Derartige CO_2-Ausgasungen sind z. B. vom Vulcano (Liparische Inseln, Italien), vom Ätna (Sizilien, Italien) und vom kalifornischen Mammoth Mountain beschrieben worden (BAUBRON et al. 1990; ALLARD et al. 1991; FARRAR et al. 1995). Bei diffusen Ausgasungen kann der CO_2-Nachweis oft nur durch Gasmessungen oder – wie in dieser Arbeit demonstriert werden soll – durch die eingehende Betrachtung der Vegetation erbracht werden. Wenn Mofettengas in Feuchtgebieten mit stark schwankendem Grundwasserspiegel austritt, dann kann dieselbe Ausgasungsstelle wechselweise als „nasse" oder „trockene" Mofette fungieren (s. PFANZ 2008; HEINECKE et al. 2009). Diese gleichsam „amphibischen" CO_2-Quellen sollen hier als Subtyp der trockenen Mofetten aufgefasst werden.

Gelegentlich sind terrestrische CO_2-Ströme so stark, dass sie sich durch zischende bzw. pfeifende Geräusche zu erkennen geben oder einen sichtbaren, z. T. von ausgepressten Tonmassen umgebenen Austrittskanal besitzen. Solche im angelsächsischen Sprachgebrauch als „vents" bezeichnete Strukturen (der Begriff wird in dieser Arbeit übernommen) sind vor allem bei geschlossener Schneedecke gut zu detektieren, da die etwas höhere Temperatur des CO_2-Gases ausreicht, um den Schnee lokal zu schmelzen. Solche geringen Temperaturunterschiede sind die Grundlage infrarotgestützter Verfahren der Mofetten-Fernerkundung (s. TANK et al. 2005, 2008).

Aufgrund der mannigfachen Einflüsse, die das aus der Tiefe in den Boden drängende CO_2 auf den Boden und seine Lebewelt ausübt (s. Kap. 1.2.3 bis 1.2.5), erscheint es geboten, Mofetten als eigenständige Biotope zu betrachten und dem geologisch-vulkanologischen Mofettenbegriff einen ökologischen an die Seite zu stellen.

1.2.2 Lufthaushalt normaler Böden

Zum richtigen Verständnis der Prozesse, die das Mofettengas auslöst, gilt es zunächst, einige pedologische Grundbegriffe zu klären. Viele Autoren, wie etwa SCANLON et al. (2000), bezeichnen den Boden als Dreiphasensystem, das aus einer festen (mineralische und organische Trockensubstanz), einer flüssigen und einer gasförmigen Phase besteht. Während die Festphase über längere Zeiträume fast unverändert bleibt (ein allmählicher Wandel kann sich z. B. durch Auf- und Abbau organischer Substanz oder durch Verwitterung von Mineralien ergeben) konkurrieren Wasser und Luft um das Porenvolumen des Bodens, wobei sich durch die Variabilität der Bodenfeuchte ein stetiger Wechsel ergibt (SCHEFFER & SCHACHTSCHABEL 1989). „Mit dem Begriff Lufthaushalt des Bodens werden die Veränderungen in Gehalt und Zusammensetzung der Bodenluft in den verschiedenen Böden im Jahreslauf zusammengefasst" (MÜCKENHAUSEN 1993).

MÜCKENHAUSEN (1993) räumt der Luft die gleiche Bedeutung als Wachstumsfaktor ein wie der Bodenfeuchte. Zur Quantifizierung der im Boden vorhandenen Luftmenge führt er die Begriffe „Luftgehalt" und „Luftkapazität" ein, die im Folgenden kurz erläutert werden sollen. Beide Größen werden in Volumenprozent angegeben. Unter dem Luftgehalt, der stark vom aktuellen Wassergehalt abhängt, versteht MÜCKENHAUSEN (1993) den mit Luft gefüllten Teil des Gesamtporenvolumens. Ein niedriger Luftgehalt, etwa in vernässten oder verdichteten Böden, erschwert die Sauerstoffversorgung der Pflanzenwurzeln, hemmt die Mineralisation und setzt anaerobe Umwandlungsprozesse in Gang.

Im Gegensatz zum Luftgehalt ist die Luftkapazität eine weitgehend konstante Größe, bei deren Ermittlung das von der Bodenfestphase abhängige Gesamtporenvolumen um die Feldkapazität vermindert wird. Die Größe wird somit allein durch das Volumen der schnelldränenden Grobporen (Durchmesser > 10 µm) bestimmt, welches in lockeren Böden größer ist als in dichten und in Sandböden größer als in Tonböden. Als Richtwerte gibt MÜCKENHAUSEN (1993) für Sandböden eine Luftkapazität von 30 und für Tonböden von 15 % an. Nach SCHEFFER & SCHACHTSCHABEL (1989) liegt der Rahmen sogar zwischen (fast) 0 und 40 %. In der Landwirtschaft kann die Luftkapazität entscheidend für die Wahl der angebauten Frucht sein. So benötigen etwa die Gräser des Grünlandes nur eine Luftkapazität von 8 bis 10 %, während Gerste und Zuckerrüben 15 bis 20 % verlangen.

Für Wurzelatmung und bodenchemische Umsetzungen ist die Zusammensetzung der Bodenluft ähnlich bedeutsam wie der Luftgehalt des Bodens an sich. Um die Unterschiede zur atmospärischen Luft herausstellen zu können, ist eine Kenntnis der dortigen Verhältnisse erforderlich. Nach HUPFER & KUTTLER (2005) sind in der Atmosphäre etwa 78,1 % Stickstoff und 21 % Sauerstoff enthalten. Die Konzentration des unbeständigen Spurengases CO_2 steigt seit 1981 jährlich um 0,3 bis 2,6 ppm an und erreichte 2004 eine Konzentration von 376 ppm (HUPFER & KUTTLER 2005; CDIAC 2004 zit. nach HUPFER & KUTTLER 2005).

Die Atmungsaktivität der Mikroorganismen und Wurzeln verschiebt das Verhältnis von CO_2 und O_2 in der Gasphase terrestrischer Böden mehr oder weniger stark in Richtung des Kohlendioxides, während die N_2-Konzentration im Vergleich zur atmosphärischen Luft nahezu unverändert bleibt (SCHEFFER & SCHACHTSCHABEL 1989; MÜCKENHAUSEN 1993; SCANLON et al. 2000). Unter aeroben Bedingungen erfolgen CO_2-Produktion und O_2-Verbrauch äquimolar was durch einen Respirationsquotienten (Mol CO_2 / Mol O_2) von 1 ausgedrückt wird (SCHEFFER & SCHACHTSCHABEL 1989). Die biogene CO_2-Produktion hängt von der Aktivität der Bodenorganismen ab, welche ihrerseits z. B. von der Bodentemperatur, der Bodenfeuchte, der Korngröße, der Bodentiefe, dem pH-Wert, dem Gehalt an organischer Substanz und der Art der Bodenbewirtschaftung bestimmt wird (SCHEFFER & SCHACHTSCHABEL 1989; MÜCKENHAUSEN 1993). In Acker- und Grünlandböden werden CO_2-Konzentrationen von 2 % nur selten übertroffen, in „biologisch sehr tätigen" Gartenböden kann der Wert dagegen auf über 10 % ansteigen (MÜCKENHAUSEN 1993).

Bei extremen Bodenwassergehalten können nach GEISLER (1973) CO_2-Konzentrationen von bis zu 16 % auftreten. Noch höhere Werte lieferten die Messungen von PFANZ et al. (unveröff.) im oberflächlich entwässerten Torfkörper eines Niedermoores im Rothaargebirge (Nordrhein-Westfalen, Deutschland). Die dort ermittelten CO_2-Konzentrationen betrugen in 60 cm Tiefe, d. h. in der Nähe des Grundwasserspiegels bis zu 19,8 %. Sie waren mit hohen Konzentrationen von CH_4 (bis 78,7 %) und H_2S (bis 46 ppm) vergesellschaftet. Da es sich beim Siegener Antiklinorium um ein nichtvulkanisches Gebiet handelt (GEOLOGISCHES LANDESAMT NORDRHEIN-WESTFALEN 1994; WALTER 1995), sind die gemessenen Gaskonzentrationen ausschließlich auf die Aktivität anaerob lebender Mikroorganismen zurückzuführen (s. WANG & PATRICK 2000). Nach SCHEFFER & SCHACHT-SCHABEL (1989) kann der Respirationsquotient in Nassböden „Werte bis zu 10" erreichen.

Der auch „Bodenatmung" genannte Austauschprozess zwischen Bodenluft und atmosphärischer Luft erfolgt nach MÜCKENHAUSEN (1993) überwiegend auf dem Wege der Diffusion, welcher zwei entgegen gerichtete Gradienten zugrunde liegen: Die Bodenluft weist wegen der erwähnten Umsatzprozesse eine höhere CO_2-Konzentration auf als die Atmosphäre, während es sich mit der O_2-Konzentration umgekehrt verhält. Daraus resultieren ein nach oben gerichteter CO_2- und ein entgegengesetzter O_2-Strom. Aufgrund eines fehlenden N_2-Gradienten ist dieses Gas in normalen Böden kaum vom Austausch betroffen. Die höheren CO_2-Konzentrationen in tieferen Horizonten führt MÜCKENHAUSEN (1993) darauf zurück, dass sich die Diffusion „mit der Länge des Diffusionsweges verlangsamt". Zusätzliche Hindernisse können „feinkörnige Böden mit kleinen Poren" und Bodenverdichtungen aber auch Wasser sein. In letzerem läuft die Gasdiffusion etwa 10^4-mal langsamer ab als in der Luft (LARCHER 2001). Maßgeblich für den diffusiven Transport von CO_2 und O_2 ist das Ficksche Gesetz:

$$dm / dt = -D \cdot A \, dC / dx$$

Darin ist dm / dt die Diffusionsgeschwindigkeit (Mengenverschiebung dm im Zeitintervall dt), D die substanzspezifische Austauschkonstante, A die Austauschfläche und dC / dx das Konzentrationsgefälle.

Neben der Diffusion spielt auch der konvektive Gasaustausch eine gewisse Rolle. Verursacht wird er nach MÜCKENHAUSEN (1993) von Temperatur- und Luftdruckschwankungen, Wind und in den Boden eindringenden Regen. Nach SCHEFFER & SCHACHTSCHABEL (1989) ist die Wirksamkeit der beiden erstgenannten Größen eine Folge der dadurch bedingten Volumenänderungen. TAKLE et al. (2004) untersuchten die Bedeutung des Winddrucks für den CO_2-Austausch von Böden. Die unter dem Einsatz von Pumpen ermittelten Raten erreichten das 5- bis 10-fache des diffusiven Austauschs, wobei zu beachten ist, dass die Untersuchungen im vegetationslosen Terrain stattfanden. Unter mitteleuropäischen Normalbedingungen dürfte sich die Bedeutung des Windes stark relativieren, da schon eine niedrige Pflanzendecke die bodennahe Luftbewegung fast zum Erliegen bringt (GEIGER 1961). Die Infiltration des Bodens durch Regenwasser kann dagegen auch im bewachsenen Gelände erfolgen. MÜCKENHAUSEN (1993) berichtet von Fällen, wo es auf der nassen Bodenoberfläche zu Schaumbildung kam, die von entweichender Luft zeugte. Während der Luftkörper durch das Wasser teilweise verdrängt und ausgepresst wird, löst sich viel CO_2 in der allmählich nach unten perkolierenden Flüssigkeit, die gleichzeitig O_2 in den Boden transportiert.

1.2.3 Gashaushalt von Mofettenböden und deren Oberfläche

Anders als in der allgemeinen Bodenkunde wird in Verbindung mit Mofetten wird meist nicht von Bodenluft gesprochen, sondern von Bodengas („soil gas"). Dieser Terminus ist insofern treffender, als die Gasphase von Mofettenböden oft nur noch wenig mit der in Kap. 1.2.2 beschriebenen Zusammensetzung normaler Bodenluft gemein hat. Folgerichtig soll auch hier die Bezeichnung „Lufthaushalt" durch den Begriff „Gashaushalt" ersetzt werden.

Während das in normalen Böden bei der Respiration von Bakterien, Pilzen und lebenden Pflanzenwurzeln gebildete CO_2 auf Kosten des O_2-Pools der Bodenluft entsteht (s. Kap. 1.2.2), findet in Mofetten kein chemischer, sondern ein rein physikalischer Austauschprozess statt. Bei diesem wird die Bodenluft vollständig oder teilweise durch aus der Tiefe empordringendes, vulkanogenes Kohlendioxid ersetzt (BLUME & FELIX-HENNINGSEN 2009). Wie in Kap. 1.2.2 beschrieben, wirkt diesem Verdrängungsprozess an der Bodenoberfläche der Gasaustausch zwischen Bodenluft und Atmosphäre entgegen, welcher vor allem durch Diffusion, aber auch durch vertikale Massenflüsse bedingt ist. Dies erklärt die nach oben i. d. R. abnehmenden CO_2-Konzentrationen. Sehr hohe Konzentrationen können sich in Oberflächennähe folglich nur halten, wenn starke Gasflüsse für ausreichenden Nachschub sorgen oder der Austausch mit der Atmospäre gestört ist. Hohe Gasflussraten sind vielfach am zischenden Geräusch zu erkennen, mit dem das Gas nach dem Herausziehen des Bohrstabes aus dem Bohrloch pfeift. Es empfiehlt sich, ein solches Leck nach Abschluss der Messung sofort wieder zu verschließen, da sonst eine nachhaltige Beeinträchtigung des lokalen CO_2-Haushaltes zu befürchten ist.

Wenn man davon ausgeht, dass der Sauerstoff in der Bodenluft von Mofettenböden durch äquivalente Mengen Kohlendioxid ersetzt wird, dann sollte zwischen den Konzentrationen beider Gase eine sehr enge, lineare Beziehung bestehen. Entsprechende Untersuchungen, die VODNIK et al. (2009) im Mofettengebiet bei Stavešinci (Slowenien) durchführten, können dies bestätigen. Im Unterschied zur normalen „Bodenatmung", die keine Veränderung der N_2-Konzentration bewirkt (MÜCKENHAUSEN 1993), lässt sich aufsteigendes Mofettengas daran erkennen, dass äquivalente Mengen von O_2 und N_2 durch CO_2 ersetzt werden.

Neben der Messung von Konzentrationen kann das Bodengas grundsätzlich auch als Gasfluss („flux") erfasst werden. Dabei handelt es sich um die Gasmenge, welche pro Zeiteinheit durch einen bestimmten Querschnitt fließt. Derartige Untersuchungen eröffnen die Möglichkeit, die Gasdynamik im Boden in ihrer räumlichen und zeitlichen Komponente zu erfassen. Darüberhinaus ist es nicht ausgeschlossen, dass einige Vegetationsphänomene, für deren Erklärung die CO_2-Konzentration nicht ausreicht, mit Hilfe der dynamischen Bodengaskomponente ergründet werden könnten (z. B. vegetationsfreie „Schlenken"). Im Gegensatz zur Konzentrationsmessung erfordert die Erfassung von Bodengasflüssen ein umfangreiches technisches Instrumentarium, das hier nicht zu Verfügung stand. Das bedauerliche Fehlen entsprechender Messwerte wiegt etwas weniger schwer, wenn man sich vergegenwärtigt, dass in Mofettenböden meist ein enger Zusammenhang zwischen der CO_2-Konzentration und dem CO_2-Fluss besteht (VODNIK et al. 2009). An die Oberfläche tretendes Kohlendioxid wird vom Wind meist so stark verblasen, dass keine repräsentativen Messwerte zu erwarten sind (VODNIK et al. 2006; PFANZ et al. 2007). Erhöhte Oberflächenkonzentrationen sind an besondere Faktorenkonstellationen gebunden. Sie können häufig in Geländemulden gemessen werden, wobei ihre temporäre Existenz von Tageszeit und Witterung abhängt (PFANZ 2008). Ideal für eine CO_2-Anreicherung sind nächtliche Strahlungswetterlagen, die mit Windstille und inverser Luftschichtung einhergehen (s. GEIGER 1961; HÄCKEL 1990). Unter solchen Bedingungen vermag das spezifisch schwerere CO_2-Gas einer Flüssigkeit gleich Vertiefungen auszufüllen und „CO_2-Seen" zu bilden. Diese können je nach Geländeform und Gasfluss eine beträchtliche Ausdehnung erreichen und zu Todesfällen für Mensch und Tier werden (s. STUPFEL & LE GUERN 1989). Mit der Auflösung der Inversion in den Vormittagsstunden kommt es zur konvektiven Durchmischung der bodennahen Luftschicht, wodurch das schnelle, aber nur vorübergehende Verschwinden der Gasseen eingeleitet wird (MIGLIETTA et al. 2003; PFANZ 2008). In manchen Fällen kann kurz vor dem Einsetzen der Konvektion ein extremer Treibhauseffekt beobachtet (BETTARINI et al. 1999; PFANZ 2008).

Eine beträchtliche kleinklimatische Bedeutung hat die windberuhigende Wirkung dichter, niedriger Pflanzenbestände, welche die bodennahe Luftbewegung selbst bei windigem Wetter fast zum Erliegen bringen (GEIGER 1961). Unter solchen Voraussetzungen sollte eine CO_2-Anreicherung auch in ebenen oder schwach geneigten Lagen möglich sein und im Vergleich zur Akkumulation in offenen Mulden einen nahezu permanenten Charakter haben. Einen Hinweis auf die Existenz dieses Phänomens liefern die aus den persistenten Chitinteilen verendeter Carabiden bestehende Schichten, welche sich unter mofetticolen Wollgrasbeständen bilden können (s. Kap. 3.5.1.1).

1.2.4 Eigenschaften und Chemismus von Mofettenböden

Die wohl erste Beschreibung von Mofettenböden nahm KERPEN (1960) vor. Dieser fand auf einer Teilfläche des Versuchsgutes Rengen in der Eifel (Rheinland-Pfalz, Deutschland) trockene, gleyartige Böden von überwiegend grauer Farbe, die offensichtlich unter dem Einfluss geogenen Kohlendioxids standen und von ihm folgerichtig als „CO_2-Gleye" bezeichnet wurden. Die „Bodenkundliche Kartieranleitung" der AG BODEN (1994) führt Mofettenböden gemeinsam mit anthropogenen Böden ähnlicher Genese unter der Bezeichnung Reduktosole. Dies sind „durch reduzierend wirkende bzw. Sauerstoffmangel verursachende Gase wie Methan, Schwefelwasserstoff und/oder Kohlendioxid geprägte Böden", die durch einen Y-Horizont charakterisiert sind. „Die Gase entstammen (post)vulkanischen Mofetten, Leckagen von Gasleitungen oder werden aus leicht zersetzbarer organischer Substanz unter stark reduzierenden Bedingungen durch Mikroorganismen in Müll-, Klärschlamm und Hafenschlammaufträgen gebildet." Der umfangreichen Liste möglicher Quellen sind unterirdische Gasspeicher hinzuzufügen, in die neuerdings auch CO_2 eingelagert wird (BLUME & FELIX-HENNINGSEN 2009). Bei der Definition des Bodentyps wird ausdrücklich darauf hingewiesen dass „Böden natürlicher Entstehung, in denen Reduktgase (bzw. Sumpfgase) mikrobiell durch Sauerstoffmangel infolge Wasserübersättigung gebildet werden", nicht als Reduktosole zu klassifizieren sind (AG BODEN 1994).

Mofettenböden sind in der Regel durch starke Versauerung und intensive Verwitterung geprägt (BLUME & FELIX-HENNINGSEN 2009). Grund ist die Lösung von CO_2 in Wasser, wobei H_2CO_3 entsteht. Kohlensäure ist nur in wässriger Lösung beständig. Hier herrscht ein Gleichgewicht mit ihrem Anhydrid CO_2 und ihren elektrolytischen Dissoziationsprodukten (SCHRÖTER et al. 1986):

$$CO_2 + H_2O \leftrightarrow H_2CO_3 \leftrightarrow H^+ + HCO_3^- \leftrightarrow 2\,H^+ + CO_3^{2-}$$

Die physikalische Lösung des CO_2-Gases in Wasser überwiegt bei weitem die chemische. Nach (SCHRÖTER et al. 1986) ist nur etwa 1 % des gelösten Kohlendioxides chemisch gebunden, mit der Folge, dass die Wirkung seiner Säure nur schwach ist. Die Autoren weisen darauf hin, dass die Kohlensäure von fast allen anderen Säuren aus ihren Salzen verdrängt und als CO_2 „in Freiheit gesetzt" wird. Die Protonierung schwacher Säuren kann durch die Henderson-Hasselbalch-Gleichung beschrieben werden (PFANZ & HEBER 1986, 1989):

$$pH = pK_S + \log [A^-] / [AH]$$

Darin ist pK_S „der negative dekadische Logarithmus des Zahlenwertes der Säurekonstante" (SCHRÖTER et al. 1986), [A-] die Konzentration der dissoziierten und [AH] die Konzentration der undissozierten Säure. Die Pufferwirkung von Böden lässt sich durch die Erstellung von Pufferkurven ermitteln, aus deren Steigung sich das Puffervermögen in den unterschiedlichen pH-Bereichen ablesen lässt (s. PFANZ & HEBER 1986).

In Mofettenbereichen ergibt sich eine grundlegend andere Situation als in normalen Böden, da die CO_2-Konzentration hier um mehrere Größenordnungen höher liegt als in der Atmosphäre. Die Abhängigkeit des pH-Wertes vom CO_2-Partialdruck (p_{CO2}) lässt sich für destilliertes Wasser wie folgt berechnen (SCHEFFER & SCHACHTSCHABEL 1989):

$$pH = -0{,}5 \log p_{CO2} + 4{,}9$$

Eine Konzentration von 10 % CO_2 könnte den pH-Wert somit auf 4,4 senken, 100 % CO_2 immerhin auf 3,9. Die Werte im Boden liegen stets höher, da hier abhängig vom Aziditätsniavu verschiedene

Puffersysteme aktiv sind (s. SCHEFFER & SCHACHTSCHABEL 1989; BOCHTER 1995). WHITNEY & GARDENER (1943) fanden für einen carbonatfreien Boden folgende Beziehung:

$$pH = -0{,}36 \log p_{CO2} + 6{,}4$$

Nach dieser Gleichung könnten selbst CO_2-Konzentrationen von 100 % nur eine Bodenazidität von pH 5,7 erzeugen. WHITNEY & GARDENER (1943) haben ihr CO_2-Boden-System allerdings nicht länger als zwei Tage beobachtet. Es ist zu vermuten, dass der Puffer bei Systemstandzeiten von mehreren Jahren oder Jahrzehnten irgendwann aufgebraucht wäre, was eine stärkere Annäherung an die Verhältnisse im destillierten Wasser zur Folge hätte.

1.2.5 Pflanzenwachstum an Mofettenstandorten

Pflanzen am Extremstandort Mofette sind einer Vielzahl von Einflüssen ausgesetzt, die massiv in ihren Stoffwechsel eingreifen. Sie resultieren aus stark erhöhten CO_2-Konzentrationen und Flüssen, wobei man die Bodenversauerung von den Wirkungen unterscheiden muss, die das Gas unmittelbar oder über den Umweg der Hypoxie bzw. Anoxie zu enfalten vermag. Eine Vielzahl von Studien belegt, dass sich stark erhöhte CO_2-Konzentrationen negativ auf die Vitalität und Leistungsfähigkeit von Pflanzen auswirken. So ist z. B. die Wuchshöhe bei *Phacelia tanacetifolia* Bentham (STUBBE 2002), *Juncus effusus* L. (TURK et al. 2002), *Echinocloa crus-galli* (L.) P. Beauv. (VODNIK et al. 2002a), *Zea mays* L. (VODNIK et al. 2005), *Solidago gigantea* Ait. (VODNIK et al. 2006) und *Lolium perenne* L. (PFANZ 2007) negativ mit der CO_2-Konzentration im Boden korreliert.

Wenn der Sauerstoffpartialdruck auf 1 bis 5 kPa abgesunken ist spricht man von Hypoxie (LARCHER 2001), bei noch geringerem Partialdruck von Anoxie. Beide Zustände sind in Mofettenböden keine Seltenheit, da hohe CO_2-Flüsse den Sauerstoff teilweise oder vollständig aus dem Boden verdrängen (s. Kap. 1.2.3). Schon unter hypoxischen Bedingungen ist die Wurzelatmung merklich beeinträchtigt. Es kommt zum Erlahmen des Wurzelwachstums und zur Umstellung der Wurzelatmung auf „alternative Atmungswege" (LARCHER 2001). Unter anoxischen Bedingungen ist nur noch „anaerobe Dissimilation" möglich. Lactat, Acetaldehyd und Ethanol werden ebenso gebildet wie Abszisinsäure, Ethylen und Ethylenvorstufen. Die letztgenannten Phytohormone lösen Spaltenschluss, Krümmungswachstum und Blattabwurf aus. Absterbende Feinwurzeln werden z. T. durch Adventivwurzeln ersetzt (LARCHER 2001).

Wie stark Pflanzen unter Anoxie leiden, ist eine Frage ihrer Toleranzgrenze, die artspezifisch variiert, aber auch von der individuellen Anpassung der Einzelpflanzen abhängt. So bilden viele Sumpf- und Wasserpflanzen grundsätzlich ein Aerenchym aus (KUTSCHERA & LICHTENEGGER 1982; LARCHER 2001). Andererseits zeigt sich etwa beim schon erwähnten Mais *(Zea mays),* der bekannt-lich nicht zu den Helo- oder Hydrophyten gehört, dass in der Wurzelrinde von Pflanzen, welche im hypoxischen Milieu aufgezogen wurden, große Gaslakunen entstehen. Bei normaler Anzucht ist dies hingegen nicht der Fall (LARCHER 2001).

Direkte CO_2-Effekte können sowohl die Wurzeln als auch die oberirdischen Teile betreffen. Letztere sind vor allem dann gefährdet, wenn sich es in austauscharmen Situationen zu einer starken Erhöhung der Luftkonzentration kommt (s. Kap. 1.2.3). Nach PFANZ & HEBER (1989) kann gasförmiges CO_2 die Membranen von Pflanzenzellen problemlos durchdringen. Im basischen Cytosol löst es sich unter Bildung von Kohlensäure. Ob diese den pH-Wert des Plasmas zu senken vermag, hängt von der Effektivität der Puffersysteme und der Protonenpumpe ab. Bei stärkerer Ansäuerung des Plasmas kommt es zur Deaktivierung pH-sensitiver Enzyme, wodurch z. B. die Blattphotosynthese beeinträchtigt werden kann. Nach MACEK et al. (2005) hat die CO_2-Konzentration im Boden einen deutliche Einfluss auf die Wurzelrespiration. Dies äußert sich bei mehreren Arten von Wiesengräsern in einer negativen, linearen Beziehung zwischen beiden Größen.

Auf die Mechanismen der CO_2-induzierten Bodenversauerung wurde schon in Kap. 1.2.4 eingegangen. Stark saure Bodenverhältnisse erschweren die Aufnahme lebenswichtiger Nährstoffe wie Ca^{2+}, Mg^{2+}, K^+ und PO_4^{3-}, da der Boden an letzteren verarmt ist und die verbliebenen Ionen in einer schwer verfügbaren Form vorliegen (LARCHER 2001). Im Gegenzug werden Al^{3+} und verschiedene Schwermetalle freigesetzt, welche z. T. eine toxische Konzentration erreichen können (SELVI 1994; LARCHER 2001; SCHULZE 2002).

Durch die Auswirkungen der in Mofetten wirksame Faktorenkombination auf die Physiologie der Pflanzen wird letztlich die Zusammensetzung der Pflanzengemeinschaften bestimmt, da Arten indirekt gefördert werden, welche die dort herrschenden Extrembedingungen durch morphologische und/oder physiologische Präeadapation zu tolerieren vermögen. Am Standort kann es darüberhinaus zur Ausbildung CO_2-toleranter Ökotypen kommen, wie dies PFANZ (unveröff.) am Schilf *(Phragmites australis* (Cav.) Trin.) aus der Mofette „Il Bossoleto" (Toskana, Italien) nachweisen konnte. Pflanzenmaterial vom Boden des Talkessels, das sich an eine nächtliche CO_2-Luftkonzentration von bis zu 90 % angepasst hatte (s. Kap. 1.2.6) regenerierte sich nach künstlicher CO_2-Begasung wesentlich schneller und effektiver als Kontrollpflanzen vom Rande der Mofette. Bei *Phleum pratense* L. zeigten Pflanzen CO_2-reicher Standorte eine deutlich verringerte Carboylierungseffizienz, woraus ein höherer CO_2-Kompensationspunkt der Photosynthese resultierte (PFANZ et al. 1997) Die Anpassung an Extrembedingungen hat bei *Agrostis stolonifera* L. zur Entstehung einer mofettenspezifischen Unterart geführt (s. Kap. 1.2.6), die an sehr stark bis extrem versauerte Böden (pH 2,3 bis 3,7) mit hoher Aluminiumtoxidität angepasst ist.

1.2.6 Kenntnisstand zur Mofettenvegetation

Als F. SELVI im Jahre 1997 auf das Fehlen von Literatur hinwies, die Geothermalstandorte vegetationskundlich betrachtet, konnte er vermutlich noch nicht absehen, dass sich nach mehr als einem Jahrzehnt nur wenig an dieser Tatsache geändert haben würde. Hauptgrund ist vermutlich die zwischenzeitliche Abkehr von der Vegetationskunde. So stellt die Abhandlung von SELVI (1997) neben einigen Gebietsbeschreibungen sowie ergänzenden Bemerkungen im Methodenteil pflanzenphysiologischer oder auf Einzelarten fokussierter Studien (z. B. MIGLIETTA et al. 1993; SELVI 1994, 1998; VODNIK et al. 2006; PFANZ et al. 2007) die einzige Informationsquelle zur Vegetation bodensaurer Mofettenstandorte dar. Da zahlreiche Berührungspunkte mit der vorliegenden Arbeit gegeben sind, ist eine etwas ausführlichere Darstellung der Studie geboten.

Der Aufsatz von SELVI (1997) behandelt die azidophilen Grasgesellschaften im Umfeld von sechs ausgesuchten Mofetten in den italienischen Provinzen Toskana und Latium. Die Standorte befinden sich zur Hälfte im Bereich der mediterranen Hartlaubwälder (Toskana) und zur anderen Hälfte in der Zone des sommergrünen Laubwaldes (Latium). Ein wichtiges Auswahlkriterium war die Naturbelassenheit der Objekte, was angesichts der in vielen italienischen Mofettengebieten betriebenen CO_2-Förderung keine Selbstverständlichkeit ist. Neben Vegetationsaufnahmen nach BRAUN-BLANQUET (1964) wurden Bodenanalysen und Messungen der bodennahen CO_2-Konzentration durchgeführt (s. auch MIGLIETTA & RASCHI 1993; MIGLIETTA et al. 1993). Alle Standorte weisen stark versauerte Böden auf, die durch hohe Al_3^+-Konzentrationen gekennzeichnet sind. Die austretenden Gasgemische enthalten neben dem Hauptbestandteil CO_2 (90 bis 97 %) beträchtliche Anteile von N_2 und CH_4, aber meist nur geringe Spuren von H_2S.

Im unmittelbaren Umfeld der Vents beschreibt SELVI (1997) völlig vegetationslose Bereiche („aphitoic areas"). An diese schließt sich das *Agrostietum caninae* ssp. *moneluccii* an, welches typischerweise als Einartbestand des namensgebenden Grases ausgebildet ist. In staunassen, z. T. überschwemmten Vertiefungen finden sich dagegen Mischbestände, die neben *Agrostis canina* L. ssp. *moneluccii* folgende Arten enthalten:

- *Bolboschoenus maritimus* (L.) Palla
- *Juncus articulatus* L.
- *Molinia arundinacea* Schrank
- *Schoenoplectus tabernaemontani* (C. C. Gmel.) Palla

In trockeneren Bereichen dringen andere Grasartige in die Bestände ein:

- *Carex hirta* L.
- *Deschampsia flexuosa* (L.) Trin.
- *Holcus lanatus* L.
- *Poa annua* L.
- *Poa trivialis* L.

Den zonalen Rahmen bilden in allen Fällen mediterrane Wald- und Buschlandgesellschaften. Die Mofette „Il Bossoleto" in Rapolano Terme unterscheidet sich in geomorphologischer Hinsicht deutlich von den oben beschriebenen Objekten: Es handelt sich um eine kraterartige Doline von 20 m Tiefe und 80 m Umfang, an deren Basis und Flanken CO_2-Austritte mit geringen H_2S-Anteilen zu finden sind (MIGLIETTA et al. 1993; SELVI 1998; PFANZ 2008). Das Bemerkenswerte an dieser Struktur ist ein Gassee, der nachts im Krater entsteht und CO_2-Konzentrationen von bis zu 90 % aufweisen kann. Den extremen Lebensbedingungen am Boden der Doline ist nur *Phragmites australis* (Cav.) Trin. ex Steud. gewachsen. Das typische Habitat von *Agrostis canina* L. ssp. *monteluccii* wird hier interessanterweise von *Agrostis stolonifera* L. besiedelt, die erstgenannte Spezies fehlt (MIGLIETTA et al. 1993; SELVI 1998). Im Gebiet „Sorgenti Albule" bei Rom treten als weitere Arten nasser Mofettenstandorte *Juncus maritimus* Lam. und *Schoenoplectus lacustris* (L.) Palla auf (MIGLIETTA et al. 1993).

Betrachtet man die im Ausgasungsbereich italienischer Mofetten vorkommenden Sippen, dann fällt auf, das sie abgesehen von *Agrostis canina* ssp. *monteluccii* auch in Mitteleuropa zu finden sind (vgl. ROTHMALER 1994; SCHMEIL-FITSCHEN 1988; OBERDORFER 2001). Angesichts der Tatsache, dass zumindest die Mofetten der Toskana in einer anderen Klima- und Ökozone liegen (vgl. KREEB 1983; SCHULZ 2000), bringt der überregionale Vergleich den von MIGLIETTA et al. (1993) betonten azonalen Ckarakter der Mofettenvegetation überzeugend zum Ausdruck.

SELVI & BETTARINI (1999) beschäftigen sich in ihrer Studie mit den sonstigen Geothermstandorten Italiens, d. h. den Solfataren, den Mofetten auf Kalkgestein und den „soffioni boraciferi". Die ersten beiden Standortsgruppen unterscheiden sich hinsichtlich ihrer Artenkombination nicht wesentlich von „normalen" Mofettenstandorten (s. SELVI 1997). Im Bereich der „soffioni boraciferi" tritt aus Gesteinsklüften heißer Wasserdampf aus, der mit Schwefelwasserstoff, Kohlendioxid und Borsäure versetzt ist. Der Dampf heizt den Boden in 30 cm Tiefe auf bis zu 60 °C auf. Solche Extremstbiotope werden von besonders artenarmer, stark azidophiler Vegetation geprägt, deren wichtigste Vertreter *Calluna vulgaris* (L.) Hull, *Agrostis castellana* Boiss. & Reut. und das polsterförmige Laubmoos *Campylopus pilifer* Brid. sind.

Die italienische Mofettenvegetation zeigt meist eine auffällige Zonierung, die auf die Einnischung von Sippen entlang der meist deutlichen CO_2-Gradienten zurückzuführen ist (SELVI 1997; SELVI &

BETTARINI 1999). Die Zusammenhänge lassen sich mit dem Modell von WISHEU & KEDDY (1992) beschreiben, das die zentrifugale Organsation von Pflanzengesellschaften erklärt. Im Folgenden sollen einige Arten präsentiert werden, die VODNIK et al. (2006) sowie PFANZ et al. (2007) auf einer mehrere Jahre brach liegenden Ackerfläche bei Stavešinci (Slowenien) fanden. Die Autoren vermuten, dass Ertragseinbußen infolge der Mofettenaktivität letztlich zur Einstellung der landwirtschaftlichen Bodennutzung führten. Die Liste der häufigsten Spezies enthält neben Gräsern auch krautige Pionierpflanzen:

- *Conyza canadensis* (L.) Cronquist
- *Dactylis glomerata* L.
- *Echinochloa crus-galli* (L.) P. Beauv.
- *Erigeron annuus* (L.) Pers.
- *Holcus lanatus* L.
- *Juncus conglomeratus* L.
- *Juncus effusus* L.
- *Phleum pratense* L.
- *Plantago major* L.
- *Polygonum aviculare* L.
- *Setaria pumila* (Poir.) Roem. & Schult.
- *Solidago gigantea* Ait.
- *Tanacetum vulgare* L.

Hinweise zu den Präferenzen der Arten finden sich nur ausnahmsweise. So ist für Hühner-Hirse *(Echinochloa crus-galli)* und Flatter-Binse *(Juncus effusus)* ein Vorkommen in unmittelbarer Nähe stark ausgasender Vents dokumentiert (VODNIK et al. 2002a; PFANZ et al. 1997).
Das Gegenstück zu den slowenischen Ackermofetten stellen Waldmofetten dar, die sich z. B. am Ostufer des Laacher Sees finden (s. Kap. 1.1). Alle dort untersuchten Flächen liegen auf der unteren Absenkungsterrasse des Sees (s. JACOBS 1913), wo es stellenweise zu starken, diffusen CO-Ausgasungen kommt. Unweit der alten Jesuitenvilla (s. PFANZ 2008) befindet sich die am besten untersuchte Mofette „U1" (s. HENNIGFELD 2007; HÖHER 2007). Hier ist unter dem Einfluss der CO_2-Austritte eine Lichtung entstanden, auf der geschlossene Beständen der Sumpf-Segge *(Carex acutiformis)* stocken. Das als Nässezeiger geltende Sauergras besiedelt hier Böden, die viel trockener sind als am Normalstandort (ELLENBERG et al. 1992; BUSCH 2000), während gleichzeitig CO_2-Konzentrationen von bis zu 100 % in 20 cm Tiefe toleriert werden. Auch die nachfolgenden Spezies scheinen eine gewisse CO_2-Toleranz aufzuweisen, wobei die Ergebnisse nicht gesichert sind:

- *Geranium robertianum* L.
- *Juncus articulatus* L.
- *Juncus effusus* L.
- *Phragmites australis* (Cav.) Trin. ex Steud.
- *Schoenoplectus lacustris* (L.) Palla

Die Baumarten der umliegenden Laubwälder erweisen sich allenfalls als mäßig CO_2-tolerant, was ihr Zurückweichen am Mofettenrand erklärt. Am ehesten dringen noch Stieleiche *(Quercus robur* L.) und Sommerlinde *(Tilia platyphyllos* Scop.) in den Ausgasungsbereich vor. Interessanterweise konnte am Laacher See nirgends eine Vegetationszonierung festgestellt werden. Eine mögliche Erklärung ist der Schattenwurf der Gehölze, welcher den CO_2-Gradienten überlagert und sich bei moderaten CO_2-Konzentrationen limitierender auswirken könnte als das Bodengas.

Vergleicht man die Mofettenpflanzen italienischer, slowenischer und deutscher Standorte, dann lässt sich ein relativ großer Helophytenanteil konstatieren. Es handelt sich stets um Grasartige, die als Anpassung an sauerstoffarme Sumpfböden in ihren Stängeln, Halmen oder Blättern ein Aerenchym entwickelt haben (s. KUTSCHERA & LICHTENEGGER 1982; LARCHER 2001). Es ist wahrscheinlich, dass sich ein solches Durchlüftungsgewebe auch an Mofettenstandorten günstig auf die Sauerstoffversorgung der Wurzeln auswirkt (s. Kap. 1.2.5 und 3.3.2.4).

1.3 Ziele der Untersuchung

Ziel dieser Arbeit war es, die azonale Vegetation terrestrischer Mofettenstandorte anknüpfend an bisherige Untersuchungen (s. Kap. 1.1 und 1.2.6) erstmalig für mitteleuropäische Verhältnisse zu charakterisieren. Ein Schwerpunkt lag in der Erfassung und Beschreibung verschiedener Ausprägungsformen der Mofettenvegetation in Relation zur abiotischen Umgebung. Darüberhinaus galt es, spezifische Phytoindikatoren zu finden und zu charakterisieren, mit deren Hilfe sich Mofettenstandorte definieren, abgrenzen und klassifizieren lassen. Aus den beiden gleichrangigen Oberzielen lassen sich folgende Teilziele ableiten:

- Abgrenzung und Charakterisierung beispielhafter Mofettenstrukturen.
- Aufdeckung von Zusammenhängen zwischen der CO_2-Konzentration, anderen wichtigen Standortsparametern und der Bodenvegetation.
- Auffinden von Pflanzenarten, die sich als Phytoindikatoren für den Standort Mofette eignen.
- Typisierung von Mofettenstandorten mit Hilfe der Vegetation.

2 Material und Methoden

2.1 Untersuchungsgebiet

2.1.1 Topographie und Landschaftsgeschichte

Das Untersuchungsgebiet ist im Cheb(Eger)-Becken unweit der bekannten Kurorte Františkovy Lásznĕ (Franzensbad), Mariánské Lásznĕ (Marienbad) und Karlovy Vary (Karlsbad) lokalisiert, die zusammen das böhmische Bäderdreieck bilden. Die flachwellige, meist ackerbaulich genutzte Landschaft im Einzugsbereich der Ohře (Eger) erreicht Höhen zwischen 420 und 500 m. Das Becken wird von Mittelgebirgen umschlossen, die 600 bis 1.000 m hoch aufragen, dem Elstergebirge im Norden, dem Erzgebirge im Nordosten, dem Slavkovský Les (Kaiserwald) im Südosten, den nördlichen Ausläufern des Oberpfälzer Waldes im Südwesten und dem Fichtelgebirge im Westen. Ein Nebenfluss der Ohře ist die Plesná (Fleißenbach), die nahe Bad Brambach entspringt und in der Nähe des Dorfes Nebanice (Nebanitz) mündet.

Als Untersuchungsgebiet diente der etwa 3 km lange Abschnitt des Plesná-Tales zwischen den Dörfern Milhostov (Mühlessen) im Norden und Hartoušov (Hartessenreuth) im Süden. Die Ostgrenze des Areals bildet die Verbindungsstraße zwischen beiden Ortschaften, an der sich etwa auf halber Strecke das kleine Dorf Vackovec (Watzgenreuth) befindet, als westlicher Abschluss dient der Flusslauf. Während der Talboden auf etwa 430 m Höhe liegt, erreichen die Kuppen der umgebenden Hügel bis zu 465 m ü. NN. Wegen der geringen Reliefenergie konnte sich die Plesná nur wenig eintiefen und formte mit ihren Sedimenten ein breites Sohlental. Einen Eindruck von der offenen Landschaft der Talaue vermittelt Abb. 1.

Abb. 1: Blick von Osten auf das Plesná-Tal bei Vackovec.

Nach einer Karte aus dem Jahre 1945 (KRAJSKÉ MUZEUM CHEB 2008) wurde im Talgrund einst Grünlandnutzung betrieben. Das Grabennetz, welches den für die Bewirtschaftung notwendigen Wasserabzug sicherstellte, ist noch heute im Luftbild zu erkennen. Als mögliche Gründe für die großflächige Aufgabe der landwirtschaftlichen Bodennutzung kommt neben der standörtlichen Ungunst das Verschwinden des einst am westlichen Talrand gelegenen Dorfes Doubrava (Doberau) in Betracht. Die letzten Gebäude der kleinen Siedlung wurden in den 1960er Jahren abgetragen (KRAJSKÉ MUZEUM CHEB 2008). Eine gegensätzliche Entwicklung nahmen die verkehrsgünstiger gelegenen Flächen nördlich von Hartoušov. Hier wurden weite Bereiche des Talgrundes melioriert, um eine Intensivierung der Bodennutzung zu ermöglichen. Dabei wurde die Plesná partiell begradigt und die Seitenbäche kanalisiert. Nach dem Alter der an den Vorflutern gepflanzten Gehölze lässt sich die Maßnahme auf die 1990er Jahre datieren.

2.1.2 Klima

Die wichtigsten Klimaparameter konnten aus Temperatur- und Niederschlagsdaten der Klimastationen Františkovy Lázně (Franzensbad) und Luby (Schönbach) abgeleitet werden, die für die Jahre 1978 bis 2007 verfügbar waren. Beide Stationen sind etwa 10 km vom Untersuchungsgebiet entfernt. Die mittlere Jahresdurchschnittstemperatur im Umfeld von Františkovy Lázně beträgt 7,5 °C. In der Vegetationszeit (Mai bis September) werden im Schnitt 14,6 °C erreicht. Einem durchschnittlichen Januarmittel von -1,8 °C steht ein Julimittel von 17 °C gegenüber, was einer mittleren Jahresschwankung von 18,8 °C entspricht. Die durchschnittliche Anzahl der Tage mit einer Lufttemperatur über 10 °C wird für das westlich angrenzende deutsche Wuchsgebiet „Selb-Wunsiedler Bucht" mit 120 bis 130 angegeben (ARBEITSKREIS STANDORTSKARTIERUNG 1985). Im Eger-Becken könnte sie erheblich größer sein, da die in Františkovy Lázně ermittelten Durchschnittswerte für Jahr und Vegetationszeit den oberen Werterahmen der Selb-Wunsiedler Bucht deutlich übertreffen. Da die deutschen Vergleichsdaten aus den Jahren 1931 bis 1960 stammen, ist zu vermuten, dass sich in den bemerkenswert großen Differenzen vom 1,5 °C bzw. 1,1 °C auch längerfristige Klimatrends manifestieren. Die meisten in Františkovy Lázně gemessenen Temperaturwerte repräsentieren normale mitteleuropäische Verhältnisse, wobei der niedrige Januarwert und die große Jahresschwankung eine kontinentale Klimatönung indizieren. Dies wird vom ARBEITSKREIS STANDORTSKARTIERUNG (1985) insofern bestätigt, als er der Selb-Wunsiedler Bucht „das extremste Kontinentalklima Deutschlands" attestiert. Der mittlere Jahresniederschlag für die Station Luby beträgt 733 mm. Der Wert liegt damit im Bereich des bayerischen Nachbargebietes, für das eine durchschnittliche Niederschlagsmenge von 600 bis 820 mm angegeben wird (ARBEITSKREIS STANDORTSKARTIERUNG 1985). Da weniger als die Hälfte des Niederschlages in der Vegetationszeit fällt (290 bis 390 mm), dürften sommerliche Trockenphasen nicht selten sein.

2.1.3 Geologie

Der geologische Rahmen wird vom Ohře(Eger)-Graben gebildet, der sich im Nordwesten des Böhmischen Massivs befindet. Der letztgenannte Teilbereich des Variszikums besteht vor allem aus Metamorphiten und Plutoniten des Proterozoikums und Paläozoikums (WALTER 1995). In der näheren Umgebung des Untersuchungsgebietes stehen überwiegend Granite, Phyllite, Gneise, und Glimmerschiefer an (BAYERISCHES GEOLOGISCHES LANDESAMT 1996). Der Eger-Graben ist Teil des känozoischen Riftsystems, das seit dem späten Eozän aktiv ist und sich über ca. 3.000 km von der Nordseeküste bis zur afrikanischen Atlantikküste erstreckt (ZIEGLER 1992). Als vulkanotektonische Zone durchzieht er das Böhmische Massiv von Ostnordost nach Westsüdwest (MALKOVSKÝ 1987). Die Grabenstruktur wurde durch die Reaktivierung älterer Störungen während der alpidischen Orogenese in mehrere Becken gegliedert (BANKWITZ et al. 2003), deren westliches als Eger-Becken bezeichnet wird (MALKOVSKÝ 1987). Hier kreuzen sich dem Grabenverlauf folgende Störungen mit solchen, die wie die Mariánské-Lászně-Störung von Nordnordwest nach Südsüdost verlaufen (BANKWITZ et al. 1999).

Ein weiteres bedeutsames Element ist die etwa 35 km lange, nord-südlich streichende Počatky-Plesná-Störung, die seit dem Ende des Pleistozäns aktiv ist und als geologische Schwächezone den Verlauf des Plesná-Tales beeinflusst (BANKWITZ et al 2003). Bei Nový Kostel (Neukirchen), wo Mariánské-Lászně- und Počatky-Plesná-Störung in der „Nový Kostel focal zone" aufeinander treffen, scheinen viele Erdbeben ihren Ausgang zu nehmen (BRÄUER et al. 2009). Die Beben im Vogtland und in Nordwestböhmen werden als Schwarmbeben („swarm earthquakes") bezeichnet. Der Begriff wurde von dem österreichischen Geologen J. KNETT (1899) für Erdbebenserien geprägt, die aus zahlreichen Einzelereignissen bestehen (PETEREK & SCHUNK 2008).

Infolge kontinuierlicher Absenkung begannen sich die erwähnten Becken ab dem späten Eozän mit Sedimenten zu füllen. Im Miozän entstanden im benachbarten Sokolov(Falkenau)-Becken bedeutende Braunkohlevorkommen die seit längerer Zeit zur Energiegewinnung abgebaut werden. Die ältesten Ablagerungen im Eger-Becken stammen als flözführende Sande und Tone aus dem frühen Miozän. Es folgt eine 40 m mächtige Schicht lakustriner, toniger Sedimente. Im Pliozän lagerten sich überwiegend Sande, Kiese und kaolinitische Tone ab (MALKOVSKÝ 1987; ŠPIČÁKOVÁ et al. 2000). Die jüngsten Sedimente konnten als fluviale Kiese und Sande des Pleistozäns, sowie als siltige, sandige Flussablagerungen des Holozäns auf der Wiese Hartoušov erbohrt werden (RECHNER 2007, FLECHSIG et al. 2008). Der Wechsel von Warm- und Kaltzeiten führte zur Ausbildung von Flussterrassen.

Das limnisch-fluviale Sedimentationsgeschehen wurde verschiedentlich von Phasen mit aktivem Vulkanismus unterbrochen, während derer sich Eruptionsprudukte über das Becken verteilten (MALKOVSKÝ 1987). Als jüngste Zeugen magmatischer Aktivität werden die pleistozänen Vulkankegel Komorí Hůrka (Kammerbühl) und Želena Hůrka (Eisenbühl) angesehen (WEINLICH et al. 1999). Bei den Ursachen des Vulkanismus stellen die Störungszonen offenbar nur einen Teilaspekt dar. Neuere Theorien gehen von der Existenz einer oder mehrerer Magmakammern aus, wie sie für Intraplatten-Vulkanismus charakteristisch sind. In Anlehnung an GEISSLER et al. (2005) beschreiben KÄMPF et al. (2005) die Vorgänge wie folgt:

- Aus 30 bis 60 km Tiefe dringen CO_2-haltige Gesteinschmelzen auf.
- Durch den Aufwärtstransport des heißen Gemisches kommt es an flachwinkligen Scherzonen zu einer Ausdünnung der plastischen Unterkruste, wodurch die Grenze zwischen Erdmantel und Erdkruste von ursprünglich 31 km auf 27 km Tiefe angehoben wird („MOHO updoming").
- Zwischen 29 und 21 km Tiefe trennt sich das CO_2 vom Magma und wird zunächst über kanalartige Strukturen durch die Kruste geführt.
- In 15 bis 6 km Tiefe ist die Oberkruste z. T. nur wenig permeabel. Hier kann sich ein hoher Gasdruck aufbauen, welcher sich periodisch in Schwarmbeben entlädt.
- Den oberen Bereich der Oberkruste kann das Gas sehr schnell durchströmen. Nach BRÄUER et al. (2003) erreicht es dabei eine Geschwindigkeit von bis zu 400 m pro Tag.

Das Wissen um die Beschaffenheit des Untergrundes stützt sich neben tiefseismischen Messungen auch auf Gasanalysen, wie sie WEINLICH et al. (1998, 1999) und BRÄUER et al. (2003, 2004, 2005, 2009) an Mofetten und Mineralquellen im westlichen Eger-Graben durchführten. Die Untersuchungen ergaben in den Zentren vierer Ausgasungsschwerpunkte CO_2-Konzentrationen von über 99 %. Daneben fanden sich geringe Anteile von Stickstoff, Helium und Methan. Hinweise für eine Herkunft des Gases aus dem Magma des oberen Erdmantels lassen sich aus u. a. dem Verhältnis der Heliumisotope ^{3}He und ^{4}He (2,4 bis 6) und dem δ^{13}C-Wert (-1,8 bis -4 ‰) herleiten.
Unmittelbar unter der Oberfläche können dichte Lagen tertiärer Tone eine erneute Stauung des Gases bewirken (vgl. HEINECKE et al. 2006). Für Mofettenhügel, welche im Plesná-Tal die typische Mofettenform feuchter Standorte darstellen ist eine „schlotartige Struktur" charakteristisch (RECHNER 2007), über die das Gas an einer gestörten Stelle sehr kleinflächig austritt. An der Entstehung der bis zu 1 m hohen Aufwölbungen könnte der Gasdruck beteiligt sein, welcher die stauende Tonschicht des Liegenden um zwei bis drei Meter „in die verhältnismäßig locker gelagerten, wassergesättigten Kiese und Sande" des Hangenden presst (RECHNER 2007). Dabei werden vermutlich auch Einzelklasten der Kiesfraktion mitgeschleppt. Der Aufwärtstransport von Ton und Kies führt zu einer charakteristischen tonig-kiesigen Zusammensetzung des Oberbodens.
Ein seltenerer Mofettentypus der Talaue wird durch lineare, Nord-Süd-orientierte Ausgasungsstrukturen gekennzeichnet, die bei einer Länge von bis zu 60 m nur wenige Meter breit sind und

allenfalls eine leichte, durch die Torfbildung der Mofettenvegetation bedingte Aufwölbung erfahren (s. Kap. 3.2.3). Es ist nicht unwahrscheinlich, dass sich hier aktive Störungslinien bis zur Oberfläche durchpausen (s. BANKWITZ et al. 2003). Im trockeneren Gelände finden sich Mofettentypen, die bei punktueller bis großflächig-diffuser Ausgasung geländemorphologisch nicht in Erscheinung treten. Die flächendeckende Mofettenkartierung im Plesná-Tal machte deutlich, dass sich die meisten Einzelstrukturen zu größeren Mustern zusammenfügen lassen (KÄMPF et al. unveröff). Typisch ist eine perlschnurartige Aufreihung in Nord-Süd-Richtung, worin sich der dominante Einfluss der Počatký-Plesná-Störungszone nunmehr auf einer übergeordneten Ebene manifestiert.

Wenngleich sie eigentlich kein Bestandteil der Untersuchung waren, seinen der Vollständigkeit halber auch die nassen Mofetten erwähnt, die vor allem im mittleren Teil des Untersuchungsgebietes verbreitet sind. Die bei Vackovec gelegene Mofette Bublák (tschechisch für „das Blubbernde") stellt eine wichtige Entnahmestelle für Gasproben dar (z. B. WEINLICH et al. 1998, 1999, BRÄUER et al. 2003, 2004, 2005, 2009). Bublák steht im Zentrum eines größeren Mofettenkomplexes, der seine Fortsetzung westlich der Plesná im alten Mühlgraben der Wüstung Doubrava findet. Die dortigen „Gasquellen" waren schon 1945 bekannt (KRAJSKÉ MUZEUM CHEB 2008).

2.1.4 Böden

Die Ausbildung der Böden in einer Landschaft kann als Funktion der geologischen und geomorphologischen Rahmenbedingungen betrachtet werden, unter denen sie sich entwickelt haben (REHFUESS 1981). Im Untersuchungsgebiet lassen sich zwei Landschaftseinheiten unterscheiden, die Hangzone (tertiäre Hänge und pleistozäne Terrassen) sowie der von holozänen Auensedimenten geprägte Talboden (s. Kap. 2.1.3). Beide Bereiche differieren stark in der Korngrößenverteilung der Sedimente, in der Geländeform und hinsichtlich ihres Wasserhaushaltes. Als weitere, übergreifenden Komponente der Bodenbildung kommt der Mofetteneinfluss hinzu, welcher die Ausbildung von Reduktosolen induziert (AG BODEN 1994). Es lassen sich drei Gruppen von Böden unterscheiden:

- Braunerden der Hangzone
- Grundwasserböden des Talgrundes
- Reduktosole der Mofettenstandorte

Die grobe Gliederung trägt der noch unzureichenden Erforschung der im Plesná-Tal vorkommenden Böden Rechnung. Die bisherigen Erkenntnisse stützen sich in erster Linie auf Informationen, welche bei der Betrachtung und Analyse von etwa 30 cm tiefen Bohrkernen gewonnen wurden (s. Kap. 2.4). Im Folgenden sollen die bisherigen Erkenntnisse etwas detaillierter beschrieben werden. Hinsichtlich der allgemeinen Merkmale der Bodentypen sowie der verwendeten pedologischen und standortskundlichen Begriffe wurde, soweit nichts anderes vermerkt ist, auf die „Bodenkundliche Kartieranleitung" der AG BODEN (1994) zurückgegriffen.

An Unterhängen und auf pleistozänen Terrassen haben sich aus sandig-kiesigen Lockersedimenten Braunerden entwickelt, die durch ein Ah/Bv/C-Profil gekennzeichnet sind. Der Wasserhaushalt dieser Böden wurde nach der Vegetation (s. ELLENBERG et al. 1992) als mäßig frisch bis frisch eingestuft. Trotz ihrer recht hellen Farbe sind die Braunerden im Oberboden meist stark bis sehr stark humos. Die hohen Schwefelsäure-Einträge der Vergangenheit, welche eine Folge der unmittelbaren Nachbarschaft zum nordböhmischen Braunkohlerevier waren, haben zu einer starken bis sehr starken Versauerung der Braunerden geführt (s. Kap. 3.2.2). In diesem Zusammenhang sei erwähnt, dass im etwa 10 km entfernten Šabina noch 1979 eine H_2SO_4-Deposition von etwa 231 kg pro Jahr und Hektar gemessen wurde, bevor Maßnahmen der Luftreinhaltung den Wert auf weniger als ein Zehntel senkten (MINISTRY OF AGRICULTURE OF THE CZECH REPUBLIC 2004).

Im Gegensatz zur Hangzone ist der von siltig-tonigen Ablagerungen bedeckte Talboden einem starken Grundwassereinfluss ausgesetzt, was zur Ausbildung semiterrestrischer Böden geführt hat. Am weitesten sind Nassgleye verbreitet, die bei weniger als 15 % Organikanteil im Oberboden ein Go-Ah/Gr-Profil aufweisen. Die noch nasseren Anmoorgleye treten vermutlich seltener auf. Der Humusgehalt des obersten Bodenhorizonts erreicht dort 15 % und mehr, was zu einem Go-Aa/Gr-Profil führt. Alle im Probenmaterial vorgefundenen rezenten oder subfossilen Torfe waren an Mofetten gebunden, weshalb sämtliche untersuchten Böden mit Torfauflage zu den Reduktosolen gehören. Normgleye finden sich vermehrt auf höher gelegenen oder teilentwässerten Flächen. Der Profilaufbau Ah/Go/Gr lässt eine größere Bedeutung sauerstoffreicher Horizonte erkennen. Wie Messungen in der neu entdeckten „Moormofette" belegen (s. Kap. 2.2), schwanken die pH-Werte des Grundwassers meist um 5 (PELZ 2010). Der Grundwassereinfluss könnte daher erklären, warum das Aziditätsniveau der Glevböden i. d. R. nur im mittel bis stark sauren Bereich liegt, d. h. im Schnitt um etwa eine pH-Stufe höher als bei den Braunerden. Abschließend sei noch zu bemerken, dass im der Übergangszone zwischen Talgrund und Hangzone mit dem Auftreten von Hanggleyen zu rechnen ist, während im Überflutungsbereich der Plesná Auenböden vorkommen dürften. Beide Typen konnten allerdings nicht explizit nachgewiesen werden.

In den Mofettenbereichen aller Feuchtestufen treten gleyartige Reduktosole auf, deren graues Solum in Oberflächennähe oft mit Rostflecken gezeichnet ist. Im Gegensatz zu den Gleyen wird das reduzierende Milieu bei den Reduktosolen nicht durch Wasser, sondern durch verschiedene Gase hervorgerufen (s. Kap. 1.2.4). Wenn Mofetten in grundfeuchten Bereichen auftreten, was im Plesná-Tal häufig der Fall ist, sind Mischtypen die Folge, welche man nach einem Vorschlag von RENNERT (briefl. Mitt.) als „Gley-Reduktosole" bezeichnen könnte. Der CO_2-Einfluss läßt sich hier meist nur auf indirektem Wege, d. h. über die CO_2-Konzentration oder die Vegetation nachweisen. Dies gilt auch für die kiesig-sandigen Mofettenböden der Hangzone, die selbst nahe der Vents kaum redoximorphe Merkmale zeigen. Die pH-Werte der Reduktosole liegen verbreitet im sehr stark sauren Bereich (vgl. Abb. 30 und 36), was z. T. auf die azidifizierende Wirkung des CO_2-Gases zurückgeführt werden kann. Weitere Details zu diesen mofettentypischen, durch ein Ah/Yo/Yr-Profil gekennzeichneten Böden, finden sich in Kap. 1.2.3.

2.1.5 Flora und Vegetation

Die Bestimmung der Kräuter erfolgte nach den Floren von SCHMEIL & FITSCHEN (1988), ROTHMALER (1994, 1995) und OBERDORFER (2001). Die Gräser wurden mit Hilfe der Spezialwerke von KLAPP (1974), AICHELE & SCHWEGLER (1988) und CONERT (2000) determiniert. Die Bildatlanten von ROTHMALER (1995) und HAEUPLER & MUER (2000) ermöglichten einen Abgleich bereits bestimmter Sippen mit Strichzeichnungen oder Fotografien. Die Artnamen orientieren sich durchgehend an WISSKIRCHEN & HAEUPLER (1998). Diese Standardliste ersetzt das bewährte, aber inzwischen als überholt geltende Werk von EHRENDORFER (1973), was zu einigen etwas ungewohnten Bezeichnungen führt (vgl. HAEUPLER & MUER 2000). Wenngleich sich der Geltungsbereich der Florenwerke nicht ausdrücklich auf das tschechische Staatsgebiet erstreckt, so sollte ihre Verwendbarkeit doch durch die Grenznähe des Untersuchungsgebietes gegeben sein.

Während des von 2007 bis 2009 dauernden Aufnahmezeitraumes konnten im Gebiet 221 Gefäßpflanzenarten festgestellt werden. Die komplette Liste findet sich in Anh. 1. Floristische Seltenheiten wurden im Gebiet nicht angetroffen, wenngleich es an Arten nicht mangelt, die z. B. im dicht bevölkerten Westen Deutschlands schon merklich zurückgegangen sind (WOLFF-STRAUB et al. 1999). Dies gilt sowohl für einige typische Sippen der Borstgrasrasen (*Arnica montana, Dianthus deltoides, Nardus stricta, Viola canina*) als auch für bestimmte Vertreter der Wiesengesellschaften (*Campanula patula, Succisa pratensis*) oder der Niedermoore *(Menyanthes trifoliata, Potentilla palustris, Viola palustris).* Es bleibt zu hoffen, dass die noch vorhandene Vielfalt des Gebietes durch geeignete Maßnahmen erhalten werden kann. Eine Unterschutzstellung erscheint in diesem Zusammenhang dringend geboten.

Zur Bestimmung der Kryptogamen wurden die Werke von FRAHM & FREY (1987), DÜLL (1997) und WIRTH & DÜLL (2000) verwendet. Der vergleichsweise geringe Kenntnisstand ließ es darüberhinaus notwendig erscheinen, auf das Fachwissen und den Sachverstand externer Experten zurückzugreifen. K. STETZKA (Moose) und H. ZELLNER (Flechten) sei hier ausdrücklich für ihre Bestimmungsarbeit gedankt. Die mit Sicherheit noch sehr unvollständige Moosliste umfasst 18 Arten (Nomenklatur nach FRAHM & FREY 1987):

- *Aulacomnium palustre* (Hedw.) Schwaegr.
- *Brachythecium albicans* (Hedw.) B.S.G.
- *Brachythecium mildeanum* (Schimp.) Schimp.
- *Brachythecium rutabulum* (Hedw.) B.S.G.
- *Brachythecium salebrosum* (Web. & Mohr) B.S.G.
- *Brachythecium starkei* (Brid.) B.S.G. var. *explanatum* (Brid.) Mönk.
- *Brachythecium velutinum* (Hedw.) B.S.G.
- *Calliergonella cuspidata* (Hedw.) Loeske
- *Ceratodon purpureus* (Hedw.) Brid.
- *Cirriphyllum piliferum* (Hedw.) Grout
- *Dicranum polysetum* Sw.
- *Dicranum scoparium* Hedw.
- *Plagiomnium affine* (Funck) Kop.
- *Pleurozium schreberi* (Brid.) Mitt.
- *Pohlia nutans* (Hedw.) Lindbl.
- *Polytrichum commune* Hedw.
- *Rhytidiadelphus squarrosus* (Lindb.) P. Kop.
- *Sphagnum palustre* L.

Wenngleich Flechten zweifellos keine Pflanzen sind, sollen sie doch in Verbindung mit diesen abgehandelt werden. Dies hat vor allem praktische Gründe: Bodenflechten besiedeln dieselben Flächen wie Gefäßpflanzen und Moose, werden in gleicher Weise vegetationskundlich erfasst und können dank ihrer innigen Verbindung mit dem Erdboden ebenso als Standortsindikatoren eingesetzt werden. Die Verfahrensweise folgt darüber hinaus der Tradition namhafter Autoren (z. B. KREEB 1983; ELLENBERG et al. 1992). Drei Strauchflechten der Gattung *Cladonia* spielen eine wichtige Rolle in der Mofettenvegetation der Borstgrasmofette (Nomenklatur nach WIRTH & DÜLL 2000):

- *Cladonia furcata* (Hudson) Schrader
- *Cladonia macillenta* Hoffm.
- *Cladonia pyxidata* (L.) Hoffm.

Ein großer Teil des Talraumes konnte auch 60 Jahre nach der (vermuteten) Nutzungsaufgabe seinen Offenlandcharakter bewahren. Er wird von verschiedenen Brachestadien des mesotraphenten Feuchtgrünlandes eingenommen, unter denen die Mädesüßflur *(Valeriano-Filipenduletum)* die weitaus größte Fläche einnimmt (s. WOLF 1979; FOERSTER 1983; RUNGE 1990; POTT 1995). Neben allgemein verbreiteten Arten wie *Filipendula ulmaria, Stachys palustris* und *Lysimachia vulgaris* (vgl. POTT 1995) tritt der hochwüchsige, Wasser-Ampfer *(Rumex aquaticus)* aspektbildend in Erscheinung. Die auffällige Art zeigt nach OBERDORFER (2001) deutlich kontinentale Verbreitungstendenzen.

An Bachufern und an den Rändern von Erlengehölzen können *Urtica dioica* und *Galeopsis tetrahit* zur Herrschaft gelangen. Hier sind auch die Neophyten *Heracleum mantegazzianum* und *Impatiens glandulifera* anzutreffen. Die Ausbreitung dieser unerwünschten Einwanderer hält sich im Gebiet noch in Grenzen (vgl. LUDWIG et al. 2000). Die Mädesüßflur wird in Flussnähe stellenweise vom Rohrglanzgrasrasen *(Phalaridetum)* unterbrochen, welcher eine natürliche Monokultur der namensgebenden Art darstellt (s. ELLENBERG 1986; RUNGE 1990; POTT 1995). Auf den überschwemmten Schlammböden aufgelassener Teiche gedeihen Massenbestände von *Typha latifolia* mit Unterwuchs von *Potentilla palustris*. Flächige Vorkommen der letztgenannten Art, die neben *Sphagnum*-Arten auch *Agrostis canina, Carex nigra, Eriophorum angustifolium, Menyanthes trifoliata* und *Viola palustris* enthalten, können dem Hundsstraußgras-Grauseggensumpf *(Carici canescentis-Agrostietum caninae)* zugeordnet werden (s. RUNGE 1990; POTT 1995; VERBÜCHELN et al. 1995).

Elemente des trockenen Offenlandes sind die Borstgrasrasenrelikte *(Violion caninae)*, welche sich an nährstoffarmen Böschungen halten können und als bezeichnende Arten neben *Nardus stricta* und einigen typischen Heidebegleitern stellenweise *Arnica montana, Dianthus deltoides* und *Viola canina* beherbergen (s. FOERSTER 1983; RUNGE 1990; ELLENBERG et al. 1992; POTT 1995).

An der Grenze zum Wirtschaftsgrünland dringen nitrophile Grünlandarten wie *Anthriscus sylvestris* und *Heracleum sphondylium* in die Brachflächen ein. Bewirtschaftete Bereiche im Talraum werden meist von der Wiesenfuchsschwanzwiese *(Alopecuretum pratensis)* eingenommen (s. RUNGE 1990; POTT 1995). Wie Beobachtungen auf der Wiese Hartoušov zeigen (s. Kap. 2.2) wird die nitrophile Leitart *Alopecurus pratensis* bei nachlassendem Düngereinfluss binnen weniger Jahre von *Holcus lanatus* verdrängt.

In Teilbereichen des Talraumes leiten Polykormone der Strauchweiden *Salix aurita* und *cinerea* die Wiederbewaldung der Feuchtbrache ein (vgl. DIERSCHKE 1994). Die Ufer der Plesná werden weithin von Galeriewäldern aus Schwarz-Erlen *(Alnus glutinosa)* gesäumt, welche nach dem Vorkommen der Assoziationscharakterart *Stellaria nemorum* und weiterer Feuchtezeiger unschwer dem Bach-Erlen-Eschenwald *(Stellario-Alnetum glutinosae)* zugeordnet werden können (s. ELLENBERG 1986; RUNGE 1990; FISCHER 1995; VERBÜCHELN 1995). Diese azonale Waldgesellschaft dürfte im größten Teil des Talraumes die potentielle natürliche Vegetation bilden.

Eine der wenigen größeren Waldflächen des Gebietes umgibt die erwähnte Bublák-Mofette bei Vackovec. Es handelt sich um einen Pionierwald aus nahezu gleichaltrigen, etwa 50-jährigen Sand-Birken *(Betula pendula)*, unter die sich einige Moor-Birken *(B. pubescens)* und Schwarz-Erlen mischen. Der Unterwuchs des Waldes unterscheidet sich in seiner Artenkombination nur wenig vom umgebenden Offenland, was auf eine Entstehung aus Grünlandsukzession hindeutet. Gleiches kann aus der historischen Karte abgeleitet werden (KRAJSKE MUSEUM CHEB 2008), die an der betreffenden Stelle Wiesennutzung ausweist. Innerhalb des bruchwaldartigen Bestandes finden sich zahlreiche aufgelassene Torfstiche, die z. T. mit Torfmoos-Schwingrasen bedeckt sind. Die dortigen Mofetten, welche im dystrophen Wasser eine auffällige Schaumbildung induzieren, scheinen sich vergleichsweise wenig auf die umgebende Vegetation auszuwirken.

Unbewaldete, trockene Mofettenstandorte fallen durch ihre eigenartige Vegetation schon von Weitem auf. Sofern sie starke Torfbildner wie *Eriophorum vaginatum* beherbergen, können sie sich bis zu einem Meter über die Umgebung erheben (s. RECHNER 2007, FLECHSIG et al. 2008). In verschiedenen Mofettentypen finden sich vegetationsfreie Stellen („Schlenken"), deren Genese noch unklar ist. Ob hier hohe CO_2-Flüsse die entscheidende Rolle spielen, ließe sich letztlich nur durch vergleichende Gasflussmessungen an bewachsenen und kahlen Mofettenstandorten klären. Da die Vegetation trockener Mofettenstandorte im Mittelpunkt dieser Arbeit steht, soll seine eingehende Beschreibung bei der monographischen Abhandlung der untersuchten Mofettenstandorte vorgenommen werden (s. Kap. 3.2).

2.1.6 Fauna

Wenngleich die Freilandaufenthalte im Plesná-Tal vor allem botanisch motiviert waren, so ermöglichten sie doch einige interessante Einblicke in die artenreiche Fauna des Gebietes. Dabei waren es z. T. die Mofetten selber, welche als „natürliche Barberfallen" fungierten und auf diese Weise das Vorkommen schwer zu beobachtender Insekten und Wirbeltiere dokumentierten (vgl. MÜHLENBERG 1993).

Die Artbestimmung der Vögel wurde mit Hilfe der Bestimmungswerke von HARRIS et al. (1991), JOHNSON (1992) und BROWN et al. (1993) durchgeführt. Zur Bennennung der Vogelarten (und zur Bestimmung aller anderen Tiere) diente das bewährte Bestimmungsbuch von BROHMER (1992). Aufgrund seines Strukturreichtums, seiner Naturbelassenheit und seiner relativen Unzugänglichkeit beherbergt das Gebiet eine überaus reiche Avifauna, die aufgrund der optischen und akustischen Präsenz der Vögel vergleichsweise einfach erfasst werden konnte. Die 82 Spezies umfassende Artenliste, welche sämtliche Beobachtungen der Jahre 2007 bis 2009 enthält, wird in Anh. 2 präsentiert. Besonders ergiebig waren erwartungsgemäß die Messkampagnen im Mai und Juni, da viele versteckt lebende Singvögel in den Frühlings- und Frühsommermonaten durch ihren Gesang auf sich aufmerksam machen. Hervorzuheben sind Brutzeitnachweise von Kranich *(Grus grus)*, Braunkehlchen *(Saxicola rubetra)* und Bekassine *(Gallinago gallinago)* sowie das häufige Auftreten von Kuckuck *(Cuculus canorus)*, Neuntöter *(Lanius collurio)*, Schlagschwirl *(Locustella fluviatilis)* und

Pirol *(Oriolus oriolus)*. Aus der angrenzenden Feldflur erklingen die Rufe der Wachtel *(Coturnix coturnix)*. Aufgrund des Reichtums an seltenen und gefährdeten Vogelarten ist die bislang versäumte Unterschutzstellung des Gebietes auch aus avifaunistischen Gründen dringend erforderlich. Systematische Untersuchungen der Vogelwelt würden mit Sicherheit weitere interessante Erkenntnisse bringen und die Schutzbedürftigkeit des Areals untermauern (s. auch Kap. 2.1.5).

Die übrigen Wirbeltiere sind deutlich schwieriger zu beobachten, so dass die Fundlisten der Herpeto- und Säugetierfauna entsprechend große Lücken aufweisen dürften. Die Klassen der Amphibien und Reptilien sind mit fünf sicher bestimmten Arten im Gebiet vertreten:

- *Bufo bufo* (L.)
- *Hyla arborea* (L.)
- *Lacerta vivipara* Jacqu.
- *Natrix natrix* (L.)
- *Rana temporaria* L.

Viele Säugetiere sind für ihre heimliche Lebensweise bekannt. So verdanken die scheuen, meist nachtaktiven Mäuse (Muridae) und Wühlmäuse (Arvicolidae) ihre Bestimmung und Dokumentation frischen Mofettentotfunden. Andere Arten machen durch charakteristische Geländespuren auf sich aufmerksam, wie etwa der Maulwurf *(Talpa europaea)* oder das Wildschwein *(Sus scrofa)*. Die letztgenannte Art bricht im Sumpfgebiet regelmäßig größere Flächen um, offenbar angelockt von den Rhizomen des Großen Wiesenknopfes *(Sanguisorba officinalis)*. Zahlreiche Sichtbeobachtungen von Fledermäusen führten mangels akustischer Hilfsmittel („bat detector") leider zu keiner Artdiagnose. Die folgende Artenliste der Säugetiere dürfte noch sehr unvollständig sein:

- *Apodemus flavicollis* (Melchior)
- *Apodemus sylvaticus* (L.)
- *Capreolus capreolus* (L.)
- *Erinaceus europaeus* L.
- *Lepus europaeus* Pallas
- *Martes foina* (Erxl.)
- *Micromys minutus* (Pallas)
- *Microtus agrestis* (Pallas)
- *Mustela erminea* L.
- *Sus scrofa* L.
- *Talpa europaea* L.
- *Vulpes vulpes* (L.)

Über die Entomofauna des Gebietes liegen gegenwärtig nur wenige Informationen vor, was sich durch die Aktivitäten des Senckenberg-Museums Görlitz in naher Zukunft ändern könnte. Auf die Dokumentation wenig aussagefähiger Einzelfunde von Libellen und Heuschrecken soll hier verzichtet werden. Stellvertretend für die Gruppe der Lepidopteren seien einige leicht bestimmbare Tagfalter aufgeführt:

- *Aglais urticae* (L.)
- *Araschnia levana* (L.)
- *Coenonympha pamphilus* (L.)
- *Inachis io* (L.)
- *Maniola jurtina* (L.)
- *Papilio machaon* L.
- *Polygonia C-album* (L.)
- *Vanessa atalanta* (L.)
- *Vanessa cardui* (L.)

Die Fauna der sehr agilen, nachtaktiven Carabiden lässt sich in Mofettengebieten besonders gut erkunden, da die tödlichen Ausgasungsstellen reichlich bestimmbares Material liefern. Im Gegensatz zu anderen Kleintieren ist die Determination anhand der persistenten Elythren noch Monate bzw. Jahre nach dem Verenden der Tiere möglich. Einige Aufsammlungen aus dem Jahre 2007 wurden freundlicherweise von F. LUDESCHER und seinen Mitarbeitern bestimmt, woraus die folgende Auflistung resultierte:

- *Carabus granulatus* L.
- *Carabus nemoralis* Müller
- *Cychrus caraboides* (L.)
- *Poecilus cupreus* (L.)
- *Poecilus versicolor* (Sturm)
- *Pterostichus melanarius* (Ill.)
- *Pterostichus niger* (Schaller)

Seit 2008 betreibt das Senckenberg-Museum Görlitz entomologische Studien in den Mofetten des Untersuchungsgebietes. Diese betreffen vor allem die Collenbolen- und Carabidenfauna und gipfelten bislang in der Neubeschreibung der mofettenspezifischen Springschwanzart *Folsomia mofettophila* sp. nov. (SCHULZ & POTAPOV 2010). Erste Vergleiche zwischen der Artenzahl bodenlebender Collembolen und der CO_2-Konzentration, die auf der Grundlage des Datenmaterials von H.-J.

SCHULZ (unveröff.) durchgeführt wurden, ergaben einen stark negativen Trend, der wegen des geringen Stichprobenumfanges allerdings nicht signifikant war (s. BAAKES 2009; THOMALLA 2009). Aufgrund ihrer Bodengebundenheit und der sich andeutende Sensitivität für das Mofettengas könnten sich die Collembolen in Zukunft vielleicht als faunistisches Pendant zur Bodenvegetation erweisen, was die ökologische Mofettenforschung weiter beflügeln dürfte.

2.1.7 Funga

Die Erfassung der Pilzflora stellt ebenfalls einen Randaspekt dieser Arbeit dar, auf den im Sinne einer umfassenden Dokumentation des Untersuchungsgebietes aber nicht verzichtet werden soll. Zur Bestimmung der Arten dienten die Werke von BON (1987), RYMAN & HOLMÅSEN (1992) sowie GERHARDT (1997). Der untersuchte Abschnitt des Plesná-Tales ist als artenarm zu charakterisieren, was vor allem eine Folge des geringen Waldanteils bei weitgehendem Fehlen älterer Baumbestände sein dürfte. Erhebliche Kenntnislücken bei den Pilzarten des Grünlandes und das Fehlen systematischer Begehungen schränken die nachgewiesene Artenzahl weiter ein. In Anh. 3 wird eine 84 Spezies umfassende Liste präsentiert, die alle zwischen 2007 und 2009 im Gebiet gefundenen und sicher bestimmten Großpilzarten enthält. Hervorzuheben ist der Fund des Grünlings *(Tricholoma equestre)*, welcher im September 2007 in mehreren stattlichen Exemplaren das Espenwäldchen neben der Wiese Hartoušov zierte. Weitere in Mofettennähe fruktifizierende Arten sind die Raustielröhrlinge *Leccinum rufum, L. scabrum* und *L. versipelle*, die ihre Einzelfruchtkörper zeitgleich mit dem Grünling am Nordostrand der Wiese ausbildeten. Dort standen Sand-Birken und Espen als Mykorrhizapartner zur Verfügung. Im Mai desselben Jahres fanden sich direkt auf der Wiese zwei Basidiokarpien des Struppigen Risspilzes *(Inocybe lacera)*, die unweit der Hauptausgasungsstelle den Einzugsbereich einer etwa kniehohen Birke besiedelten.

2.2 Auswahl und Abgrenzung der Untersuchungsobjekte

Um ein größereres Spektrum von Mofettentypen abdecken zu können wurden fünf im Talraum verteilte Mofettenbereiche als Untersuchungsobjekte ausgewählt. Die Lage von Wiese, Birnen-, Borstgras-, Reh- und Sumpfmofette im Untersuchungsgebiet geht aus Abb. 2 hervor. Bis November 2007 wurden einreihige Transekte angelegt, die bei 26 bis 76 m Länge senkrecht zum Vegetationsgradienten ausgerichtet waren (s. WHITTAKER 1973; DIERSCHKE 1994). Dabei lag das (vermutete) Ausgasungszentrum der Mofette mit seiner typischen Vegetation idealerweise in der Mitte des Transektes. Durch diese Konstellation eröffnete sich die Möglichkeit, die Übergangssequenz zwischen Mofetten- und Kontrollzone mit ihrem ausgeprägten Parameter- und Vegetationsgradienten zweimal in die Gradientenanalyse einfließen zu lassen (s. WHITTAKER 1973; DIERSCHKE 1994).

Wenn bei sehr umfangreichen oder nur partiell geeigneten Strukturen eine komplette Querung der Mofettenzone nicht möglich oder sinnvoll erschien, reichte freilich auch ein Kontrollbereich aus. Die Eindimensionalität der Transekte ließ sich durch Anlage von Kreuzen ein wenig abmildern, ohne dass die Aussagekraft der Flächenaufnahmen erreicht worden wäre. Die Transektstrukturen wurden in Relation zur Fließrichtung der Plesná bzw. zum Verlauf der Počatky-Plesná-Störung (s. BANKWITZ et al. 2003) als (nord-südliche) „Längstransekte" (L) bzw. (ost-westliche) „Quertransekte" (Q) bezeichnet.

Die Gasmessungen und Bodenentnahmen fanden bei den einreihigen Transekten stets im Mittelpunkt der Aufnahmequadrate statt. Auf diese Weise ließ sich der Flächenbezug mit einem Minimum an Messpunkten herstellen. Im Zuge der Auswertungen machte sich allerdings die vergleichsweise geringe Aussagekraft dieses Datenmaterials bemerkbar. Anders als bei den Flächenaufnahmen war es hier leider nicht möglich, die aus den Bodeninhomogenitäten resultierende Wertestreuung auf dem Rechenwege zu kompensieren (vgl. Kap. 3.2.1).

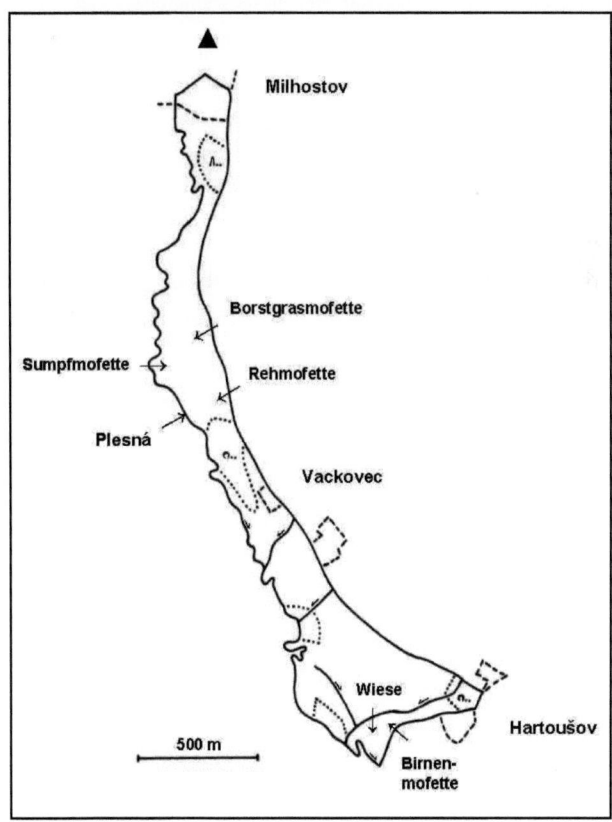

Abb. 2: Lage der Untersuchungsobjekte im Plesná-Tal.

Ab Mai 2008 erfolgte die Anlage flächiger Objekte, die bei Kantenlängen von 3 bis 60 m eine Größe zwischen 150 und 3.000 m² aufwiesen. Während sich mit der Transektmethode in kurzer Zeit viele Objekte charakterisieren lassen, wodurch man sich insbesondere in der Anfangsphase der Untersuchung einen schnellen Überblick verschaffen kann, bleibt es der viel aufwändigeren Flächenaufnahme vorbehalten, ein detailliertes Bild von der zweidimensionalen Gestalt der Objekte zu zeichnen. Da die Zeit der Geländeaufenthalte stark limitiert war, lohnten solche Untersuchungen nur an Objekten, deren Eignung man vorher mittels Transektaufnahmen überprüft hatte. Die Größe der Aufnahmequadrate betrug meist 1 x 1 m, ein Raster, das sich schon bei den Untersuchungen von VODNIK et al. (2006) in Slowenien bewährt hatte. Die Bezeichnung von Abszisse und Ordinate erfolgte den Transekten analog als Längs- (L) und Querachse (Q). Beim Flächenraster verlagerte sich die Erfassung der abiotischen Bodenparameter vom Zentrum der Quadrate zu deren Ecken, was mit einer leicht erhöhten Anzahl von Messpunkten verbunden war. Die quadratbezogenen Werte der Faktoren ergaben sich nunmehr als Mittelwerte vierer Einzelmesspunkten, wodurch sich die Wertesteuung im Vergleich zu den Transektaufnahmen stark eingrenzen ließ.

Es zeigte sich recht bald, dass die Erstellung einer annähernd repräsentativen Übersichtstabelle zusätzliche Transekte erforderte (s. Kap. 2.5.2). Dem Problem wurde durch sogenannte Flächentransekte begegnet, die aus den Aufnahmeflächen von Birnen- und Borstgrasmofette auskoppelt wurden. Der einzige prinzipielle Unterschied gegenüber den echten Einzeltransekten besteht darin, dass die quadratbezogenen Werte der Bodenparameter hier durch Mittelwertbildung zustande kamen. Aus Gründen der Repräsentanz, war es erforderlich, die Anzahl der pro Objekt selektierten Transekte nicht nur nach an der Verfügbarkeit des Datenmaterials zu orientieren, sondern auch an der unterschiedlichen Bedeutung zu messen, die den einzelnen Mofetten in dieser Untersuchung zukam. Letztlich wurden 16 Transekte ausgewählt, die anhand der folgenden Ausschlusskriterien eine systematische Überprüfung erfuhren:

- Mofetten- und Kontrollbereich müssen sich in der differenzierten Tabelle so deutlich unterscheiden, dass über mofettenökologische Differenzialarten eine entsprechende Tabellenteilung vorgenommen werden kann (s. Anh. 4).
- Die mittlere CO_2-Konzentration der Mofettenzone muss in 10 cm Bodentiefe über 2 % betragen (s. Kap. 2.5.3) und dabei signifikant höher liegen als im Kontrollbereich.

Beide Kriterien wurden von allen 16 Transekten erfüllt. Um auch das Auswahlverfahren auf seine Tauglichkeit zu testen, kam es probeweise bei der sogenannten Moosmofette zur Anwendung, deren deutliche Vegetationsgrenzen aus noch ungeklärten Gründen nicht mit den ausgesprochen niedrigen CO_2-Konzentrationen korrespondieren. Der 24 m messende Längstransekt (s. THOMALLA 2009) erfüllte wie erwartet das erste Kriterium (die Teiltabellen ließen sich sogar besser abgrenzen als bei vielen echten Mofetten), um dann klar am zweiten zu scheitern. Da dies sowohl die 2 %-Grenze als auch den geforderten Konzentrationsunterschied betraf, war der Test erfolgreich. In Tab. 1 sind die wichtigsten Lageparameter der untersuchten Transekte dargestellt. In den beiden Kopfzeilen der Tabelle stehen die Transektbezeichnungen nebst ihren Kürzeln. Es folgt die Angabe der Gesamtlänge, die von 16 bis 76 m reicht. Die Ausdehnung der Mofetten- und Kontrollzonen war zum Zeitpunkt der Aufnahme naturgemäß noch nicht bekannt. Unter den 16 Transekten befinden sich elf Einzel- und fünf Flächentransekte. Die elf Quertransekte verlaufen von Nordost bzw. Nordnordost nach Südwest bzw. Südsüdwest, die fünf Längstransekte von Südost bzw. Südsüdost nach Nordwest bzw. Nordnordwest. Sofern die Flächen merklich geneigt sind, was nur in der Borstgras- und Rehmofette vorkommt, fällt das Gelände nach Südwesten zur Plesná hin ab. Zehn Transekte liegen am Übergang zwischen Hangzone und Talgrund (Wiese, Quertransekte der Borstgrasmofette, Rehmofette). Die anderen fallen ausschließlich in die Hangzone (Birnenmofette, Längstransekte der Borstgrasmofette) oder in den Bereich des Talbodens (Sumpfmofette). Im folgenden Abschnitt sollen die Objekte im Detail vorgestellt werden.

Tab. 1: Lageparameter der im Plesná-Tal ausgewählten Transekte. Beim Transekttyp werden Einzel- (E) und Flächentransekte (F), beim Wertetyp Einzel- (E) und Mittelwerte (M) unterschieden. Der Geländetyp gibt die Lage in der Hangzone (H), im Übergangsbereich (Ü) oder im Talgrund (T) an.

	Wiese Hartoušov (Wi)					Birne (Bi)		Borstgras (Bo)					Reh (Re)		Sumpf (Su)	
	Q1	Q2	Q3	Q4	Q5	Q1	Q2	L1	L2	Q1	Q2	Q3	L1	L2	L1	Q1
Gesamtlänge [m]	56	61	66	71	76	18	18	40	16	50	50	26	42	42	40	37
Transekttyp	E	E	E	E	E	F	F	E	F	F	F	E	E	E	E	E
Transektrichtung	SW	SW	SW	SW	SW	SSW	SSW	NW	NW	SW	SW	SW	NNW	NNW	NW	SW
Exposition	–	–	–	–	–	–	–	SW	SW	SW	SW	SW	SW	SW	–	–
Geländetyp	Ü	Ü	Ü	Ü	Ü	H	H	H	H	Ü	Ü	Ü	Ü	Ü	T	T

Den am intensivsten bearbeiteten Mofettenstandort stellt die Wiese Hartoušov dar. Die größtenteils im Tal befindliche Fläche grenzt im Südosten an die Straße nach Lesinka und im Nordosten an einen lichten Laubholzbestand, der nordöstlich der Zufahrt in ein Espenwäldchen übergeht. Im Südwesten grenzt die Wiese an einen wasserführenden Altarm der Plesná, während ein kanalisierter Bach mit einer jüngeren Erlenpflanzung den nordwestlichen Abschluss bildet. Abb. 3 zeigt, dass sich die ausgeprägte, von Nordwest nach Südost verlaufende Mofettenzone aufgrund ihrer azonalen Vegetation deutlich vom umgebenden Feuchtgrünland abhebt. Die Mofette bildet darüberhinaus eine leichte Erhebung (s. RECHNER 2007, FLECHSIG et al. 2008), die den Kontrast noch zu verstärken vermag. Im Zentrum des Ausgasungsbereiches befinden sich mehrere vegetationslose Schlenken (s. KÖLBACH 2008). Hier bauten Wissenschaftler vor einigen Jahren ein senkrechtes Rohr ein, um Mofettengas für die Isotopenbestimmung entnehmen zu können (s. Kap. 2.1.3). Aufgrund der Forschungsaktivitäten ist die Vegetation der Wiese bereits merklich gestört (z. B. Trittschäden, Bodeneinschläge, Verdichtung durch schweres Bohrgerät). Die in staatlichem

Besitz befindliche Fläche wird von einer landwirtschaftlichen Kooperative regelmäßig gemäht. Eine Vereinbarung zur abgestimmten Nutzung kam bislang nicht zustande.

In Abb. 4 erkennt man die sich teils überlappenden Aufnahmestrukturen der Wiese. Fünf parallele, 56 bis 76 m lange, in 10 m Abstand von Nordost nach Südwest verlaufende Transekte kreuzen eine 3.000 m^2 große Aufnahmefläche. Die unterschiedlichen Strukturen repräsentieren beide Phasen der Außenaufnahmen (s. Kap.3.2.1.1 und 3.2.1.2). Die Transekte lassen sich auf das primäre Querprofil WiQ4 zurückführen, welches C. FLECHSIG und J. RECHNER (Universität Leipzig) im März 2007 anlegten (s. RECHNER 2007, FLECHSIG et al. 2008). Es diente zusammen mit einem rechtwinklig verlaufenden Längsprofil zur Durchführung geoelektrischer, sedimentologischer und gasanalytischer Messungen, an denen diverse geowissenschaftliche Forschungseinrichtungen beteiligt waren. Die flankierenden Gradienten wurden teils vom GFZ Potsdam unter der Leitung von K. HAHNE (WiQ3, WiQ5) und teils vom Verfasser begründet (WiQ1, WiQ2). Da die Wiese in der vorliegenden Studie nur eines von mehreren Untersuchungsobjekten ist, wurde im Hinblick auf eine übergreifende Nomenklatur von den Benennungen der stärker auf die Wiese fokussierten Geowissenschaftler abgewichen. Letztere bezeichnen die Profile von Nordwest nach Südwest mit Q6 bis Q10, was gegenüber Abb. 4 einer inversen Reihung entspricht.

Abb. 3: Blick von Norden auf die Wiese Hartoušov.

Wie Abb. 4 zeigt, lässt sich die Lage der Hauptmofette auf der Grundlage der Transektaufnahmen recht genau reproduzieren. Die Kenntnis der Mofettenzone war bei der Anlage des Flächenrasters im September 2008 von großer Bedeutung, da es das begrenzte Zeitbudget erforderlich machte, den untersuchten Flächenausschnitt zu verkleinern. Die in Abb. 4 dargestellte Fläche entstand, indem man die nordöstlichsten Messpunkte der Transekte zur Grundlinie eines 60 m langen und 50 m breiten Rechtecks verband. Dieses ging in Längsrichtung noch jeweils 10 m über die Mofettenzone der Transekte hinaus, deren sehr lange Kontrollabschnitte im Südwesten gekappt wurden. Die immer noch erhebliche Flächengröße von 3.000 m² (die Birnenmofette als nächstkleinere Aufnahmefläche umfasst nur 216 m²) machte ein relativ grobes Aufnahmeraster von 2,5 x 2,5 m notwendig.

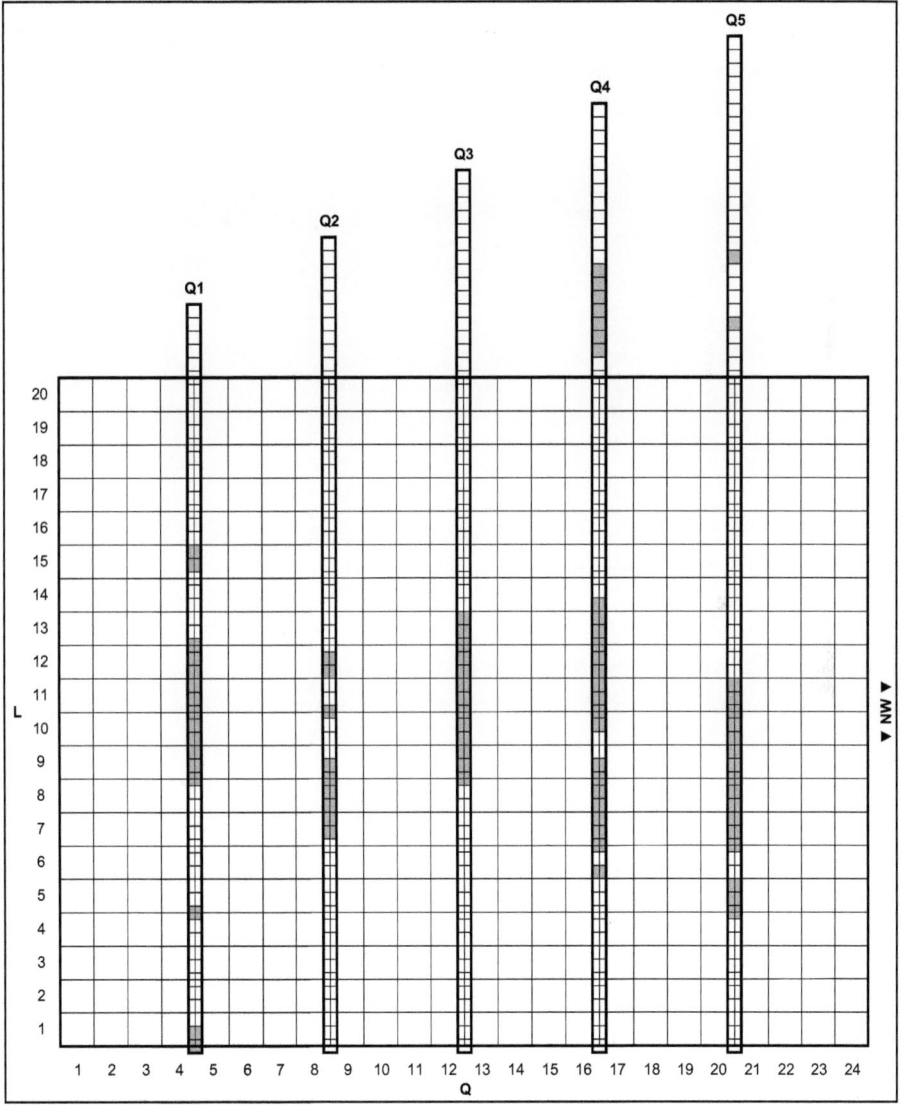

Abb. 4: Aufnahmestrukturen der Wiese Hartoušov. Dargestellt sind die fünf Quertransekte und das Flächenraster. Grau unterlegte Teilflächen weisen in 10 cm Tiefe eine CO_2-Konzentration von mehr als 2 % auf.

Der Mofettenkomplex der Wiese setzt sich in der nordöstlich angrenzenden Hangzone fort. Hier fällt eine mehrere Meter breite, fast kreisrunde Zone azonaler Vegetation auf. In ihrem Zentrum ragt eine etwa 2 m hohe, verkrüppelte Holz-Birne *(Pyrus pyraster)* auf, die der Birnenmofette ihren Namen gab und mittlerweile fast abgestorben ist. Sie ist in Abb. 5 deutlich zu erkennen. Im Südosten der Fläche, außerhalb des Bildausschnitts, befindet sich ein weiterer, vergleichsweise stattlicher Birnbaum. Die im März 2008 angelegte Aufnahmefläche misst 18 x 12 m. Ihre längeren Quergradienten verlaufen von Nordnordost nach Südsüdwest; Q7 und Q10 dienen unter der Bezeichnung BiQ1 und BiQ2 als Flächentransekte (s. Kap. 3.2.2).

Abb. 5: Blick von Nordwesten auf die winterliche Birnenmofette.

Der im Übergangsbereich von Hangzone und Talgrund gelegene Mofettenkomplex der Borstgrasmofette bietet eine erheblich größere Vielfalt an Aufnahmestrukturen. Wie Abb. 6 zeigt, befinden sich hier fünf Einzelobjekte, von denen vier im Rahmen dieser Arbeit untersucht wurden. Alle Einzelstrukturen sind durch Streifen von Kontrollvegetation voneinander getrennt. Der für den Gesamtkomplex gewählte Name leitet sich von den Borstgrasrasen- und Heideflächen ab, welche die Ausgasungsbereiche der beiden nordöstlichen Strukturen (A, B) prägen. Im Bildvordergrund ist eine intensiv genutzte Mähwiese erkennbar. Ansonsten werden die Objekte von Grünlandbrache eingerahmt, die z. T. verbuscht oder locker mit Bäumen bestanden ist.

Die Borstgrasmofette Nord ist mit einer Flächenausdehnung von etwa 400 m² vergleichsweise groß. Sie liegt im Übergangsbereich von Hangzone und Talboden. Hier wurde im Juli 2007 der 40 m lange, von Südost nach Nordwest verlaufende Transekt BoL1 angelegt (s. Kap. 3.2.3.3). Im Mai des Folgejahres entstand die transektartige, in Querrichtung verlaufende Aufnahmefläche von 50 x 3 m Größe. Aus den beiden äußeren Quergradienten Q1 und Q3 gingen die Flächentransekte BoQ1 und BoQ2 hervor (s. Kap. 3.2.3.1).

Getrennt durch einen etwa 40 m breiten Korridor aus Kontrollvegetation schließt sich weiter südlich die Borstgrasmofette Süd an. Die etwa 20 m² große Struktur liegt vollständig in der Hangzone. Hier wurde im Mai 2008 eine 16 x 5 m große, längsorientierte Aufnahmefläche geschaffen. Der mittlere

Gradient dieser Fläche (Längsgradient 3) ging unter der Bezeichnung BoL2 in die Übersichtstabelle ein (s. Kap. 3.2.3.2).

Verlängert man die Linie zwischen den erstgenannten Objekten und, dann gelangt man zu einer Struktur, die in der Arbeit von E. KÖLBACH (2007) als „Schneckenmofette" bezeichnet wird. Der Name rührt von einer stark CO_2-führenden Vertiefung in der Nähe des Hauptvents her, in der sich in großer Zahl die Häuser verendeter Hain-Schnirkelschnecken *(Cepaea nemoralis)* fanden. Die Mofette bildet eine ca. 25 m^2 große Torfinsel im Sumpfland. Sie wird von Reinbeständen des Scheiden-Wollgrases *(Eriophorum vaginatum)* bedeckt, deren Torfbildung im Laufe der Zeit eine leichte Aufwölbung des Areals bewirkte. Hier wurde schon im Juli 2007 der 26 m lange Quertransekt WiQ3 angelegt (s. Kap. 3.2.3.3). Die Aufnahme der noch weiter südlich gelegenen Moormofette war bei Abschluss dieser Arbeit erst teilweise erfolgt (s. PELZ 2010), weshalb die interessante Struktur keine Berücksichtigung mehr finden konnte.

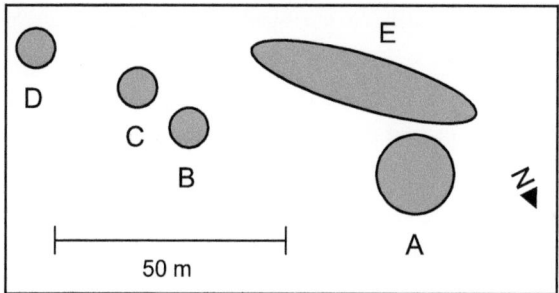

Abb. 6: Gesamtkomplex der Borstgrasmofette. Dieser besteht aus der Borstgrasmofette Nord (A), der Borstgrasmofette Süd (B), der Schneckenmofette (C), der Moormofette (D) und dem Wollgrasstreifen (E).

Der Wollgrasstreifen erstreckt sich südwestlich der mit A, B und C bezeichneten Mofetten. Wie der Name sagt, handelt es sich um eine sehr lang gezogene Struktur, die bei etwa 60 m Länge nur wenige Meter breit ist. Das dominierende Vegetationselement sind auch hier bültige, torfbildende Wollgasbestände. Sie haben eine dammartige Struktur aufgebaut, die vermutlich dem Verlauf einer Störungslinie folgt (s. Kap. 2.1.3). Der Wollgrasstreifen wird in seinem Nordwestteil von der Aufnahmefläche Nord erfasst (s. Kap. 3.2.3.1).

Die ausgedehnte Rehmofette, deren genaue Ausdehnung bisher nicht ermittelt wurde, liegt auf einer schwach nach Westen geneigte Terrasse am Ostrand des Plesná-Tales. In der hier gebrauchten Definition geht die Rehmofette deutlich über die drei von KÖLBACH (2008) untersuchten Schlenken hinaus. Ihr Name ist von einem erstickten Rehkitz abgeleitet, dessen Fund bei TANK et al. (2005) dokumentiert ist. Im Norden und Westen grenzt die Mofettenzone an die Mädesüßfluren der Talaue, während sich im Süden der Birkenwald um die Bublák-Mofette anschließt. Den östlichen Abschluss bildet eine markante, gehölzbestandene Hangkante, welche zum Wirtschaftsgrünland überleitet. In ihrem Nordteil besitzt die Rehmofette einige vegetationslose Ventstrukturen, deren vom Scheiden-Wollgras gebildete Ränder durch kontinuierliches Wachstum topfartige Hohlformen erzeugten (s. TANK et al. 2005; KÖLBACH 2008). Im Nordosten liegt ein besonders imposanter Mofettenhügel, der einen Durchmesser von ca. 6 m und eine Höhe von mehr als 1 m aufweist. Im Juli 2007 erfolgte die Auspflockung der parallelen, in einem Abstand von 10 m verlaufenden Längsprofile ReL1 und ReLe. Beide sind 42 m lang und von Südsüdost nach Nordnordwest gerichtet (s. Kap. 3.2.4).

Die recht abgelegene, unmittelbar an der Plesná befindliche Sumpfmofette erhielt ihren Namen nach der sumpfigen Umgebung, aus der sie als etwa meterhoher Hügel deutlich herausragt. Um das Objekt zu erreichen, muss der nasse, dicht bewachsene Talboden durchquert werden, was im Sommer aufgrund der mannshohen Vegetation recht beschwerlich ist. Der Mofettenhügel ist fast durchgehend mit bültigen Reinbeständen der Rasen-Schmiele *(Deschampsia cespitosa)* bestanden. Im Zentrum der mehrere 100 m^2 großen, fast kreisrunden Erhebung liegen zahlreiche tiefe Ausgasungsstellen und eine etwa 10 m^2 große Blänke, die zeitweise mit Wasser gefüllt ist. Nach Norden begrenzt einen älteren Erlenbestand die Mofette. Im Westen schließt sich die Plesná mit ihren üppigen Uferfluren an, im Süden und Osten die Mädesüßbestände des Talbodens. Die Sumpfmofette ist als einzige Mofettenstruktur über ein Transektkreuz erfasst worden. Der von Südost nach Nordwest gerichtete Längstransekt SuL1 misst 40 m. In Teilfläche 19 kreuzt ihn der 37 m lange von Nordost nach Südwest verlaufende Quertransekt SuQ1, der seinen Schnittpunkt in der Mitte des Quadrates 21 hat (s. Kap. 3.2.5). Beide Transekte wurden im Juli 2007 angelegt.

2.3 Bodengasmessung

Die Gasmessungen wurden mit Hilfe des Deponiegasmessgerätes GA2000 (Geotechnical Instruments Ltd., England) durchgeführt. Nach Angaben des deutschen Vertreibers ANSYCO GMBH (2006) können insgesamt fünf Gaskomponenten gemessen werden, CO_2 und CH_4 über ein Infrarot-System sowie O_2, H_2S und CO auf elektrochemischem Wege. An jedem Messpunkt wurden grundsätzlich vier Einzelmessungen der Bodengaskonzentration durchgeführt und zwar in Tiefen von 10, 20, 40 und 60 cm. Die anfangs noch miterfassten Oberflächenkonzentrationen erwiesen sich in Anbetracht des kaum kalkulierbaren Windeinflusses als wenig aussagekräftig (s. VODNIK et al. 2006; PFANZ et al. 2007). Bis November 2007 beschränkten sich die Bodengasmessungen aufgrund eines Gerätedefektes auf die Bestimmung der CO_2-Konzentration. Ab März 2008 konnte dann auch die O_2-Konzentration erfasst werden (die übrigen messbaren Gase kamen im Gebiet nur sporadisch in höherer Konzentration vor). Das Bohren der Erdlöcher erfolgte mit Hilfe eines stählernen Bohrstockes, welcher mit einem Simplex-Hammer in die gewünschte Messtiefe getrieben wurde. Nach dem Herausziehen des Bohrgerätes führte man den an einem Holzstab fixierten Ansaugschlauch des Messgerätes in das Bohrloch ein. Die Messwerte konnten am Gerät abgelesen werden, wenn das CO_2-Maximum bzw. O_2-Minimum erreicht war, wobei zu beachten war, dass die O_2-Konzentration bis zum Erreichen des Endwertes meist länger benötigte als die CO_2-Konzentration.

Hohe Grundwasserstände, die eine weitgehende Wasserfüllung der Bodenporen zur Folge hatten, erwiesen sich als sehr problematisch. Derartige Verhältnisse traten in den Grundwasserböden des Talraumes oft schon ab 40 cm Tiefe auf, insbesondere nach lang andauernden feuchten Witterungsperioden und im Frühjahr. Da angesaugte Flüssigkeit zu einer Verschmutzung des Filtereinsatzes führt und die sensiblen Messkammern des Gerätes gefährdet, mussten die Gasmessungen beim ersten Anzeichen von Wasser (charakteristisches, dumpfes Pumpengeräusch, Sichtbarwerden von Wasser im Schlauch) durch Abziehen des Schlauches abgebrochen werden.

Auf den prinzipiell möglichen (und später auch im Gebiet praktizierten) Einsatz von Gaswaschflaschen wurde wegen des geringen Arbeitsfortschrittes und des zu erwartenden Verdünnungseffekte verzichtet. Als Konsequenz mussten etliche Messungen bei niedrigem Wasserstand wiederholt werden oder fielen aus. Die Messlücken konnten in eingen Fällen durch Interpolation oder Mittelwertbildung geschlossen werden.

Von Messfehlern waren die Sauerstoffmessungen meist noch stärker betroffen als die des Kohlendioxids. Einer der Gründe ist das beschriebene „Nachhinken" des Sauerstoffwertes, das schon für sich genommen zum voreiligen Ablesen der Werte verführt. Bei hektischem Messgeschehen (z. B. hoher Grundwasserstand, schnelle Werteänderungen, kurzzeitiger Ausfall des Gerätes) oder wenig geschultem Personal sind Ungenauigkeiten und fehlende Einzelwerte möglich, die sowohl durch die Rahmenbedingungen selbst als auch durch die im Zweifel höhere Priorität der CO_2-Messungen verursacht werden.

Zusätzlich sind die Sauerstoffmessungen mit einem gerätebedingten Fehler behaftet, der auch direkt nach der Eichung des Messgerätes in Erscheinung tritt. So lag die O_2-Konzentration am Nullpunkt der CO_2-Konzentration meist um 1 bis 2 % unter dem atmosphärischen Wert von 21 % (s. HUPFER & KUTTLER 2005). Bei 100 % CO_2 trat dagegen ein positiver Messfehler auf, der irreale O_2-Konzentrationen von 2 bis 5 % vortäuschte. Um gänzlich unplausible Prozentangaben zu vermeiden, erfuhren die O_2-Werte eine manuelle Anpassung, wenn die Summe beider Konzentrationen die Marke von 100 % überschritt.

2.4 Bodenuntersuchung

Alle Bodenproben wurden mit Hilfe eines Handbohrgerätes nach Pürckhauer entnommen. Der Bohrstock wurde ca. 30 cm tief in den Boden getrieben (diese Mindesttiefe war i. d. R. erforderlich, um ein Herausfallen des Profils aus dem Bohrstock zu verhindern) und nach mehrfachem Drehen aus dem Boden gezogen (s. HARTGE & HORN 1992). Aus dem so gewonnenen Bodenzylinder entnahm man mit Hilfe eines Löffels den Abschnitt zwischen 7 und 13 cm Bodentiefe. Das Bodenmaterial wurde in ein ausgewogenes, verschließbares Polystyrolröhrchen oder Scintilationsgefäß gefüllt, auf dessen Boden, Seitenwand und Deckel man die Nummer des Messpunktes notierte. Der gewählte Profilausschnitt entspricht einer mittleren Bodentiefe von 10 cm, die aus mehreren Gründen besonders repräsentativ ist. So sind die Bedingungen in dieser Tiefe für das Pflanzenwachstum von großer Bedeutung, da der Hauptwurzelraum der meisten Wiesenpflanzen bis hierher reicht (ELLENBERG 1952), genauso wie der gut durchlüftete Oberboden (RICHTER 1986). Auf der anderen Seite zeigen eigene Erfahrungen, dass die Durchwurzelungsdichte in 10 cm Tiefe bereits deutlich geringer ist als in den obersten Zentimetern, wodurch sich der Gehalt an störender Wurzelbiomasse reduziert. Gasmessungen in gleicher Tiefe ermöglichten direkte Vergleiche mit der CO_2-Konzentration, was für weitergehende Aussagen relevant war.

2.4.1 Bodenfeuchte

Für die gravimetrische Bestimmung des Bodenwassergehaltes wurden die Proben am Tage der Entnahme ohne Deckel gewogen und die Frischgewichte notiert. Zur Ermittlung der Trockengewichte erfolgte eine viertägige Trocknung im Trockenschrank. Aus der Differenz von Frisch- und Trockengewicht ergab sich der absolute Wassergehalt der Proben, den man mit dem Frischgewicht ins Verhältnis setzen konnte (s. HARTGE & HORN 1992). Einige Autoren (z. B. WARNCKE-GRÜTTNER 1990; OR & WRAITH 2000) favorisieren eine andere Variante der Gewichtsbestimmung, bei der das Trockengewicht als Bezugsgröße dient. Dieser Weg wurde hier nicht beschritten, weil der Frischgewichtsbezug die Verhältnisse im Gelände realistischer wiederzugeben vermag als der recht abstrakte Trockengewichtsbezug. Letzterer bewirkt außerdem eine rechnerische Überbetonung der Wassergehalte humusreicher Böden, was sich bei den statistischen Analysen in weniger stringenten Beziehungen zu anderen Größen wie etwa dem Humusgehalt äußert.
Die Zusammenhänge zwischen den beiden Varianten der Feuchtebestimmung werden am Beispiel der Wiese in Abb. 7 dargestellt. Es ergibt sich eine höchst signifikante Beziehung deren Funktion ein Polynom 3. Ordnung darstellt. Die rechnerische Überbetonung der höheren Wassergehalte drückt sich in einer Zunahme der Kurvensteigung ab einem Frischgewicht von etwa 30 % aus.

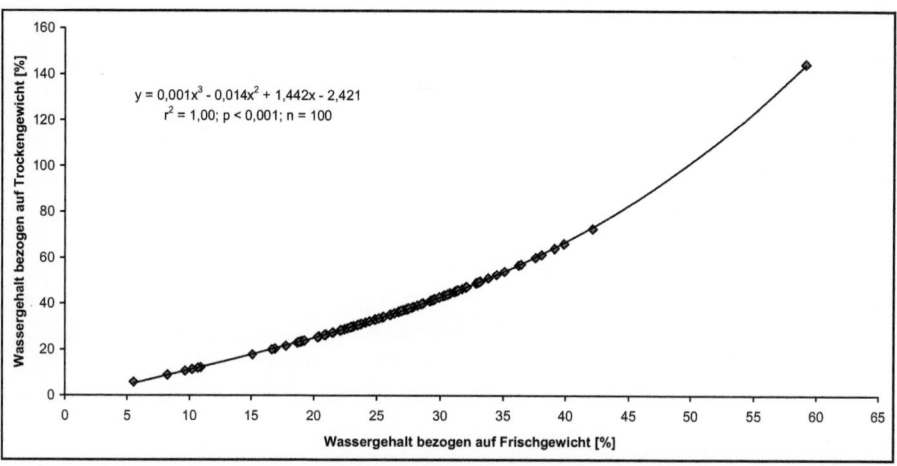

Abb. 7: Beziehung zwischen den Wassergehalten bei Frisch- und Trockengewichtsbezug.

Die korrekte Anwendung der gravimetrischen Methode setzt eine Trocknung der Proben bei 105 °C voraus (z. B. SCHEFFER & SCHACHTSCHABEL 1989; HARTGE & HORN 1992; AG BODEN 1996). MÜCKENHAUSEN (1993) gibt eine Trocknungszeit von mindestens 16 Stunden an. Viele der im Zuge dieser Arbeit untersuchten Bodenproben konnten allerdings nur bei 70 °C getrocknet werden, da sich die bis 2008 verwendeten Polystyrolröhrchen bei höherer Temperatur zu verformen begannen. Um sich der Aussagekraft der Werte zu versichern, wurden 100 Proben der Wiese Hartoušov schon bei der Probennahme in hitzebeständige Schnappdeckelgläser gegeben und nach einem viertägigen Trocknungsgang bei 70 °C wie gewohnt gewogen. Im Anschluss erfolgte eine zweitägige Trocknung bei 105 °C, der sich eine zweite Wägung anschloss.

Die aus dem Datenmaterial erstellte Eichgerade für den Frischgewichtsbezug wird in Abb. 8 präsentiert. Es zeigt sich, dass der Trocknungsgrad bei 70 °C kaum von dem Zustand bei 105 °C abweicht. Die mittleren Differenzen im Wassergehalt von nur etwa 0,5 % lagen im Rauschen der natürlichen Wertestreuung, auf eine rechnerische Anpassung konnte folglich verzichtet werden. Eine Untersuchung von 24 Proben der südlichen Borstgrasmofette, die man (unter Verformung der Röhrchen) bei 85 °C und in Schnappdeckelgläsern bei 105 °C getrocknet hatte, führte zu vergleichbaren Ergebnissen: Der höchst signifikante Zusammenhang drückt sich in der Geradengleichung y = 0,99x + 0,51 aus, wobei das Bestimmtheitsmaß auch hier 1 erreicht. Alle ab 2009 untersuchten Proben konnten bei 105 °C getrocknet werden, da als Probenbehälter von nun an hitzebeständige Scintilationsgefäße zur Verfügung standen.

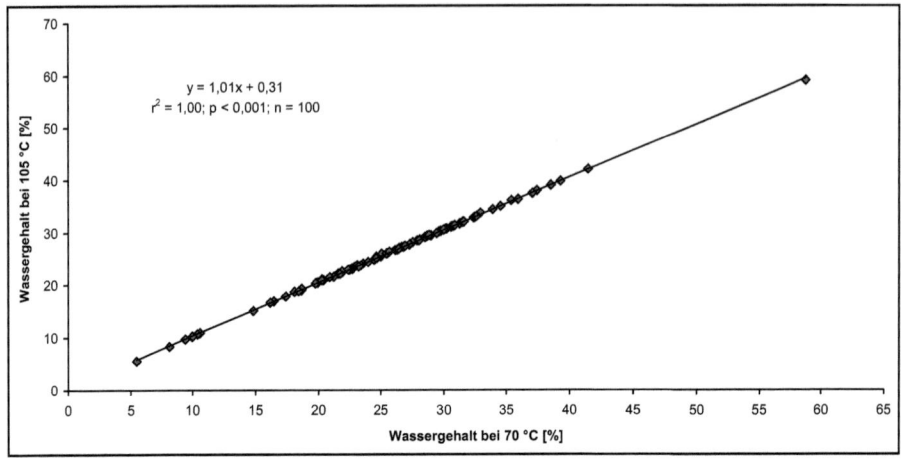

Abb. 8: Beziehung zwischen den Wassergehalten bei Trocknungstemperaturen von 70 und 105 °C.

Um den grundsätzlichen Einfluss des Bodenskeletts abschätzen zu können, wurden bei den getrockneten und gewogenen Proben der Wiesen-Transekte alle Körner der Kiesfraktion ausgelesen und separat gewogen. Durch Subtraktion des ermittelten Wertes ließen sich Frisch- und Trockengewicht der Einzelproben rechnerisch korrigieren (vgl. AG BODEN 1996). Der bei großem Arbeitsaufwand vergleichsweise geringe Effekt sprach letzlich gegen die weitere Anwendung des Verfahrens; aussortierte Skelettpartikel wurden fortan verworfen.

Da der Wassergehalt des Bodens „keine statische Größe" ist, hält MÜCKENHAUSEN (1993) Einzelmessungen mit Recht für wenig aussagekräftig. Als Konsequenz fordert er zahlreiche Wiederholungsmessungen, die sich am Jahreszyklus orientieren. Da diese aus zeitlichen wie logistischen Gründen hier nicht möglich waren, muss es sich bei den erhobenen Daten zwangsläufig um reine Momentaufnahmen handeln, die mit entsprechender Vorsicht zu interpretieren sind. Besonders problematisch sind Vergleiche von Flächen, deren Untersuchung in unterschiedliche Jahreszeiten bzw. Witterungsphasen fiel. Interne Betrachtungen sind weniger kritisch zu sehen, da die Aufnahme der Areale i. d. R. in wenigen Tagen unter weitgehend konstanten Witterungsbedingungen abgeschlossen werden konnte.

2.4.2 Bodenazidität

Für die Bestimmung des pH-Wertes wurden die getrockneten Proben gemörsert und homogenisiert; Bodenskelett, gröbere Wurzeln und Streubestandteile entfernte man mit Hilfe einer Pinzette. Zur Messung wurden jeweils 750 mg getrockneter Feinboden mit 15 ml VE-Wasser in ein Schnappdeckelglas (breit, 20 ml) gegeben, verschlossen und eine Minute lang von Hand geschüttelt. Danach blieb die Probe zwei Stunden stehen, damit sich die gröberen Bestandteile am Boden absetzen konnten. Die Messungen erfolgten mit dem elektronischen Messgerät pMX 3000 (WTW, Deutschland), das vorher in zwei Pufferlösungen bei pH 7 und 4 geeicht worden war. Als Sensor diente eine gläserne Messelektrode, die ca. 2 cm tief in die Flüssigkeit getaucht wurde. Vorher musste ein am Kopf der Elektrode befindlicher Schieber von „0" auf „1" gestellt werden. Der Messwert hatte sich i. d. R. nach 7 min soweit stabilisiert, dass er auf zwei Stellen genau am Display des Gerätes abgelesen werden konnte. Vor, zwischen und nach den Messungen einer Messreihe war die Elektrode mit VE-Wasser gründlich zu spülen. Bei der Überführung in den Ruhezustand wurde sie in eine 3-molare KCl-Lösung getaucht und der Schieber auf „0" gestellt. Bei der rechnerischen Behandlung von pH-Werten ist grundsätzlich der logarithmische Charakter dieser Messgröße zu beachten (s. SPELSBERG 1984; ELLENBERG et al. 1992).

2.4.3 Humusgehalt

Zur Bestimmung des organischen Bodenanteils (neben dem Humus wird bei dieser Methode zwangsläufig auch die lebende Biomasse erfasst) wurde jeweils 1 g des schranktrockenen Bodens eingewogen, in temperaturbeständige Schnappdeckelgläser (schmal, 20 ml) gegeben und für acht Stunden bei 450 °C im Muffelofen verascht. Das verwendete Gerät (Heraeus, Deutschland) fasst 144 Proben, die man auf einer Metalllade in den Ofen schob. Bei der mit starker Rauch- und Geruchsentwicklung verbundenen Veraschungsprozedur kommt es zur vollständigen Verbrennung der organischen Bodenbestandteile. Der Humusgehalt in mg ergibt sich als Glühverlust aus den Gewichtsunterschieden der Proben vor und nach der Veraschung. Die Werte werden durch Division des Trockengewichtes in Gewichtsprozente umgerechnet.

Bei BOCHTER (1995) finden sich Hinweise zur korrekten Durchführung der Untersuchung. Danach sind die in Porzellanschalen befindlichen Proben unmittelbar nach dem Abschalten des Muffelofens in einen Exikator zu geben. Ein Trockenmittel stellt sicher, dass beim allmählichen Erkalten kein Wasser aufgenommen werden kann.

Bei mehr als 1.400 Proben war diese Methode aus Zeitgründen hier nicht praktikabel. Die Proben verblieben zunächst im geschlossenen Ofen, bis sie sich nach 18 Stunden auf eine Temperatur von ca. 100 °C abgekühlt hatten. Nach dem Öffnen des Muffelofens wurde sofort mit der Wägung begonnen, wobei man die Proben einzeln mit der Tiegelzange herausnahm. Es ist wahrscheinlich, dass die Proben in dieser Phase gewisse Wassermengen aufgenommen haben, wodurch es über eine Verminderung der Gewichtsdifferenz zu reduzierten Humusgehalten kam. Dennoch zeigten sich gute Übereinstimmungen mit dem bei 550 °C veraschten, exikatorgetrockneten Material von Sedimentbohrkernen, die J. RECHNER (2007) auf der Wiese Hartoušov entnommen hatte.

2.5 Vegetationskundliche Untersuchungen

2.5.1 *Vegetationsaufnahmen*

Die vegetationskundliche Erfassung der Aufnahmestrukturen beschränkte sich i. d. R. auf die einmalige Begehung im Frühjahr oder Sommer. Eine Ausnahme stellten die Transekte der Wiese dar. Diese wurden zweimal begangen, da bei der Erstaufnahme im September zahlreiche Arten eingezogen hatten oder nicht mehr bestimmbar waren. Die Aufnahmen erfolgten grundsätzlich vor den gasmesstechnischen und bodenkundlichen Untersuchungen, die insbesondere in hochwüchsiger Grünlandvegetation mit gravierenden Beeinträchtigungen der Pflanzendecke verbunden waren.

Abb. 9: Der Aufnahmerahmen im Einsatz auf der Wiese Hartoušov.

Als Hilfsmittel für die Vegetationsaufnahmen dienten zwei aufrollbare Maßbänder (30 und 50 m) und ein quadratischer Holzrahmen, der für Aufnahmeflächen von 1 m^2 ausgelegt war (s. Abb. 9). Vor Beginn einer Transektaufnahme wurden die Mittelpunkte des ersten und letzten Quadrates mit einem Bambusstab oder Holzpflock markiert. Danach rollte man vom Anfangspunkt ausgehend ein handelsübliches Maßband aus. Bei der ersten Vegetationsaufnahme eines Transektes wurde der Rahmen so ausgerichtet, dass die beschriebene Anfangsmarkierung genau in der Mitte des Quadrates fiel. Bei den Folgeaufnahmen versetzte man den Rahmen in Schritten von 1 m in Richtung Transektende, bis die gesamte Strecke abgearbeitet war. Zur Benennung der Aufnahmen dienten fortlaufende arabische Ziffern, wobei das Anfangsquadrat mit „1" bezeichnet wurde.

Bei den Flächenaufnahmen wurde das zu kartierende quadratische oder rechteckige Areal zunächst an seinen vier Ecken mit Holzpflöcken oder Bambusstäben versehen. Ein Eckpunkt wurde zum Nullpunkt eines Koordinatennetzes bestimmt, das zur Benennung der Rasterquadrate diente. Die Bezeichnung von Abszisse und Ordinate als Längs- (L) oder Querachse (Q) richtete sich nach deren Relation zur (annähernd) nord-südlichen Fließrichtung der Plesná (s. Kap. 2.2). Entsprechend der

Breite der Rasterquadrate (meist 1 m) wurden zwei gegenüberliegende Seiten mit Markierungen versehen (z. B. Stöckchen). Auf diese Weise ließ sich die Fläche in Streifen unterteilen, entlang derer Bodengas gemessen, Bodenproben entnommen und Vegetationsaufnahmen durchgeführt werden konnten.

Bei den Gasmessungen im Bereich der Birnenmofette kam es auf eine punktgenaue Wiederholung an. Zu diesem Zweck wurde das Raster für ein Jahr fixiert, indem man die Rasterpunkte mit kleinen, nummerierten Fähnchen versah, wodurch sie bei der Folgeuntersuchung exakt wiedergefunden werden konnten. Der Einsatz des zeit- und materialaufwändigen Verfahrens war grundsätzlich nur auf Brachflächen möglich, da die Markierungen den mit einer Flächenbewirtschaftung verbundenen Maßnahmen zum Opfer gefallen wären.

Die Vegetationsaufnahmen erfolgten mit Hilfe der Dezimalskala von LONDO (1975), bei der es sich um eine reine Deckungsgradskala handelt. Die Bezeichnung beruht auf einer Übereinstimmung der Stufen „mit Werten des Dezimalsystems" (DIERSCHKE 1994). Die Dezimalskala bietet gegenüber der gebräuchlicheren Skala von BRAUN-BLANQUET (1964) den Vorteil einer feineren Abstufung, wodurch die geschätzten Deckungsgrade präziser mit den Messwerten der Standortsparameter korreliert werden können. Die Möglichkeit der Transformation in die Braun-Blanquet-Skala bleibt gewahrt, wenn bei der Aufnahme gewisse Vorkehrungen getroffen werden: Die Deckungsgradstufe „5" ist in die zwei Teilbereiche „5-" und „5+" zu gliedern und man kann bei Bedarf die Stufe „r" ergänzen (vgl. DIERSCHKE 1994). Besonders leicht fällt das Umrechnen der Deckungsgradstufen in Stufenmittelwerte (wie sie etwa für Korrelationen benötigt werden), da sich diese direkt ableiten lassen. Tab. 2 präsentiert beide Skalen in einer leicht modifizierten Form.

Im Regelfall müssen alle Vegetationsaufnahmen, die zur pflanzensoziologischen Klassifikation von Pflanzenbeständen im Sinne von BRAUN-BLANQUET (1964) verwendet werden sollen, dem Homogenitätskriterium genügen und dem Mindestareal des Vegetationstyps entsprechen (DIERSCHKE 1994; FREY & LÖSCH 1998). Nach dem von FREY & LÖSCH (1998) vorgeschlagenen Verdoppelungsverfahren wurde das Mindestareal am Beispiel eines westlich der Birnenmofette gelegenen Heidebestandes mit 16 m^2 ermittelt. In der gleichen Größenordnung liegen die Erfahrungswerte von DIERSCHKE (1994). Dieser gibt für Kleinseggen-Sümpfe und artenarme Pionierrasen 10 m^2 an, für die Aufnahme von Wiesen, Magerrasen und Zwergstrauchheiden 10 bis 25 m^2. Weil die Aufnahmequadrate von 1 m^2 Größe weder dem Homogenitäts- noch dem Arealkriterium gerecht wurden, waren Abstriche bei der pflanzensoziologische Zuordnung der Pflanzenbestände unvermeidbar (s. auch Kap. 3.3.5). Hier zeigten sich gewisse Widersprüche und Kompartibilitätsprobleme zwischen der Gradientenanalyse und der pflanzensoziologischen Methode.

Tab. 2: Skalen nach LONDO (1975) und BRAUN-BLANQUET (1964) in leicht modifizierter Form. Anders als bei DIERSCHKE (1994) wurde das Symbol „r" auch in die Dezimalskala eingefügt, während bei der Braun-Blanquet-Skala eine Unterteilung der Stufe „2" vorgenommen wurde. Die Dezimalskala erfuhr eine Untergliederung der Stufe „5" in der von DIERSCHKE (1994) vorgeschlagenen Weise. Die Stufe „r" wurde nur vergeben, wenn bei höchstens 1 % Deckung ein kümmerliches Exemplar vorhanden war.

Dezimal(Londo)-Skala		Braun-Blanquet-Skala	
Symbol	Deckung [%]	Symbol	Deckung [%]
r	≤ 1	r	≤ 1
.1	≤ 1	+	≤ 1
.2	> 1 – 3	1	> 1 – 5
.4	> 3 – 5		
1	> 5 – 15	2a	> 5 – 15
2	> 15 – 25	2b	> 15 – 25
3	> 25 – 35		
4	> 35 – 45	3	> 25 – 50
5-	> 45 – 50		
5+	> 50 – 55		
6	> 55 – 65	4	> 50 – 75
7	> 65 – 75		
8	> 75 – 85		
9	> 85 – 95	5	> 75 – 100
10	> 95 – 100		

2.5.2 Vegetationstabellen

Vegetationstabellen ermöglichen nach DIERSCHKE (1994) „den raschen Vergleich einer Vielzahl von Aufnahmen, ohne dass der Informationsgehalt vermindert wird". Gut strukturierte Tabellen sind wegen ihrer Anschaulichkeit und Aussagekraft außerdem ein ideales Mittel zur Präsentation vegetationskundlicher Daten. Die Tabellenarbeit ermöglicht es weiterhin, aus der Gesamtheit der vorgefundenen Sippen diagnostische Arten herauszufiltern, welche als transektspezifischer Differenzialarten und gebietsspezifische Phytoindikatoren (s. Kap. 3.3.1) Verwendung finden können. Charakterarten zur Kennzeichnung von Pflanzengesellschaften im Sinne von BRAUN-BLANQUET (1964) spielen in dieser Arbeit eher eine Nebenrolle (s. Kap. 3.3.5).

Im ersten Sortierschritt werden die editierten Rohdaten zu alphabetisch geordneten Rohtabellen zusammengefasst, wobei nach DIERSCHKE (1994) gleichzeitig eine Vereinheitlichung der Sippennamen vorgenommen werden sollte (s. Kap. 2.1.5). Bei der Weiterverarbeitung des Datenmaterials im Rahmen der direkten Gradientenanalyse (vgl. DIERSCHKE 1994; FREY & LÖSCH 1998) blieb die ursprüngliche Reihenfolge der Aufnahmen erhalten.

In der Zwischenstufe der Stetigkeitstabelle wurden die Arten nach ihrer Stetigkeit in eine abfallende Reihenfolge gebracht (vgl. DIERSCHKE 1994). Dabei wird unter Stetigkeit hier der prozentuale Anteil (relative Stetigkeit) der Aufnahmen einer Tabelle oder Teiltabelle verstanden, in denen die Art vertreten ist. Sie lässt sich gemäß Tab. 3 in Klassen angeben.

Tab. 3: Klassen der Sippen-Stetigkeit (nach DIERSCHKE 1994).

Symbol	Stetigkeit [%]
r	≤ 1
+	> 1 – 5
I	> 5 – 20
II	> 20 – 40
III	> 40 – 60
IV	> 60 – 80
V	> 80 – 100

Aus der Stetigkeitstabelle lässt sich durch Umformung die differenzierte Tabelle entwickeln, welche das (vorläufige) Endergebnis der Tabellenarbeit darstellt. Die genaue Vorgehensweise kann bei DIERSCHKE (1994) nachgeschlagen werden. Im konkreten Fall kam es besonders darauf an, Differenzialartengruppen herauszuarbeiten, die entweder den CO_2-beeinflussten Transektabschnitt oder den Kontrollbereich charakterisierten und eine klare Abgrenzung ermöglichten. Die Bezeichnung der Mofettenvegetation erfolgte mit neu entwickelten, vom System nach BRAUN-BLANQUET (1964) abweichenden Termini, deren Beschreibung in Kap. 3.3.3 erfolgt.

Die in im Rahmen dieser Untersuchung erstellten differenzierten Einzeltabellen können aus darstellungstechnischen Gründen nicht in Gänze präsentiert werden. Als Beispiele finden sich in Anh. 4 die Flächentransekte der Birnenmofette BiQ1 und BiQ2. Alle 16 Tabellen (vgl. Kap. 2.2) haben einen standardisierten Aufbau der sich an DIERSCHKE (1994) orientiert: Im Kopf werden die durch Differenzialarten gekennzeichneten Teiltabellen und deren Untereinheiten abgegrenzt und einem Mofettentyp oder einer pflanzensoziologischen Einheit zugeordnet. In die nächsten Zeilen folgen Aufnahmenummer, Artenzahl und der Gesamtdeckungsgrad der Feldschicht. Der Listenteil beginnt mit den Differenzialartengruppen und endet mit dem meist umfangreichen Kollektiv der nach ihrer Stetigkeit sortierten Begleitarten. Die geschätzten Artmächtigkeiten wurden gemäß Tab. 2 in die Stufen der Braun-Blanquet-Skala überführt, was eine übersichtlichere Darstellung ermöglichte. Wegen ihres hohen Stellenwertes hatten die Differenzialarten einer Vielzahl von Anforderungen zu genügen (s. DIERSCHKE 1994; FREY & LÖSCH 1998):

- Ihre Stetigkeitsklasse musste innerhalb der differenzierten Einheit mindestens III betragen, außerhalb durfte höchstens I erreicht werden.
- Alle Differenzialarten zählten zu Artengruppen aus mindestens zwei Sippen.
- Die Stetigkeitsklasse der Differenzialart musste in der betreffenden Teiltabelle mindestens I erreichen (ausgenommen waren die Zeiger von Kleinstmofetten in der Kontrollzone).
- Mindestens 50 % der Fundpunkte einer Art mussten sich innerhalb der maßgeblichen Einheit oder Untereinheit befinden.

Bei der spaltenweisen Betrachtung der Tabellen findet man ganz links die Bezeichnungen der Differenzialartengruppen, bei denen es sich entweder um Hauptgruppen (D) oder um Untergruppen (d) handelt. Den botanischen Namen der vorgefundenen Sippen ist in einigen Fällen ein Großbuchstabe vorangestellt, der die Spezies als Charakterart einer pflanzensoziologischen Klasse (K), einer Ordnung (O) oder eines Verbandes (V) im Sinne von BRAUN-BLANQUET (1964) ausweist. Charakterarten sind allerdings nur dann gekennzeichnet, wenn sie eine Bedeutung für die Zuordnung der Gesamttabelle oder von Teiltabellen haben. Während die nachfolgenden Spalten den einzelnen Messpunkten der Transekte zugeordnet sind, enthalten die letzten die Teiltabellen-Stetigkeiten. Die Teiltabellen-Differenzialarten sind wegen ihrer Bedeutung für die Strukturierung der Übersichtstabelle durch Unterstreichung hervorgehoben.

Nach einem bei DIERSCHKE (1994) dargestellten Verfahren lassen sich Vegetationstabellen über die Sippenstetigkeit zu Übersichtstabellen zusammenfassen, die auch als synoptische Tabellen bezeichnet werden. Auf diese Weise entstand eine kompakte Zusammenschau der 16 ausgewählten Transekte, wobei die Übersichtstabelle alle Kernaussagen der Einzeltabellen enthält und gleichzeitig die Funktion einer Gesamtartenliste übernimmt (s. Tab. 27). Die Sippenstetigkeiten konnten im vorliegenden Fall direkt aus den beiden letzten Spalten der Einzeltabellen entnommen werden, was die Transformation sehr übersichtlich gestaltete. Durch die Betrachtung der Teiltabellen als unabhängige Sequenzen, wird jeder Transekt in der Übersichtstabelle zweimal aufgeführt.

Während es bei den Differenzialarten der Einzeltabellen in erster Linie auf die Präsenz der Arten ankommt, gewinnt in den Übersichtstabellen die Stetigkeit an Gewicht (s. Tab. 3). Nach DIERSCHKE (1994) sollte eine synoptische Differenzialart in ihrem Geltungsbereich möglichst oft die Stetigkeitsklasse III (oder höher) aufweisen und außerhalb maximal I erreichen; in Ausnahmefällen sei auch II tolerierbar. Da DIERSCHKE diese Ausnahmen nicht weiter ausführt, wurden hier folgende Festlegungen getroffen: Jeder außerhalb des Geltungsbereiches vorkommenden II muss innerhalb des Bereichs mindestens einmal III (oder höher) gegenüberstehen, wobei die Sippe in ihrer Stammtabelle gleichzeitig den Status einer Teiltabellen-Differenzialart besitzt (kenntlich am unterstrichenen Symbol). Außerhalb des Geltungsbereiches ist außerdem einmal III (oder höher) oder eine nicht kompensierte II erlaubt. Neben der Stetigkeitsklasse hängt die Auswahl der Differenzialarten von der Präsenz ab. Auch bei der Übersichtstabelle gilt die Regel, dass die betreffende Sippe in über 40 % der Spalten ihres Geltungsbereiches vorkommen muss, das sonstige Vorkommen ist belanglos. Die Differenzialarten sind auch in der Übersichtstabelle in Artengruppen eingebunden.

Die synoptische Tabelle für das Plesná-Tal gleicht in Aufbau und Gestaltung so sehr den differenzierten Einzeltabellen der Transekte, dass im Folgenden nur die wichtigsten Unterschiede hervorgehoben werden sollen: Die Deckungsgradstufen nach Braun-Blanquet wurden in der Übersichtstabelle durch Stetigkeitsklassen ersetzt. Im Kopf der Tabelle entfällt die Zeile für den Gesamtdeckungsgrad. Statt der Aufnahmenummern finden sich dort die Bezeichnungen der Teiltabellen und die beiden Spalten der Sippen-Stetigkeit reduzieren sich auf eine, welche die absolute Stetigkeit der Art in der Übersichtstabelle angibt. Aufgrund der Anwendung des in Kap. 2.2 vorgestellten repräsentativen Auswahlverfahrens können die synoptischen Differenzialarten gleichzeitig als Mofettenzeiger angesehen werden, die als solche Eingang in die Folgeuntersuchungen finden. Dadurch kommt der Übersichtstabelle eine Schlüsselrolle in dieser Arbeit zu (s. Kap. 1.3).

2.5.3 Phytoindikative und gasmesstechnische Mofettenabgrenzung

In Kap. 2.5.2 wurde bereits ausgeführt, dass die pflanzensoziologische Tabellenarbeit ein probates Mittel darstellt, um mit Hilfe von Differenzialarten die Kontroll- und Mofettenzonen voneinander zu separieren. Das Verfahren ließe sich grundsätzlich auch auf flächige Objekte anwenden, was in der Realität allerdings am unverhältnismäßig großen Aufwand scheitern würde. Es wäre dafür nämlich notwendig, die Fläche in Transekte zu zerlegen und jeden einzelnen vegetationskundlich zu differenzieren.

Als Alternative bietet sich die phytoindikative Mofettenabgrenzung mit Hilfe von Zeigerarten an, die sich wie oben gezeigt aus der Übersichtstabelle ableiten lassen (s. Kap. 3.3.1). Diese Mofettenzeiger oder Mofettenindikatoren markieren durch ihre Anwesenheit entweder Mofettenstandorte (positive Zeiger) oder Kontrollstandorte (negative Zeiger). Die Restgruppe der Mofettovagen spielt für die Mofettenabgrenzung keine Rolle. Wenn man die Einzeldeckungsgrade der auf den Rasterquadraten jeweils vorkommenden Zeigerarten für die beiden Indikatorengruppen aufsummiert und durch den Gesamtdeckungsgrad der Feldschicht dividiert, erhält man ein Maß für die Bedeutung der Gruppen, den Deckungsgradanteil (DA). Die Werte lassen sich in anschaulichen Flächendiagrammen präsentieren, welche bereits erste Rückschlüsse auf die Bodengasverteilung zulassen. Die Festlegung präziser Mofettengrenzen macht allerdings einen weiteren Arbeitsschritt erforderlich. Dabei werden die Anteile der positiven (DA_{pos}) und negativen Zeiger (DA_{neg}) zum „Zeigerindex" kombiniert, wozu die folgende Formel dient:

Zeigerindex = $(DA_{pos} / (DA_{pos} + DA_{neg}) - DA_{neg} / (DA_{pos} + DA_{neg}) \cdot 100$

Aus der Formel lässt sich ableiten, dass der Index beim Überwiegen positiver Zeiger einen positiven und bei Dominanz der negativen Zeiger einen negativen Wert annimmt, wobei eine Wertespanne zwischen -100 und 100 realisiert ist. In manchen Fällen weisen beide Gruppen auf einem Quadrat gleiche Deckungsgradanteile auf, die außerdem größer als null sind (Zeigerindex = 0) oder Vertreter beider Gruppen fehlen (kein Wert, da unzulässige Division durch null).

Der Index bot darüber hinaus die Möglichkeit, eine auf das Untersuchungsgebiet zugeschnittene, durch die CO_2-Konzentration charakterisierte Mofettengrenze zu bestimmen, die man als Grenzlinie in die Flächendarstellungen einzeichnen konnte. Als entscheidend wurde die CO_2-Konzentration in 10 cm Tiefe erachtet, wo sich der Hauptwurzelraum der meisten Wiesenpflanzen befindet (ELLENBERG 1952). Ein weiterer Ansatzpunkt war der von MÜCKENHAUSEN (1993) formulierte CO_2-Grenzwert normaler Böden von 2 %. Neben der entsprechenden Isolinie wurden versuchsweise die Grenzlinien einer niedrigeren (1 %) und einer deutlich höheren CO_2-Konzentration (5 %) fixiert. Der anschließende Abgleich mit dem Zeigerindex erfolgte über die Bestimmung der Trefferquote, d. h. des prozentualen Anteils der Rasterquadrate einer Fläche, deren Zugehörigkeit zum Mofetten- oder Kontrollbereich durch das Vorzeichen des Index zutreffend wiedergegeben wurde.

Tab. 4: Trefferquote des Zeigerindex bei Isolinien der CO_2-Konzentration von 1, 2 und 5 % für die Wiese Hartoušov, die Birnen- und die Borstgrasmofette.

Geprüfte Isolinie	Trefferquote [%]				
	Wiese	Birne	Bgr. Nord	Bgr. Süd	Gesamt
1 %	85,4	__88,4__	87,3	81,1	86,1
2 %	__88,3__	86,6	__93,3__	__83,8__	__88,4__
5 %	84,8	79,6	88,7	70,0	82,9
n	480	216	150	80	926

Wie Tab. 4 zeigt, erbrachte die Isolinie einer CO_2-Konzentration von 2 % sowohl auf den meisten Flächen als auch im Gesamtvergleich das beste Resultat. Folglich wurde die für diese Untersuchung verbindliche Mofettengrenze hier gezogen. Das bemerkenswert gute Abschneiden der 1 %-Isolinie belegt, dass bereits CO_2-Konzentrationen im Schwankungsbereich normaler Böden, Einfluss auf die Zusammensetzung der Vegetation nehmen können.

2.5.4 Ökologische Zeigerwerte

Die Vegetationstabellen wurden auch als Grundlage für die Berechung der Zeigerwerte von ELLENBERG genutzt. Diese waren vor allem dort von Bedeutung, wo keine Bodenparameter gemessen wurden und sie die einzige standörtliche Informationsquelle bildeten. Im Untersuchungsgebiet traf dies auf sechs Transekte aus der Anfangsphase der Untersuchung zu (s. Kap. 2.2). Ihre Einbindung in gebietsumfassende ökologische Vergleiche (s. Kap. 3.3.4) stützt sich auf die Zeigerwerte für Feuchte und Stickstoff, welche gleichsam als „kleinster gemeinsamer Nenner" fungieren.
Von den sechs bei ELLENBERG et al. (1992) geführten Hauptzeigerwerten wurden Temperatur- und Kontinentalitätszahl von vorne herein ausgeklammert. Als „klimatisch-arealgeographische Vergleichsgrößen, die erst über größere Gebiete deutliche Unterschiede erwarten lassen" (DIERSCHKE 1994) waren sie für die Untersuchung eines kleinen Talabschnittes ohne Belang. Auch die Darstellung der Lichtzahl war letztlich entbehrlich, da man schon bei der Flächenauswahl auf annähernd

homogene Belichtung geachtet hatte, die in entsprechend geringen Unterschieden beim L-Zeigerwert ihre Bestätigung fand.

Bevor man Zeigerwerte als Standortsweiser verwenden kann, ist ihre rechnerische Komprimierung erforderlich. In dieser Untersuchung wurde das gut eingeführte und leicht handhabbare, aber mathematisch nicht unproblematische Verfahren der Mittelwertbildung angewendet (s. DURVEN 1982; BÖCKER et al. 1983; ELLENBERG et al. 1992; DIERSCHKE 1994; FREY & LÖSCH 1998). Das Kernproblem besteht darin, dass es sich bei den Zeigerwerten um ordinal skalierte Größen handelt, deren zulässiges Verteilungsmaß der Medianwert ist. Auf Grund seiner groben, i. d. R. ganzzahligen Stufen ist er allerdings weit weniger aussagekräftig als der auf eine Nachkommastelle berechnete Mittelwert (s. BÖCKER et al. 1983). MÖLLER (1987) hat mit seinem Reaktionszahlen-Index eine Möglichkeit geschaffen, R-Zeigerwerte so zu transformieren, dass sich beide Probleme umgehen lassen; aufgrund seiner Aufwändigkeit schied dieses Verfahren hier allerdings aus.

Wegen des bei vergleichbarem Ergebnis einfacheren Rechenganges fiel die Wahl auf die qualitative Variante der Mittelwertbildung (s. DURVEN 1982; BÖCKER et al. 1983; KOWARIK & SEIDLING 1989; ELLENBERG et al. 1992). Die Berechnung des arithmetischen Mittels erfolgte zunächst auf der Ebene der Einzelquadrate. Anschließend wurde die Information durch erneute Mittelwertbildung weiter verdichtet, wobei als nächsthöhere Bezugsebene i. d. R. die vegetationskundlich definierten Mofetten- und Kontrollbereiche der Transekte fungierten. Für die vergleichende Darstellung der Mofettentypen wurde in einigen Fällen noch weiter untergliedert (s. Kap. 3.3.4).

ELLENBERG et al. (1992) weisen mit Recht darauf hin, dass man die mittleren Zeigerwerte vor ihrer weitergehenden Verwendung und Interpretation an lokalen Standortsdaten überprüfen sollte. Ein solcher Abgleich setzt freilich das Vorhandensein geeigneter Messwerte voraus, was im Untersuchungsgebiet zwar bei Feuchte und Reaktion, aber nicht beim Stickstoffgehalt der Fall war. Wegen der fehlenden Vergleichsmöglichkeiten wurde auf die Verwendung des mittleren N-Zeigerwertes weitgehend verzichtet. Dies erwies sich als vergleichsweise unproblematisch, weil die mittlere N-Zahl aufgrund der in Kap. 3.3.2 aufgezeigten Korrelationen eine ähnliche Aussage liefert wie die mittlere R-Zahl.

Für den Zeigerwertabgleich fanden die Transektdaten von Wiese, Birnen- und Borstgrasmofette Verwendung. Die Rangkorrelationskoeffizienten nach Spearman von 0,49 ($p < 0{,}001$; n = 480) bzw. 0,62 ($p < 0{,}001$; n = 479) weisen bei der Feuchte auf eine mäßige und bei der Reaktion auf eine starke Bindung hin. Die Zusammenhänge bleiben in ihrer Stärke deutlich hinter den in der Literatur gefundenen Beziehungen zurück (s. ELLENBERG 1950; SCHÖNHAR 1952; WITTMANN 1969), was folgende Gründe haben könnte:

- Die von BÖCKER et al. (1983) geforderte Mindestanzahl von 20 bis 30 auswertbaren Sippen je Flächeneinheit wurde hier nicht einmal ansatzweise erreicht. Dies ist eine Folge der geringen Größe der Rasterquadrate (s. Kap. 2.5.1) und der meist artenarmen Vegetation.
- Einzelmessungen des Bodenwassergehaltes sind als Bezugsgröße kritisch zu sehen, da sie als Momentaufnahmen einer stark fluktuierenden Größe (MÜCKENHAUSEN 1993) nur eine Gültigkeit von Stunden oder Tagen haben, während die mittleren F-Zahlen ein Produkt der Feuchteverhältnisse mehrerer Jahre sind. Besonders problematisch dürfte die Zusammenfassung von Daten mehrerer Messkampagnen sein, da hier die Auswirkungen verschiedener Jahreszeiten und Witterungsperioden in kaum kalkulierbarer Weise miteinander verquickt werden.
- Gravimetrisch ermittelte Wassergehalte sagen relativ wenig über die nutzbare Feldkapazität aus, welche stark von der Bodenart abhängt (SCHEFFER & SCHACHTSCHABEL 1989). Unterschiede bei der nutzbaren Feldkapazität scheinen sich deutlich auf die Qualität des Zusammenhanges zwischen Mess- und Zeigerwert der Bodenfeuchte auszuwirken. Dies lässt am Beispiel der heterogenen Wiese und der homogenen Borstgrasmofette Nord verdeutlichen (s. Kap. 3.2.1.1 und 3.2.3.1): Während sich für die Transekte der Wiese nur ein schwacher Zusammenhang zwischen den quadratbezogenen Feuchte-Messwerten und den mittleren F-Zeigerwerten feststellen lässt ($r_s = 0{,}26$; $p < 0{,}001$; $n = 328$), zeigt sich in der Borstgrasmofette eine ausgesprochen enge Beziehung ($r_s = 0{,}81$; $p < 0{,}001$; $n = 100$).
- In den Mofettenbereichen klaffen die quadratbezogenen Mess- und Zeigerwerte der Bodenreaktion oft deutlich auseinander. Auf dieses mofettenspezifische Phänomen und seine möglichen Hintergründe wird in Kap. 3.3.2.5 näher eingegangen. Auch hier lohnt ein Vergleich von Wiese und Borstgrasmofette Nord, der für die Wiese eine mäßige ($r_s = 0{,}48$; $p < 0{,}001$, $n = 329$) und für Borstgrasmofette mit ihrem klaren pH-Gradienten eine enge Beziehung ergibt ($r_s = 0{,}76$; $p < 0{,}001$; $n = 98$).
- Da die pH-Messungen an Trockenproben im Labor erfolgten (s. Kap. 2.4.2), konnte die unmittelbare Säurewirkung des CO_2-Gases nicht berücksichtigt werden. Folglich wurde nur derjenige Teil der Bodenazidität ermittelt, welcher sich im bereits im Vorfeld bodenchemisch manifestiert hatte.

2.6 Datenverarbeitung und Statistik

Diese Arbeit wurde mit Computersoftware erstellt, die im internen Netzwerk oder auf dem Remoteserver der Fakultät für Biologie und Geografie verfügbar war. Zur Textverarbeitung diente das Schreibprogramm Word. Eingabe, Sortierung und Weiterverarbeitung des gesammelten Datenmaterials erfolgten mit Hilfe des Tabellenkalkulationsprogrammes Excel. Dieses wurde auch zur Erstellung der Grafiken eingesetzt, fallweise in Verbindung mit der Präsentationssoftware PowerPoint. Die erwähnten Programmversionen sind Bestandteile des Softwarepaketes Microsoft Office 2003 (Microsoft Corp., USA). Für weitergehende statistische Berechnungen kamen die Programme SigmaPlot 11.0 (Systat Software Inc., USA) und SPSS (SPSS Inc., USA) zum Einsatz.

Als Richtlinien für die korrekte Auswahl und sachgemäße Anwendung der statistischen Tests dienten die Lehrbücher der Biometrie bzw. Biostatistik von LORENZ (1996) sowie RUDOLF & KUHLISCH (2008). Von grundlegender Bedeutung waren die Lage- und Steuungsparameter Median, Modalwert, arithmetisches Mittel, Standardabweichung und Standardfehler, deren Berechnung in der Literatur nachgeschlagen werden kann. Die übrigen in dieser Arbeit verwendeten Verfahren lassen sich drei Bereichen zuordnen:

- Korrelationsanalyse
- Regressionsanalyse
- Signifikanztests

Die Aufgabe der Korrelationsanalyse als Teil der beschreibenden Statistik besteht nach LORENZ (1996) darin, grundsätzliche Zusammenhänge zwischen Größen zu erkennen. Das Ergebnis der Korrelationsanalyse ist der Korrelationskoeffizient, dessen Wert Auskunft über die Güte des Zusammenhanges gibt. Die Extreme liegen dabei zwischen 0 (fehlende Korrelation) und -1 bzw. 1 (vollständige negative oder positive Korrelation). Die verbale Beschreibung der Güte von Korrelationen erfolgt nach BORTZ (2005) über die Adjektive „schwach" (> 0,1 bis 0,3), „mäßig" (> 0,3 bis 0,5) und „stark" (>0,5).

Bei der Korrelationsanalyse können abhängig von der Beschaffenheit des Datenmaterials zwei Koeffizienten zur Anwendung kommen, der Maßkorrelationskoeffizient nach Pearson (r) und der Rangkorrelationskoeffizient nach Spearman (r_s). Während der erstgenannte kardinales, normalverteiltes Datenmaterial voraussetzt, ist der zweite für ordinale Daten vorgesehen, deren Verteilung ohne Belang ist (LORENZ 1996).

Auch wenn in dieser Untersuchung stets kardinales oder quasi-kardinales Datenmaterial vorlag (zur Problematik der Zeigerwerte nach ELLENBERG s. Kap. 2.5.4), so war der Maßkorrelationskoeffizient aufgrund der meist von der Normalverteilung abweichenden Daten doch nur selten zulässig, was die

Anwendung des Rangkorrelationskoeffizienten notwendig machte. Letzterer wurde aber auch dann verwendet, wenn r formal möglich gewesen wäre, da die Unterschiede zwischen den Werten beider Koeffizienten (s. LORENZ 2006) ansonsten die Durchführung umfassender Datenvergleiche verhindert hätten.

Ein anderes wichtiges Instrument der beschreibenden Statistik ist die Regressionsanalyse. Sie beschreibt die Veränderung einer abhängigen Zielgröße von einer unabhängigen Einflussgröße (LORENZ 1996). Solche Zusammenhänge könne linear und nichtlinear sowie ein- und mehrdimensional sein, wobei in dieser Arbeit nur mit einfachen, meist linearen Regressionen gearbeitet wurde. Im Gegensatz zu Korrelationen eignen sich Regressionen auch für die grafische Veranschaulichung von Zusammenhängen. Die Qualität der Beziehung wird durch das Bestimmtheitsmaß angegeben, welches die Treffsicherheit der Ausgleichsfunktion beschreibt. Es kann ähnlich wie der Korrelationskoeffizient zwischen 0 und -1 bzw. 1 schwanken.

Signifikanztests gehören in den Bereich der schließenden Statistik. Ihre Aufgabe besteht darin, Unterschiede zwischen Kollektiven herauszuarbeiten. Von den zahlreichen Tests, die in der einschlägigen Literatur beschrieben werden, kamen t-Test, Mann-Whitney-Test und Wilcoxon-Test zum Einsatz. Es sei erwähnt, dass der für kardinale Daten bestimmte t-Test nur durchgeführt werden darf, wenn die Werte außerdem normalverteilt und varianzhomogen sind (LORENZ 1996). Diese Voraussetzungen werden von SigmaPlot vor der Durchführung des t-Tests automatisch überprüft (Kolmogorov-Smirnov-Test).

Falls das Datenmaterial nicht den strengen Anforderungen des T-Tests entsprach, was insbesondere bei CO_2-Messwerten regelmäßig der Fall war, führte SigmaPlot standardmäßig den robusteren Mann-Whitney-Test durch. Als Test für ordinal skalierte Daten bestimmt er die Unterschiede zwischen den Datenkollektiven auf der Ebene des Medianwertes. Er ist durch den Wilcoxon-Test zu ersetzen, wenn Anhängigkeiten zwischen den untersuchten Kollektiven bestehen (LORENZ 1996; RUDOLF & KUHLISCH 2008).

Die Signifikanz spielt nicht nur bei den Signifikanztests eine Rolle. Bei der Korrelations- und Regressionsanalyse gibt das Signifikanzniveau (p) Auskunft über die Eintrittswahrscheinlichkeit der Nullhypothese (LORENZ 1996). Gewöhnlich unterscheidet man Signifikanz ($p < 0,05$), hohe Signifikanz ($p < 0,01$) und höchste Signifikanz ($p < 0,001$).

Die Güte von Zusammenhängen ist ebenso wie die Signifikanzeigenschaften nicht nur von der Qualität des Datenmaterials sondern auch vom Stichprobenumfang (n) abhängig, bei dem es sich um den von der untersuchten Stichprobe repräsentierten Teil der Grundgesamtheit handelt.

3 Ergebnisse und Diskussion

3.1 Mofettengase im Plesná-Tal

Da in diesem Kapitel ausschließlich anorganische Parameter betrachtet werden sollen und somit kein unmittelbarer Vegetationsbezug hergestellt wird, kann unter Verzicht auf die sonst übliche quadratweise Mittelung (s. Kap. 2.2) der volle Informationsgehalt der Originaldaten ausgeschöpft werden.

3.1.1 Tiefengradient der CO_2-Konzentration

In Tab. 5 werden die Mittelwerte der CO_2-Konzentration für die vier untersuchten Flächenobjekte präsentiert. Man erkennt in allen Fällen einen deutlichen, tiefenabhängigen Werteanstieg, wobei zwischen den Tiefenstufen hoch bis höchst signifikante Unterschiede auftreten. Als Signifikanztest wurde der Wilcoxon-Test für abhängige Stichproben verwendet, da die CO_2-Konzentrationen im Tiefengradienten der Messpunkte enge Korrelationen aufweisen. Die Mittelwerte aus 10 cm Tiefe geben außerdem einen Hinweis auf den im Boden herrschenden CO_2-Gradienten, der hier zwischen der obersten und untersten Messtiefe betrachtet werden soll. So ist dieser Gradient im Südteil der Borstgrasmofette mit 16,1 % nur wenig ausgeprägt, während er im Nordteil des Mofettenkomplexes den Maximalwert von 49,8 % annimmt. In 10 cm Tiefe weist analog dazu die erstgenannte Fläche mit 2,4 % das kleinste Mittel der CO_2-Konzentration auf und die zweitgenannte mit 5,4 % das größte. Die entsprechenden Werte der Wiese, der Birnenmofette und der vier aggregierten Flächen lassen sich problemlos in dieses Schema einreihen.

<u>Tab. 5:</u> Mittelwert (MW) und Standardfehler (SF) der CO_2-Konzentration für die Wiese Hartoušov, die Birnen- und die Borstgrasmofette. Innerhalb der Objekte sind die Unterschiede signifikant.

Tiefe	Wiese		Birne		Bgr. Nord		Bgr. Süd		Gesamt	
	MW [%]	SF [%]	MW [%]	SF [%]	MW [%]	SF [%]	MW [%]	SF [%]	MW [%]	SF [%]
10 cm	3,9	0,5	3,1	0,5	5,3	0,6	2,4	0,5	3,8	0,3
20 cm	7,3	0,7	6,3	0,9	12,7	1,2	7,7	1,2	8,1	0,5
40 cm	18,9	1,2	16,2	1,8	36,4	2,5	15,1	2,2	21,3	0,9
60 cm	30,1	1,6	21,9	2,1	55,1	2,7	18,5	2,5	32,1	1,1
n	430 – 519		242 – 247		204		102		978 – 1072	

Der beobachtete Tiefengradient der CO_2-Konzentration ist eine Folge von Austauschprozessen mit der Atmosphäre, die vorwiegend diffusiv, aber auch als Massenflüsse erfolgen können (s. Kap. 1.2.2). Der Verdünnungseffekt ist von der Intensität des Austausches abhängig, welcher mit zunehmender Entfernung von der Bodenoberfläche abnimmt und darüberhinaus vom bodeneigenen Diffusionswiderstand beeinflusst wird (SCHEFFER & SCHACHTSCHABEL 1989). Ein zur Oberfläche gerichteter CO_2-Gradient ist immer dann ausgebildet, wenn der Boden als CO_2-Quelle und die Atmosphäre als Senke fungiert, d. h. grundsätzlich auch bei der biogenen Entstehung von CO_2 in terrestrischen Böden. Dabei führt der Zustrom von Tiefengas zu einer Erhöhung des Gasdrucks im Boden, wodurch sich die Austauschfront in Richtung Bodenoberfläche verschiebt und der Gradient insgesamt verstärkt wird.

Fazit

Anhand der durchgeführten Messungen lässt sich im Untersuchungsgebiet ein merklicher, nach oben gerichteter CO_2-Gradient konstatieren der im Einklang mit den theoretischen Grundlagen steht und sich in einer regelmäßigen Zunahme der Messwerte mit der Tiefe äußert. Aufgrund von engen Korrelationen zwischen den Werten der Tiefenstufen, lassen sich aus oberflächennah gemessenen Werten Rückschlüsse auf die CO_2-Konzentration in der Tiefe ziehen und umgekehrt.

3.1.2 Antagonismus von CO_2 und O_2 in Mofettenböden

Schon bei den Messungen deuteten sich enge Zusammenhänge zwischen den Konzentrationen von Kohlendioxid und Sauerstoff an. Sie lassen sich am besten als lineare Regressionen darstellen, wie sie in Tab. 6 für die Wiese, die Birnenmofette und die beiden flächig untersuchten Teilbereiche der Borstgrasmofette dargestellt sind. Die Beziehungen nehmen mit der Bodentiefe i. d. R. an Stringenz zu (Ausnahmen sind die unteren beiden Tiefenstufen von Wiese und Birnenmofette). Die im Grundsatz enger werdenden Zusammenhänge lassen sich damit erklären, dass die x-Werte (CO_2-Konzentration) bei annähernd konstanter Oszillation der y-Werte (O_2-Konzentration) mit der Tiefe zu einer gleichmäßigeren Verteilung tendieren. Dies ist insbesondere bei den oberen Messtiefen häufig auch mit einer Erweiterung der realisierten Wertespanne verbunden.

Ein Vergleich der in Tab. 6 dargestellten Regressionsgeraden ergibt für die recht unterschiedlichen Objekte bemerkenswert große Übereinstimmungen, welche im weiteren Verlauf die Zusammenfassung des Datenmaterials rechtfertigen. Bestimmtheitsmaße zwischen 0,79 und 0,98 bezeichnen sehr enge Beziehungen, die darüberhinaus höchst signifikant sind. Während die Steigung der Geraden von -0,15 bis -0,21 variiert, liegt der Ordinatenschnittpunkt zwischen 18,2 und 20,4. Vergleichbare Ergebnisse aus der slowenischen Mofette von Stavešinci (VODNIK et al. 2006, 2009) könnten einen Hinweis auf die Verallgemeinerbarkeit der aufgezeigten Zusammenhänge geben. Vor Abgabe eines endgültigen Statements sollte die Datengrundlage allerdings durch Vergleichsmessungen in mehreren weiteren Mofettengebieten verbreitert werden.

Auf die Hintergründe der linearen Beziehung zwischen der CO_2- und der O_2-Konzentration wurde bereits in Kap. 1.2.3 hingewiesen. Ein Beleg für die Verdrängung des Sauerstoffs durch ein äquivalentes CO_2-Volumen ist die parallel feststellbare Abnahme der N_2-Konzentration. Diese wird vom Messgerät zwar nicht explizit angezeigt, macht aber den mit Abstand größten Anteil der als „Ballast" angegebenen Restgase aus.

In Abb. 10 werden die Messwerte der vier beschriebenen Mofetten zusammenfassend dargestellt. Es ist erkennbar, dass sich die Punktwolke der Messwerte mit zunehmender Tiefe nach rechts verlagert, wodurch die Linksschiefe der Verteilung abnimmt. Durch den großen Anteil der Wiese, die mit 525 Messpunkten in die Regressionanalysen einfließt, passen sich die Werteverteilungen stark an die dortigen Verhältnisse an. Die Stringenz der Beziehungen liegt im Vergleich zu Tab. 6 auf eher niedrigem Niveau. Dies lässt sich vielleicht damit begründen, dass die Punktwolken der Einzelflächen in ihrer Lage etwas differieren, wodurch sich im aggregierten Datenmaterial ein zusätzliches Streuungsmoment ergibt.

In Kap. 2.3 wurde auf eine Reihe von Fehlerquellen in Verbindung mit der Bodengasmessung hingewiesen, die eine geräte- und eine messtechnische Komponente aufweisen. Während der Gerätefehler eine Erklärung für die von 21 bzw. 0 % abweichenden Ordinatenschnittpunkte in Abb. 10 liefert, könnte das Absinken des Bestimmtheitsmaßes, welches auf der Wiese zwischen 40 und 60 Bodentiefe beobachtet werden konnte, eine Folge des unter widrigen Bedingungen zunehmenden Messfehlers sein (s. Kap. 3.2.1.2).

Für die vegetationskundliche Mofettenforschung ist die noch nicht hinreichend geklärte Grundsatzfrage, ob letztlich die direkte und indirekte Säurewirkung des CO_2-Gases oder ein durch Verdrängung der Bodenluft bewirkte Sauerstoffmangel zu den beobachteten Stress-Symptomen und damit zur Ausbildung der mofettenspezifischen Pflanzengemeinschaften führt (s. Kap. 1.2.5), von eher theoretischer Bedeutung. Noch wahrscheinlicher als die singuläre Wirkung eines Gases ist ein Zusammenwirken beider Faktoren, wobei dann deren relative Bedeutung zu eroieren wäre (s. VODNIK et al. 2006). Die Aufdeckung der Zusammenhänge erfordert umfangreiche ökophysiologische Untersuchungen, mit denen vor kurzem im Plesná-Tal begonnen wurde.

Wie oben dargelegt, sind die Zusammenhänge zwischen den Konzentrationen von CO_2 und O_2 sehr eng (könnte man alle Fehlerquellen ausschalten, dann würde man vermutlich eine perfekte Ausgleichsgerade erhalten). Theoretischen Erwägungen, die Konzentrationen beider Gase als Tribut an die unklaren Wirkungsmechanismen parallel mit den Vegetations- und Bodendaten in Beziehung zu setzen, wurde nicht nachgegangen, da der enge Zusammenhang beider Größen keine erhebliche Unterschiede bei den Ergebnissen erwarten lässt (sieht man einmal vom umgekehrten Vorzeichen ab). Mit anderen Worten: Die zweigleisige Untersuchung liefe eher Gefahr, die Arbeit mit unnötigem Ballast zu überfrachten, als dass sie zusätzliche Erkenntnisse brächte (vgl. HUSS 1989). Dagegen sind Paralleldarstellungen solcher Art gut zur Illustration kleinerer Mofetten-Monographien geeignet, wie sie GREIß (2008), BAAKES (2009) und THOMALLA (2009) für die Borstgras-, Birnen- und Moosmofette angefertigt haben.

Tab. 6: Beziehung zwischen den O_2- und CO_2-Konzentrationen der Messpunkte für die Wiese Hartoušov, die Birnen- und die Borstgrasmofette.

	Tiefe [cm]	Regressionsgerade	r^2	p	n
Wiese	10	y = -0,19x + 19,41	0,89	< 0,001	494
	20	y = -0,18x + 19,39	0,94	< 0,001	500
	40	y = -0,17x + 18,80	0,94	< 0,001	464
	60	y = -0,17x + 18,23	0,92	< 0,001	395
Birne	10	y = -0,15x + 20,33	0,88	< 0,001	234
	20	y = -0,15x + 20,37	0,89	< 0,001	233
	40	y = -0,18x + 20,42	0,95	< 0,001	233
	60	y = -0,18x + 20,41	0,93	< 0,001	229
Borstgras Nord	10	y = -0,19x + 19,26	0,79	< 0,001	204
	20	y = -0,18x + 19,14	0,92	< 0,001	203
	40	y = -0,18x + 19,11	0,96	< 0,001	204
	60	y = -0,18x + 19,24	0,98	< 0,001	203
Borstgras Süd	10	y = -0,21x + 20,24	0,87	< 0,001	102
	20	y = -0,16x + 20,00	0,92	< 0,001	102
	40	y = -0,15x + 19,86	0,97	< 0,001	102
	60	y = -0,15x + 19,84	0,98	< 0,001	102

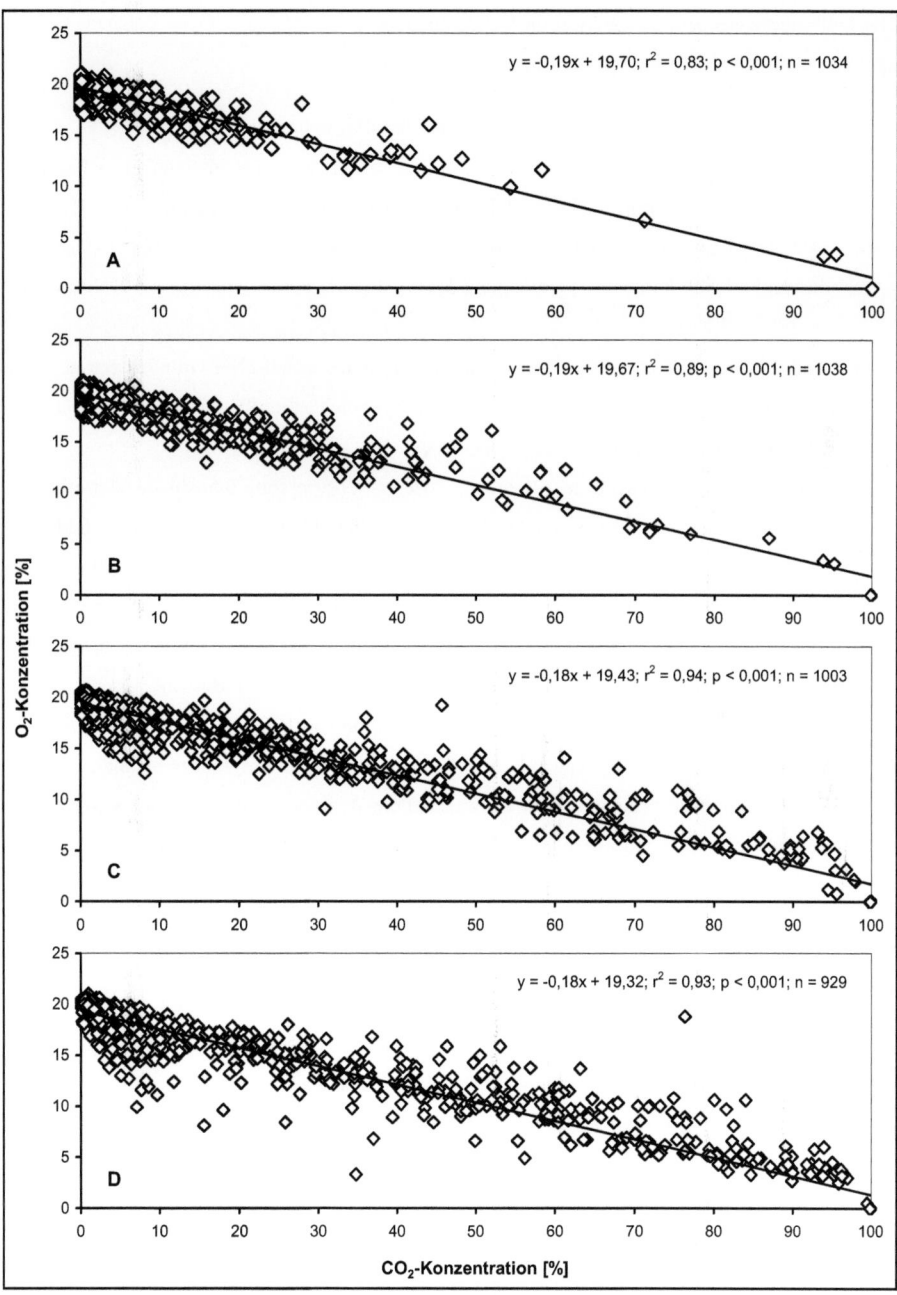

Abb. 10: Beziehung zwischen den O_2- und CO_2-Konzentrationen der aggregierten Messpunkte von Wiese Hartoušov, Birnen- und Borstgrasmofette in 10 (A), 20 (B), 40 (C) und 60 cm Tiefe (D).

Die Konsequenz aus dem Gesagten ist die Betrachtung nur eines der beiden Gase. Folgende Gründe sprechen dafür, dem CO_2 den Vorzug zu geben:

- Der Mofettenbegriff wird in der Literatur über das CO_2 definiert (s. Kap. 1.2.1).
- Mofetten sind CO_2-Quellen, dieses Gas ist daher auf jeden Fall die treibende Kraft der Vegetationsveränderungen. Letztlich lassen sich auch die in Mofetten auftretenden Hypoxie- bzw. Anoxiephänomene unter den CO_2-Wirkungen i. w. S. verbuchen, da der O_2-Mangel in diesem Fall eine Folge der Verdrängung des Sauerstoffs durch vulkanogenes Kohlendioxid ist (s. Kap. 1.2.5).
- Anders als beim CO_2 konnte die O_2-Konzentration aus technischen Gründen erst ab März 2008 gemessen werden. Ein umfassender Datenvergleich ist im Plesná-Tal daher nur auf der Grundlage des Kohlendioxids möglich (s. Kap. 2.3).
- Während CO_2-Messungen im gesamten Konzentrationsspektrum brauchbare Werte liefern, sind sehr hohe und sehr niedrige O_2-Werte mit Gerätefehlern behaftet. Auch der feldspezifische Messfehler ist beim O_2 höher einzuschätzen (s. Kap. 2.3). Hinzu kommt, dass die O_2-Konzentration theoretisch zwischen 0 und 21 % schwanken kann, während für die CO_2-Konzentration ein Werterahmen von 0 bis 100 % existiert. Daraus ergäbe sich selbst bei sonst gleicher Fehlerrate eine höhere relative Genauigkeit der CO_2-Messung.
- Die Beobachtung, dass schon eine CO_2-Konzentration von 1 bis 2 % sensible Pflanzenarten ausschließt (s. Kap. 3.4) und die Ausbildung von Vegetationsgrenzen iniziiert (s. Kap. 2.5.3), kann insofern als indirekter Hinweis auf die Wirksamkeit dieses Gases gewertet werden, als eine merkliche Reduktion der O_2-Konzentration hier rein rechnerisch noch nicht erfolgt sein kann. Das Vorhandensein CO_2-sensitiver Helophyten deutet in die gleiche Richtung (s. Kap. 3.3.2.4).
- Die Hinweise aus dem Untersuchungsgebiet lassen sich durch Studien untermauern, welche einen direkten Nachweis für die Relevanz hoher CO_2-Konzentrationen erbracht haben. MAČEK et al. (2005) konnten bei mehreren Grasarten eine Hemmung der Wurzelatmung durch erhöhte CO_2-Konzentrationen feststellen. Das Wurzelwachstum wird offenbar schon durch CO_2-Konzentrationen beeinträchtigt, wie sie in Nassböden vorkommen können GEISLER (1973). Dagegen ist mit echtem O_2-Mangel erst bei Bodenkonzentrationen unter 10 % zu rechnen (LAMBERS et al. 1993), was in Mofetten mit CO_2-Konzentrationen über 50 % einhergeht (MAČEK et al. 2005).
- Die in einigen Mofettenbereichen nachgewiesene Bodenazidifizierung ist eine Folge der spezifischen Lösungseigenschaften des CO_2-Gases (s. Kap. 1.2.4).

Fazit

Zwischen den Konzentrationen der Bodengase CO_2 und O_2 besteht in Mofettenböden eine enge, lineare Abhängigkeit, was unter Einbeziehung der oben genannten Punkte und der Ausführungen in Kap. 1.2.3 zur Beschränkung der weiteren Betrachtungen auf das Kohlendioxid führte.

3.2 Ökologische Charakterisierung der Untersuchungsobjekte

Die Abhandlung der fünf Mofettenstandorte beginnt mit einer Darstellung der CO_2-Konzentration. Es folgen Angaben zu wichtigen Bodenparametern (Feuchte, Azidität, Humus) und zur Vegetation.

3.2.1 Wiese Hartoušov

Die Untersuchung der Wiese lässt sich in aufeinanderfolgende Phasen unterteilen, die bis Mai 2008 währende Transektaufnahme und die Flächenaufnahme im September desselben Jahres (s. Kap. 2.2). Da sich beide Zeitabschnitte sowohl in der angewandten Methodik als auch in den erzielten Ergebnissen unterscheiden, erscheint es angebracht sie in separaten Teilkapiteln abzuhandeln. Zum besseren Verständnis sei nochmals darauf hingewiesen, dass die Aufnahmequadrate der Transekte über einen einzelnen, zentralen Messpunkt beschrieben werden, während bei den Teileinheiten der Flächen der Eckpunkt-Mittelwert maßgeblich ist. Aufgrund der nur 1 m^2 großen Quadrate zeigen die Transekte eine höhere Auflösung als die Fläche ihren 6,25 m^2 großen Einheiten. Die Quertransekte WiQ1 bis WiQ5 (s. Abb. 4) sollen in diesem Kapitel kurz Q1 bis Q5 genannt werden.

3.2.1.1 Transekte

Abb. 11 stellt die CO_2-Konzentration auf den Transekten der Wiese dar. Der CO_2-definierte Mofettenbereich, d. h. die zusammenhängende Zone einer CO_2-Konzentration von über 2 % in 10 cm Tiefe (s. Kap. 2.5.3) ist ungeteilt (Q3) oder besteht aus zwei bis drei räumlich getrennten Teilabschnitten von 1 bis 19 m Länge. Bei den stärker ausgasenden Transekten Q3, Q4 und Q5 ist eine kompakte Mofettenzone zu erkennen, die sich daneben durch ein zumindest punktuelles Auftreten sehr hoher CO_2-Konzentrationen in Obeflächennähe auszeichnet. Konkret beträgt der Maximalwert in 10 cm Bodentiefe bei Q4 91,2 % und bei den beiden anderen Transekten der letztgenannten Gruppe 100 %. Die CO_2-gesättigte Zone umfasst zunächst nur 1 (Q5) bis 5 m (Q3). Da die CO_2-Konzentration i. d. R. nach unten zunimmt (s. Kap. 3.1.1), wächst der CO_2-Sättigungsbereich in tieferen Bodenschichten an: In 20 cm Tiefe kommt eine 100 %-Zone auf den Transekten Q3 bis Q5 vor, wo sie eine Ausdehnung von 1 (Q5), 7 (Q3) und 9 m (Q4) besitzt. 40 cm unter Flur ist die Relation 5 (Q5) zu 9 (Q3) zu 15 m (Q4). In 60 cm Tiefe erreicht die besagte Zone schließlich eine Gesamtbreite von 7 (Q5), 9 (Q3) und 20 m (Q4). Von den Transekten der Wiese verfügt einzig Q4 über eine zweite oberflächennahe Ausgasungsstelle. Sie ist deutlich schwächer ausgeprägt als der

Hauptvent, von dem sie durch eine 18 m breite Kontrollzone räumlich getrennt ist. In 40 cm Bodentiefe weist diese Kleinmofette auf 2 m Breite eine CO_2-Konzentration von 100 % auf.

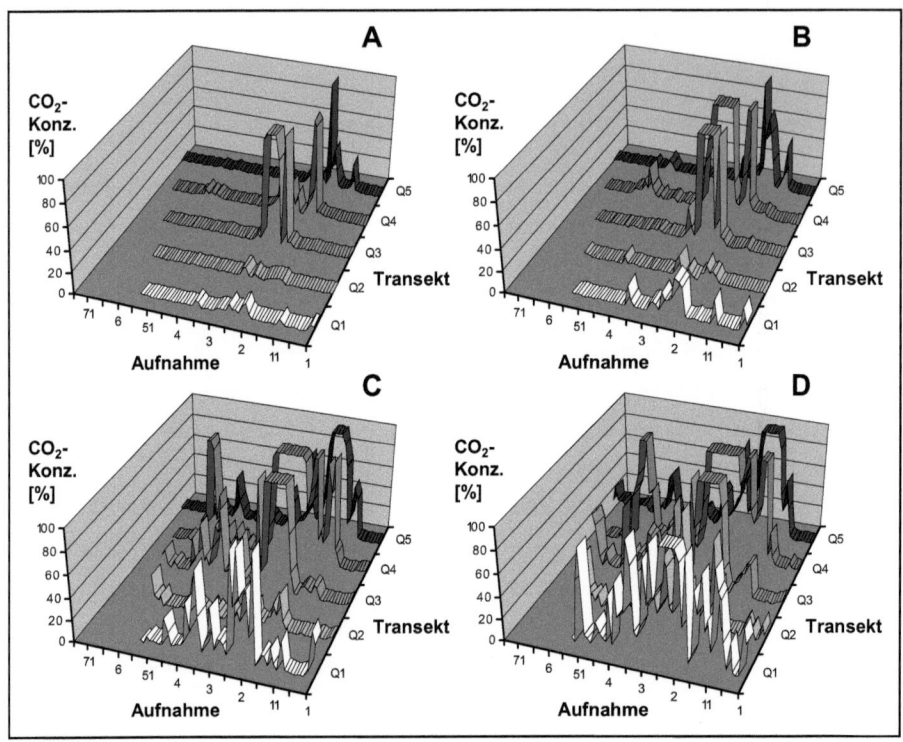

Abb. 11: CO_2-Konzentration in 10 (A), 20 (B), 40 (C) und 60 cm Tiefe (D) auf den Transekten der Wiese Hartoušov.

Im Gegensatz zu den stark ausgasenden Transekten fehlt Q1 und Q2 eine kompakte Mofettenzone. Die maximale CO_2-Konzentration in 10 cm Bodentiefe beträgt bei Q1 13,1 % und bei Q2 8,1 %. In beiden Fällen drückt sich die tiefenabhängige Zunahme der Konzentration vor allem in der steigenden Anzahl und Höhe isolierter Einzelpeaks aus. Q1 erreicht die 100 %-Marke als Einzelwert in 40 cm Tiefe. In 60 cm Tiefe kann auch Q2 diesen Wert einmal vorweisen, während er bei Q1 viermal auftritt.

Im Gegensatz zu den flächig untersuchten Objekten mit ihren Vierpunkt-Mittelwerten lässt sich aus den stark oszillierenden Einzelwerten der Transekte nur eine vergleichsweise unscharfe Mofettengrenze konstruieren. Sie wir hier als Umriss einer Zone definiert, in der die meisten Einzelquadrate in 10 cm Bodentiefe eine CO_2-Konzentration über 2 % aufweisen (s. Kap. 2.5.3). Die Darstellung der Hauptausgasungsbereiche erfolgt in Tab. 7. Die Zentralmofette ist hinsichtlich ihrer Lage und Breite recht variabel, wobei sich gute Übereinstimmungen mit den Vegetationsgrenzen ergeben.

Die fast mittige Position der Mofette führt zu zweigeteilten Kontrollzonen, deren südwestlicher Abschnitt wegen variierender Transektlängen auffällige Breitenunterschiede aufweist (s. Abb. 4).

Tab. 7: CO_2-definierte Mofetten- und Kontrollzonen auf den Transekten der Wiese Hartoušov. Dargestellt ist nur der zentrale Mofettenbereich.

	Q1	Q2	Q3	Q4	Q5
Kontrolle NO	0 – 20	0 – 16	0 – 20	0 – 13	0 – 10
Mofette	21 – 31	17 – 30	21 – 33	14 – 34	11 – 28
Kontrolle SW	32 – 56	31 – 61	34 – 66	35 – 71	29 – 76

Abb. 12 stellt die Messwerte von Bodenfeuchte, pH-Wert und Humusgehalt für die fünf Transekte zusammenfassend dar. Man erkennt, dass die Kurven von Feuchte und Humusgehalt stärker schwanken als die Bodenazidität. Die deutlichen Übereinstimmungen im Kurvenverlauf der erstgenannten Parameter signalisieren, dass es sich bei den Oszillationen nicht um Messfehler, sondern um echte Parameterschwankungen handelt. Dagegen zeigt der pH-Wert ein Muster, das von den anderen Größen grundsätzlich abweicht.

In Abb. 12 A sind die gravimetrisch ermittelten Wassergehalte dargestellt, auf deren beträchtliche Streuung schon hingewiesen wurde. Im Extremfall konnten an benachbarten Messpunkten Wassergehalte von 14,7 und 49 % festgestellt werden, was einem Unterschied von über 300 % entspricht! Die Wertespanne reicht von 13,5 bis 63,3 %. Trotz der starken Schwankungen ist eine Tendenz zu etwas erhöhten Werten in der Mofettenzone erkennbar. Aus den Kurven lässt sich außerdem ein allgemeiner Feuchteanstieg von Nordwest nach Südost ableiten, der sich in Transekt-Mittelwerten von 41,7 (Q1) bis 48,6 % (Q5) äußert. Im Mann-Whitney-Test weist Q1 höchst signifikante Unterschiede zu den anderen Transekten auf. Q5 unterscheidet sich außerdem signifikant von Q2 (Mann-Whitney-Test) und Q4 (t-Test). Die unterschiedlichen mittleren Wassergehalte stehen im Einklang mit dem Geländeniveau. Das hohe Feuchteniveau von Q1 dürfte darauf zurückzuführen sein, dass der Transekt einen versumpften Plesná-Altarm und eine Quellmulde berührt.

Für die starke Wertestreuung können vor allem kleinräumige Unterschiede in Bodenart und Humusgehalt verantwortlich gemacht werden. Die Bodenproben zeigten in der Kontrollzone vielfach ein Wechselspiel von grobsandigen und tonigen Böden, deren Feldkapazität die sandiger Substrate um das Mehrfache übertrifft (AG BODEN 1996). Im Mofettenbereich finden sich neben Ton- und Sandböden auch torfige Bodenpartien mit Humusgehalten über 30 %. Bei der Berechnung des prozentualen Wassergehaltes fällt nicht nur das große Wasserspeichervermögen der organischen Substanz ins Gewicht sondern auch die gegenüber reinen Mineralböden verminderte Dichte (SCHEFFER & SCHACHTSCHABEL 1989), wodurch es bei der Berechnung des relativen Wassergehaltes zu einer Überbetonung der im Frischboden enthaltenen Wassermenge kommt (s. Kap. 2.4.1). Der unerwünschte Effekt wäre noch stärker ausgefallen, wenn man in Übereinstimmung mit einigen Autoren (z. B. WARNCKE-GRÜTTNER 1990; OR & WRAITH 2000) das Trockengewicht als Bezugsgröße gewählt hätte.

In Abb. 12 B finden sich die im Boden gemessenen pH-Werte der fünf Transekte. Sie decken bei einem Minimum von 3,6 und einem Maximum von 7,2 ein sehr breites Wertespektrum ab. Der dabei realisierte pH-Bereich entspricht nach SCHEFFER & SCHACHTSCHABEL (1989) sehr stark sauren bis schwach sauren Bodenverhältnissen.

Die nordöstliche Kontrollzone kann als Übergangsbereich zwischen den sauren, sandig-schluffigen Böden des Hanges und den grundwassergeprägten Kolluvien des Talgrundes interpretiert werden (s. Kap. 2.1.4). Sie ist bei einer pH-Spanne von 4 bis 7,2 durch eine besonders große Werteschwankung gekennzeichnet. In zwei Proben des Transektes Q3, die sich durch besonders hohe pH-Werte auszeichneten, ließ sich im Salzsäuretest fein verteiltes $CaCO_3$ nachweisen. Da Kalksteinvorkommen im Einzugsgebiet der Plesná fehlen (vgl. BAYERISCHES GEOLOGISCHES LANDESAMT 1996) und sich demzufolge in älteren, unbeeinflussten Sedimenten auch keine Karbonate finden (RECHNER 2007) ist eine anthropogene Herkunft zu vermuten, etwa aus abgelagertem Bauschutt. Eine menschliche Quelle erscheint auch insofern plausibel, als mit Holzkohle- und Ziegelstückchen noch andere Fremdmaterialien in den Bodenproben nachgewiesen werden konnten.

Die Werteschwankungen der nordöstlichen Kontrollfläche setzen sich in der Mofettenzone fort. Die Kurve für Q4 sinkt bis zur Mitte dieses Bereichs deutlich ab, wodurch sie das Niveau der anderen Kurven unterschreitet und erste Hinweise auf eine Abhängigkeit des pH-Wertes von der CO_2-Konzentration liefert. Auch Q2 zeigt einen leichten Anstieg der Azidität, wenngleich das am Transektanfang gemessene pH-Minimum hier nicht ganz erreicht wird. Für die übrigen Gradienten zeichnet sich kein klarer Trend ab. Die pH-Spanne reicht in der Mofettenzone von 3,6 bis 5,2.

In der südwestlichen Kontrollzone zeigt die Bodenazidität nur geringe Schwankungen, sieht man einmal vom Übergangsbereich zur Mofettenzone ab. Die pH-Werte liegen dabei zwischen 4 und 5,5. Da die Transekte eine unterschiedliche Gesamtlänge aufweisen, ist die in diesem Bereich durchlaufene Strecke bei Q5 etwa doppelt so lang wie bei Q1. Charakteristika der südwestlichen Kontrollzone sind ein leichter, kontinuierlicher Werteanstieg sowie ein für alle Kurven ähnliches pH-Niveau. Abgesehen von Q3 finden sich hier alle pH-Maxima.

Vor dem Erreichen ihres Höchstwertes von 5,5 sinkt die Kurve von Q4 bis auf pH 4,6 ab, was mit der Kleinmofette zwischen den Aufnahmen 53 und 59 in Verbindung stehen dürfte. Q5 reicht in eine flussnahe Versauerungszone hinein, in deren Verlauf der pH-Wert bis auf 4,3 fällt. Der Bereich ist durch eine kleine Geländestufe, abnehmende Bodenfeuchte und auffällig hohe Eisenhydroxid-Gehalte gekennzeichnet, die den Bodenproben eine auffällige Rostfarbe verliehen.

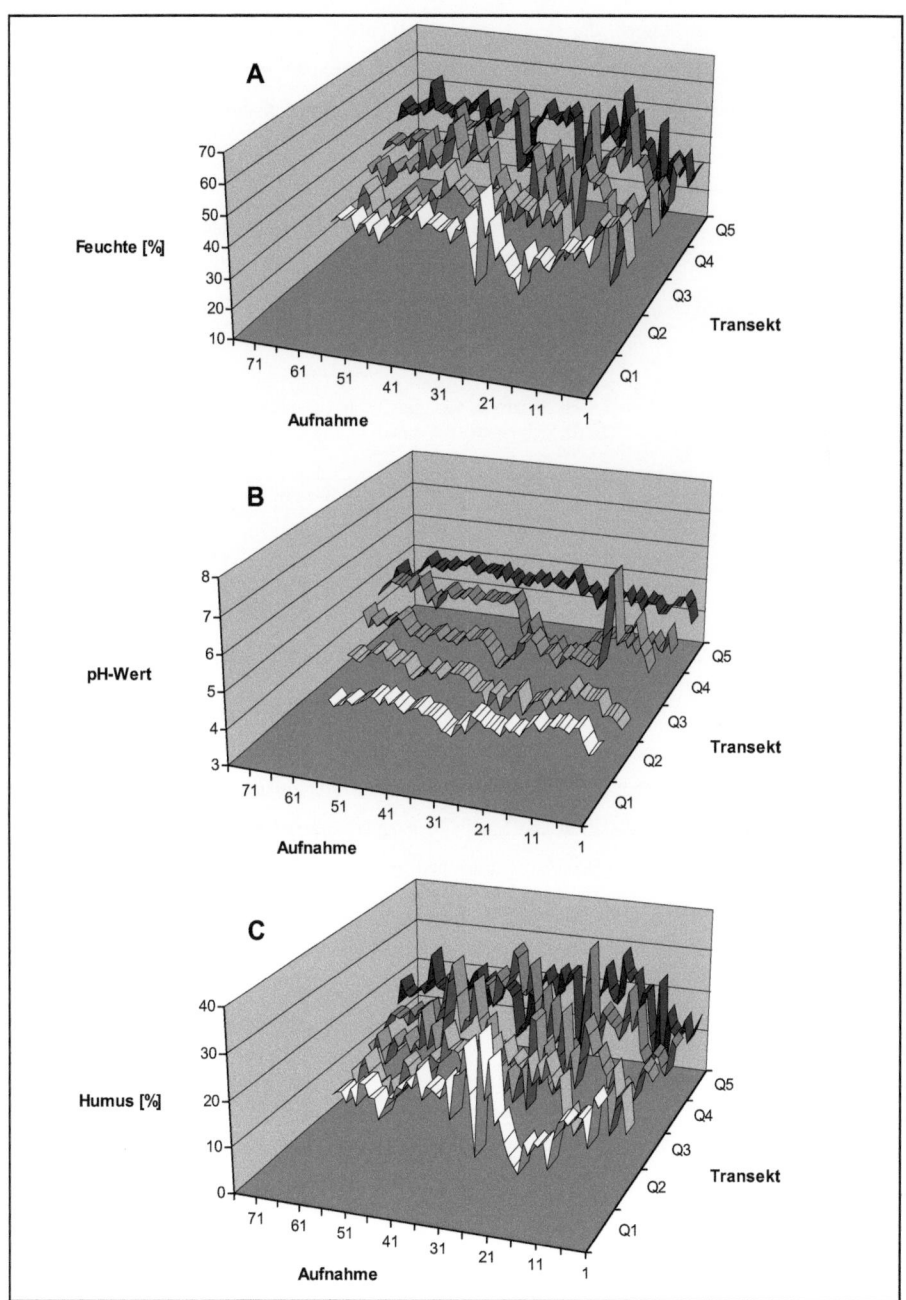

Abb. 12: Bodenfeuchte (A), pH-Wert (B) und Humusgehalt (C) auf den Transekten der Wiese Hartoušov.

In Anbetracht der Beziehungen, die sich in Abb. 12 B zwischen Boden-CO_2 und Bodenazidität abzeichnen, wurde eine Korrelationsanalyse durchgeführt, deren Ergebnisse in Tab. 8 dargestellt sind. Enge Korrelationen treten nur bei Q4 und Q3 auf. Diese betreffen alle Messtiefen von Q4 und die Tiefenstufe 20 cm von Q3. Das negative Vorzeichen der Korrelationskoeffizienten steht im Einklang mit der azidifizierenden Wirkung, die dem CO_2 in Böden zugeschrieben wird (WHITNEY & GARDNER 1943; SCHEFFER & SCHACHTSCHABEL 1989). Beim Vergleich der Transekte wird ersichtlich, dass die am stärksten ausgasenden Transekte Q4 und Q3 (s. Abb. 11) die deutlichsten Ergebnisse erbringen. Das Schlusslicht bildet Transekt Q5, der in punkto CO_2-Konzentration immerhin die dritte Position einnimmt.

<u>Tab. 8:</u> Rangkorrelationskoeffizient nach Spearman für die CO_2-Konzentration und den pH-Wert auf den Transekten der Wiese Hartoušov. Die Beziehungen sind signifikant (*), hoch signifikant (**) oder höchst signifikant (***).

	10 cm	20 cm	40 cm	60 cm	n
Q1	-0,298 *	-0,320 *	-0,322 *	–	56
Q2	-0,289 *	-0,441 ***	-0,312 *	-0,338 **	61
Q3	-0,482 ***	-0,516 ***	-0,380 **	-0,406 ***	65 – 66
Q4	-0,546 ***	-0,571 ***	-0,552 ***	-0,596 ***	70
Q5	–	–	–	–	75 – 76

Der Grund für das Fehlen eines Zusammenhanges ist in diesem Fall darin zu suchen, dass die nordöstliche Kontrollzone von sauren Hangböden eingenommen wird, welche ohne Mofetteneinfluss das gleiche pH-Niveau erreichen wie die mäßig ausgasende Mofettenzone (vgl. Kap. 3.2.2). Der für alle Bodentiefen ähnliche Korrelationskoeffizient mag zunächst erstaunen, da eine auf tiefengleicher Messung beruhende direkte Beziehung zwischen CO_2-Konzentration und pH-Wert nur für 10 cm Gasmesstiefe gegeben ist. Der Befund lässt sich mit den engen Zusammenhängen erklären, die zwischen den tiefengestaffelten CO_2-Konzentrationen der Messpunkte bestehen (s. Kap. 3.1.1). Auch könnte das mit der Tiefe der Gasmessung zunehmende vertikale Auseinanderklaffen der Messorte von Azidität und CO_2-Konzentration durch eine geringere Streuung der Bodengaswerte kompensiert werden.

Aus dem Datenmaterial der Transekte lässt sich der im Vorfeld postulierte Zusammenhang zwischen CO_2-Konzentration und pH-Wert zumindest ansatzweise bestätigen. Ungünstige Rahmenbedingungen könnten dafür verantwortlich sein, dass die Beziehungen nicht so eng ausgefallen sind wie etwa im Bereich der Borstgrasmofette (s. Kap. 3.2.3.1 und 3.2.3.2). Anders als bei der Bodenfeuchte dürften hier nicht kleinräumige Standortsunterschiede maßgeblich sein, sondern ein ganzes Bündel mehr oder weniger großflächig wirkender Einflussgrößen, die bei der flächigen Betrachtung der Wiese thematisiert werden sollen (s. Kap. 3.2.1.2).

Dem in der Flächenauswahl begründeten Problem kann im Nachhinein nur noch durch das exemplarische Herausgreifen geeigneter Teilstrukturen begegnet werden, an deren Beispiel sich die Zusammenhänge erhellen lassen (vgl. LORENZ 1996). Gemäß Tab. 8 scheint Q4 besonders aussagekräftig zu sein, weshalb er für die graphische Darstellung in Abb. 13 ausgewählt wurde. Im Bild wird deutlich, dass beide Eintiefungen der pH-Kurve mit erhöhter CO_2-Emission einhergehen. Die Hauptausgasungsstelle, in deren Oberboden bis zu 91,2 % CO_2 gemessen wurden, macht sich erwartungsgemäß durch stärkere Effekte bemerkbar als die Kleinmofette mit einer oberflächennahen Konzentration von maximal 7,2 %.

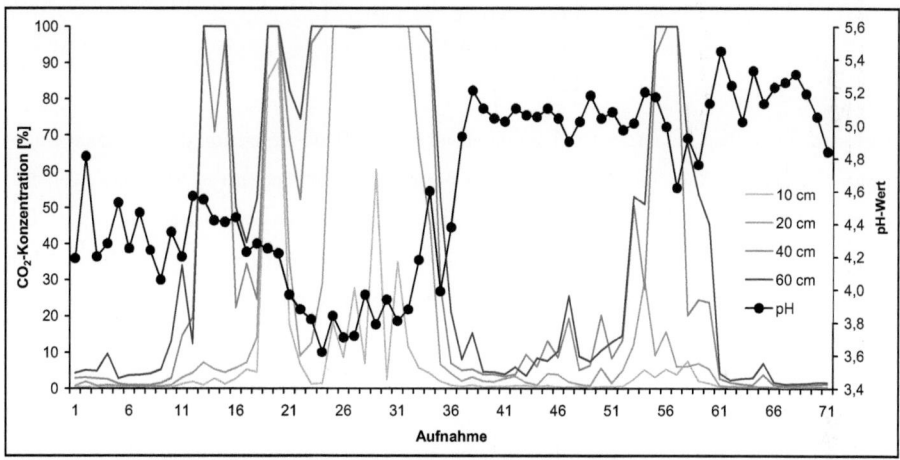

Abb. 13: CO_2-Konzentration und pH-Wert auf dem Transekt WiQ4.

Als letzter Bodenparameter wird der Humusgehalt abgehandelt. Die in Abb. 12 C dargestellten Messwerte zeigen ein noch ausgeprägteres Maximum in der Transektmitte und eine noch größere Streuung, als dies bei der Bodenfeuchte der Fall ist. Die Spanne reicht von 3,4 bis 38,4 % womit sie den Faktor 10 übersteigt. Die Verläufe der Bodenfeuchte- und Humuskurve stimmen so gut überein, dass eine Korrelationsanalyse geboten erscheint. Die Ergebnisse werden in Tab. 9 präsentiert. Es ergeben sich in allen Fällen starke, höchst signifikante Korrelationen. Derartige Zusammenhänge zwischen Bodenfeuchte und Humusgehalt, die auf einer Hemmung der der Mineralisierung infolge Sauerstoffmangels beruhen, sind in der bodenkundlichen Literatur vielfach beschrieben wurden (z. B. SCHEFFER & SCHACHTSCHABEL 1989; WARNCKE-GRÜTTNER 1990; BALDOCK & NELSON 2000). Die Humusgehalte von Q5 weisen außerdem eine mäßige Beziehung zur CO_2-Konzentration in 10 cm Tiefe auf (r_s = 0,44; $p < 0,001$; n = 76). Die Wirksamkeit der sekundären Einflussgröße könnte den vergleichsweise niedrigen Korrelationskoeffizienten erklären, den dieser Transekt in Tab. 9 aufweist. Der positive Zusammenhang zwischen CO_2-Konzentration und Humusgehalt lässt sich vielleicht damit erklären, dass auch CO_2-induzierter Sauerstoffmangel die mikrobielle Aktivität hemmen und damit eine Humusakkumulation bewirken kann (vgl. Kap. 3.2.3.1). Als Beleg könnten die Untersuchungen von PIERCE & SJÖGERSTEN (2009) dienen. Hier bewirkte die CO_2-Begasung des Bodens eine Reduktion der mikrobiellen Respiration.

Tab. 9: Rangkorrelationskoeffizient nach Spearman (r_s) für den Humus- und Bodenwassergehalt auf den Transekten der Wiese Hartoušov. Alle Beziehungen sind höchst signifikant (***).

	r_s	n
Q1	0,91 ***	56
Q2	0,91 ***	61
Q3	0,94 ***	65
Q4	0,89 ***	70
Q5	0,76 ***	76

Nach den abiotischen Parametern soll abschließend auf die Bodenvegetation der Transekte eingegangen werden. In Abb. 14 ist die Verteilung der positiven und negativen Mofettenzeiger dargestellt, welche in Kap. 2.5.3 hergeleitet und in Tab. 27 zusammenfassend präsentiert werden. Die Anteile beider Kollektive unterliegen im Transektverlauf einem starken Wandel, der offensichtlich mit der CO_2-Konzentration zusammenhängt (vgl. Abb. 11) und im Fokus der folgenden Ausführungen stehen soll.

Die CO_2-armen Kontrollbereiche an den beiden Enden der Transekte weisen erhebliche Anteile von negativen Mofettenzeigern auf. Hier sind vielfach monotone Grasbestände ausgebildet, die dem *Alopecuretum pratensis* zugeordnet werden können (s. POTT 1995; SCHUBERT et al. 1995). Diese Gesellschaft beherrscht alle Kontrollbereiche mit Ausnahme derer im Südwesten von Q1 und Q2. In diesen von Nässe geprägten Transektabschnitten kann *Filipendula ulmaria* stark an Boden gewinnen und *Alopecurus pratensis* teilweise verdrängen. Die regelmäßige Mahd bewirkt allerdings, dass nicht die typischen Hochstaudenbestände des *Valeriano-Filipenduletums* entstehen können, sondern die Sukzession bei einem grasreichen Mischtyp stehenbleibt (vgl. WOLF 1979).

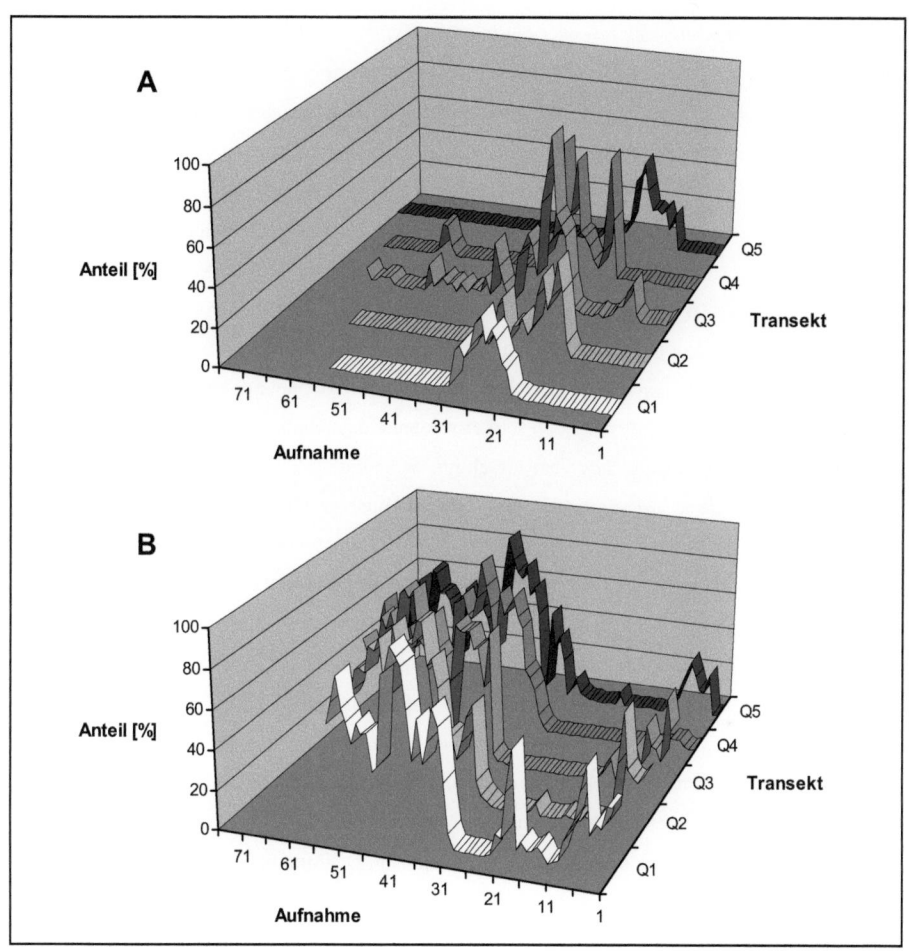

Abb. 14: Positive (A) und negative Mofettenzeiger (B) auf den Transekten der Wiese Hartoušov.

Im CO_2-reichen Mittelteil gewinnen die positiven Mofettenzeiger an Bedeutung während die mofettophobe Zeigerartengruppe entsprechend zurücktritt. Beide Gruppen schließen sich in ihrem Vorkommen weitgehend aus, was ihre Qualität als Weiserartenkollektive unterstreicht. Bereiche mit einer Mofettenvegetation vom *Eriophorum*-Typ (s. Kap. 3.3.3) sind auf die ausgasungsintensive Zentralmofette beschränkt, die nur von den Transekten Q3 und Q4 erreicht wird. Im Bereich der Vents können stark mofettophile Arten wie *Eriophorum vaginatum* und *Aulacomnium palustre* kleinflächig zur Dominanz gelangen. Deutlich verbreiteter sind allerdings die Zonen mit schwacher bis mäßiger Ausgasung. Ihre Pflanzenbestände weisen nur geringe Anteile an positiven Mofettenzeigern auf, die in Einzelfällen auch ganz fehlen können. Das Vegetationsbild wird weitgehend von mehr oder weniger CO_2-toleranten Vertretern der Mofettovagen bestimmt, die eine Klassifizierung der Bestände als *Arrhenatheretalia-* oder *Molinietalia-*Typ ermöglichen (s. Kap. 3.3.3). Die letztgenannte Einheit ist auf den Transekt Q2 beschränkt. Der recht trockene Gradient Q5 fällt durch das Vorkommen des nur auf der Wiese verbreiteten Mofettophyten *Leontodon autumnalis* auf. Wenngleich die mofettovagen Sippen nicht explizit dargestellt sind, so lässt sich deren große mengenmäßige Bedeutung doch indirekt aus den Anteilen der Mofettenzeiger ableiten. Die Dominanz der Mofettovagen auf zahlreichen Teilflächen könnte eine Folge der regelmäßigen Mahd sein, die das Artenspektrum zugunsten schnitttoleranter, mofettovager Arten verschiebt. Profitieren könnten tendenziell CO_2-sensitive *Molinio-Arrhenatheretea*-Arten wie *Alopecurus pratensis* und *Rumex acetosa*, aber auch CO_2-tolerante Mofettovage wie *Deschampsia cespitosa* und *Carex nigra*. Das Beispiel von *Filipendula ulmaria* zeigt andererseits, wie mofettophobe Sumpfpflanzen durch den Schnitt an Boden verlieren können. Noch stärker werden einige ähnlich CO_2-empfindliche Begleitarten des *Valeriano-Filipenduletums* beeinträchtigt: Während z. B. *Lysimachia vulgaris*, *Rumex aquaticus* und *Scutellaria galericulata* im ungenutzten Feuchtgrünland des Talgrundes Massenbestände bilden, können sich auf der Wiese allenfalls kümmerliche Einzelexemplare halten.

In Tab. 10 werden die in Abb. 14 erkennbaren Zusammenhänge zwischen den Anteilen der Mofettenzeiger und der CO_2-Konzentration mit Hilfe des Rangkorrelationskoeffizienten von Spearman auf ihre Relevanz überprüft. Die beiden Indikatorengruppen unterscheiden sich auf der Wiese deutlich in ihrer Aussagekraft: Während die Korrelationen der positiven Mofettenindikatoren fast immer stark und dabei stets von höchster Signifikanz sind, beschränken sich die entsprechenden Zusammenhänge im Falle der negativen Zeigergruppe auf die Transekte Q4 und Q5. Bei den Transekten Q1 bis Q3 sind signifikante Beziehungen auf die Messtiefen 10, 20 und 60 cm beschränkt. Es handelt sich durchweg um schwache bis mäßige Korrelationen. Die Messtiefe wirkt sich offenbar nicht auf die Stringenz der Beziehungen aus.

Die in Tab. 10 dargestellten Ergebnisse können als erster, wenngleich noch nicht vollends überzeugender Beweis für die Tauglichkeit der Mofettenindikatoren angesehen werden. Die vergleichsweise geringe Stringenz der Beziehungen muss im Lichte der sehr inhomogenen Fläche betrachtet werden, deren Auswirkungen auch durch große Stichprobenumfänge nicht kompensiert werden können. Der drastische Unterschied in der Aussagekraft der positiven und negativen Mofettenzeiger stellt einen Sonderfall dar, aus dem sich keine allgemeinen Schlüsse ziehen lassen. So finden sich etwa in der Birnenmofette die stringenteren Korrelationen bei den negativen Zeigern (s. Kap. 3.2.2).

Tab. 10: Rangkorrelationskoeffizient nach Spearman für die CO_2-Konzentration und die Mofettenzeiger auf den Transekten der Wiese Hartoušov. Die Beziehungen sind signifikant (*), hoch signifikant (**) oder höchst signifikant (***).

	Positive Mofettenzeiger				Negative Mofettenzeiger				
	10 cm	20 cm	40 cm	60 cm	10 cm	20 cm	40 cm	60 cm	n
Q1	0,46 ***	0,47 ***	0,55 ***	0,57 ***	-0,39 **	-0,45 ***	–	-0,41 **	56
Q2	0,55 ***	0,67 ***	0,54 ***	0,54 ***	-0,29 *	-0,21 *	–	-0,30 *	61
Q3	0,47 ***	0,56 ***	0,63 ***	0,60 ***	-0,41 ***	-0,40 ***	–	-0,29 *	65 – 66
Q4	0,74 ***	0,76 ***	0,78 ***	0,76 ***	-0,56 ***	-0,54 ***	-0,53 ***	-0,60 ***	70
Q5	0,73 ***	0,71 ***	0,72 ***	0,72 ***	-0,64 ***	-0,57 ***	-0,62 ***	-0,63 ***	75 – 76

Fazit

Die abschließende Bewertung der Wiese fällt verhalten positiv aus. Zu ihren Vorzügen zählt zweifellos die beeindruckende Größe und Ausprägung der Mofettenstruktur sowie die gute Zugänglichkeit des Areals. Mit dem *Arrhenatheretalia*-Typ steuert die Wiese außerdem einen spezifischen Mofettentyp bei, der nur auf bewirtschaftetem Grünland vorkommt. Vorteilhaft ist weiterhin der Informationsgewinn, welcher aus der Zusammenarbeit mit den hier gleichzeitig tätigen Verfechtern anderer Forschungsdisziplinen resultiert. Auf der Negativseite schlagen vor allem die inhomogenen Bodenverhältnisse zu Buche. Hinzu kommt der nicht zu kalkulierende Mahdzeitpunkt sowie die sichtbaren und unsichtbaren Boden- und Vegetationsschäden welche die Kehrseite der Forschungsaktivitäten darstellen.

Ihrer intensiven Bearbeitung ist es zu verdanken, dass die Wiese letzlich einen beträchtlichen Anteil an den in dieser Arbeit gewonnenen Erkenntnissen hat. Transekt- und Flächenuntersuchung stehen in ihrer Bedeutung etwa gleichrangig nebeneinander. Die Transektaufnahmen lieferten fünf detaillierte Gradienten, die fast ein Drittel der synoptischen Vegetationstabelle ausmachen und sich dementsprechend stark auf die abgeleiteten Erkenntnisse auswirken (s. Kap. 3.3.1). Als besonders eindrucksvoll sticht der pH-Gradient von WiQ4 heraus.

3.2.1.2 Fläche

Bei der Flächenaufnahme wurden die an insgesamt 525 Messpunkten erhobenen Einzelwerte der abiotischen Parameter für die Rasterquadrate gemittelt (s. Kap. 2.2). Auch auf diese Weise ließ sich ein flächiger Bezug zu den dort erhobenen Vegetationsdaten herstellen. Die Mittelwertbildung vermag Wertespitzen abzumildern und Messlücken zu schließen, so dass sich im Vergleich zur Einzelpunktdarstellung ein ruhigeres, optisch geschärftes Bild ergibt. Als Mofettengrenze dient die Isolinie einer CO_2-Konzentration von mehr als 2 % in 10 cm Tiefe (s. Kap. 2.5.3).

Die Abb. 15 und 16 stellen die flächige Verteilung der CO_2-Konzentration in den Messtiefen 10, 20, 40 und 60 cm dar. Wie schon bei den Einzeltransekten (s. Abb. 11) zeigt die CO_2-Konzentration einen klaren Anstieg mit der Bodentiefe.

In 10 cm Tiefe (s. Abb. 15 A) lässt sich eine lang gezogene, zusammenhängende Mofettenzone erkennen, die sich von Nordwest nach Südost über die gesamte Fläche zieht und eine Breite von 4 bis 9 m aufweist. Messungen von KÄMPF et al. (unveröff.) belegen, dass sich die ausgasende Zone außerhalb des dargestellten Ausschnittes fortsetzt. CO_2-Konzentrationen über 75 % finden sich in 10 cm Tiefe nur auf den Quergradienten 13 und 14, die in ihrem Verlauf etwa dem Transekt Q3 entsprechen. Die niedrigsten Konzentrationen der Mofettenzone wurden an ihrer schmalsten Stelle im Südosten gemessen, wo sich der am schwächsten ausgasende Transekt Q2 befindet. Die „ausgefranste" Grenzlinie im Bereich der Quergradienten 1 bis 3 zeigt an, dass Mofetten- und Kontrollzone hier fließend ineinander übergehen.

Verglichen damit ist die CO_2-Konzentration 20 cm unter Flur (s. Abb. 15 B) meist geringfügig erhöht. Dadurch wird die 2 %-Isolinie etwas nach Nordosten und Südwesten verschoben. Südwestlich der Mofettenzone sind außerdem einige neue „Gasinseln" zu erkennen. Sehr hohe CO_2-Konzentrationen von über 75 % treten im Vergleich zum Diagramm 15 A zusätzlich auf dem Quergradienten 16 auf. Bezieht man die Werte über 50 % ein, dann lässt sich zwischen den Quergradienten 12 bis 17 nun eine kompakte Zone hoher Konzentration erkennen.

Ab einer Bodentiefe von 40 cm (s. Abb. 16 A) wird eine starke Ausweitung der Mofettenzone deutlich, welche sich nun auf weite Teile der Wiese erstreckt. Allerdings bleibt im Nordosten eine ausgedehnte CO_2-arme Zone erhalten. Die größte Arealerweiterung erfährt die Gruppe der Werte zwischen 2,1 und 5 %, welche nun ausgedehnte Bereiche im Südwesten und eine kleinere Zone im Osten einnehmen. Nahezu im gesamten umrahmten Bereich finden sich Konzentrationen über 25 %. Neben dem Mofettenzentrum kristallisiert sich ein zweiter Ausgasungsschwerpunkt im Südosten des Mofettenbereiches heraus.

Aufgrund des hoch stehenden Grundwassers während der Messphase (vgl. Kap. 2.3) fehlen für 60 cm Bodentiefe 95 Punkt- bzw. 11 Quadratwerte. Trotz dieser Einschränkungen lässt sich der ansteigende CO_2-Trend auch in 60 cm Tiefe weiter verfolgen (s. Abb. 16 B). Größere CO_2-arme Restareale bleiben jetzt auf den äußersten Norden der Fläche beschränkt. Konzentrationen über 50 % bilden im umrandeten Mofettenbereich einen fast geschlossenen Gürtel.

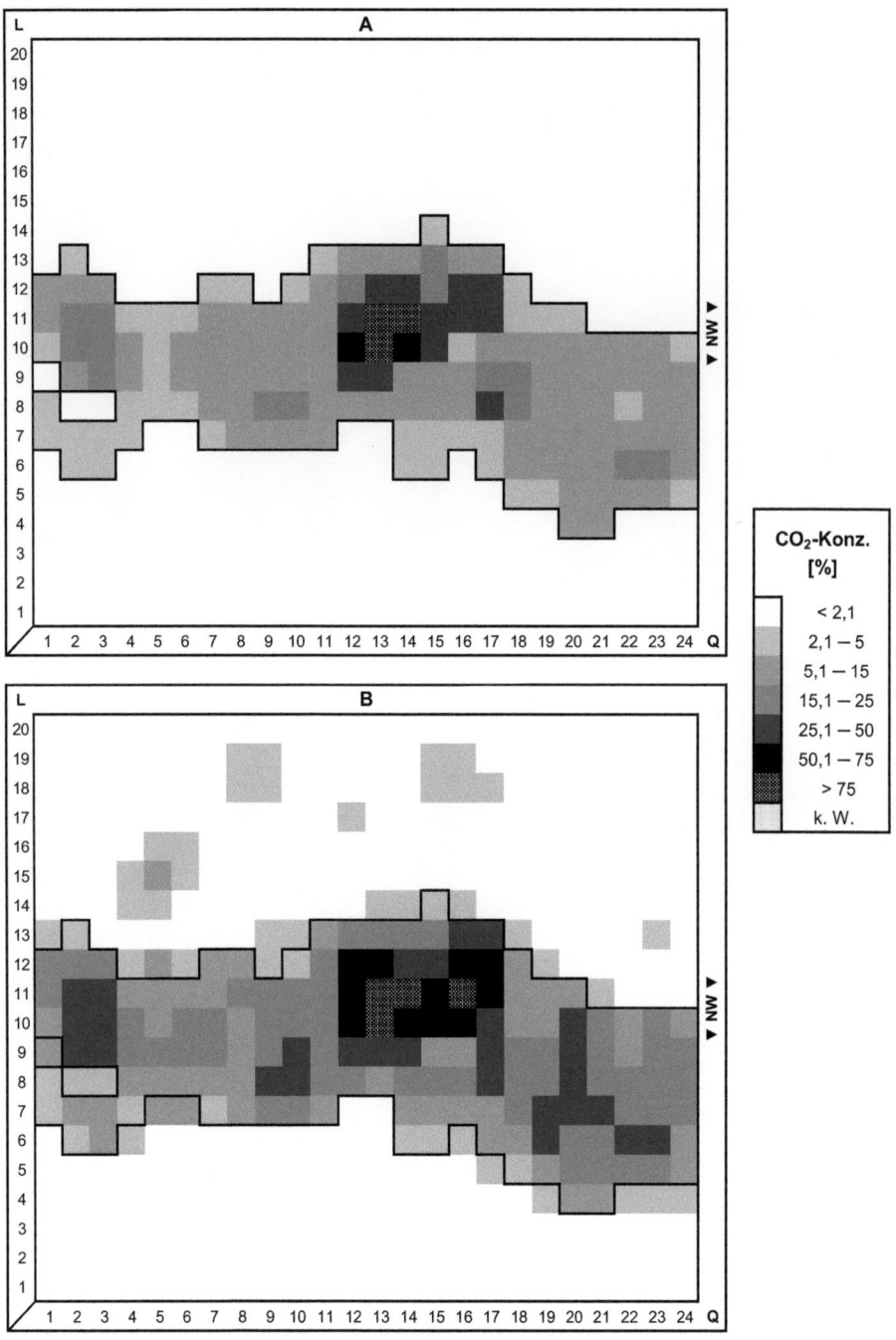

Abb. 15: CO_2-Konzentration in 10 (A) und 20 cm Tiefe (B) im Raster der Wiese Hartoušov. Die eingefügte Linie bezeichnet die CO_2-definierte Mofettengrenze.

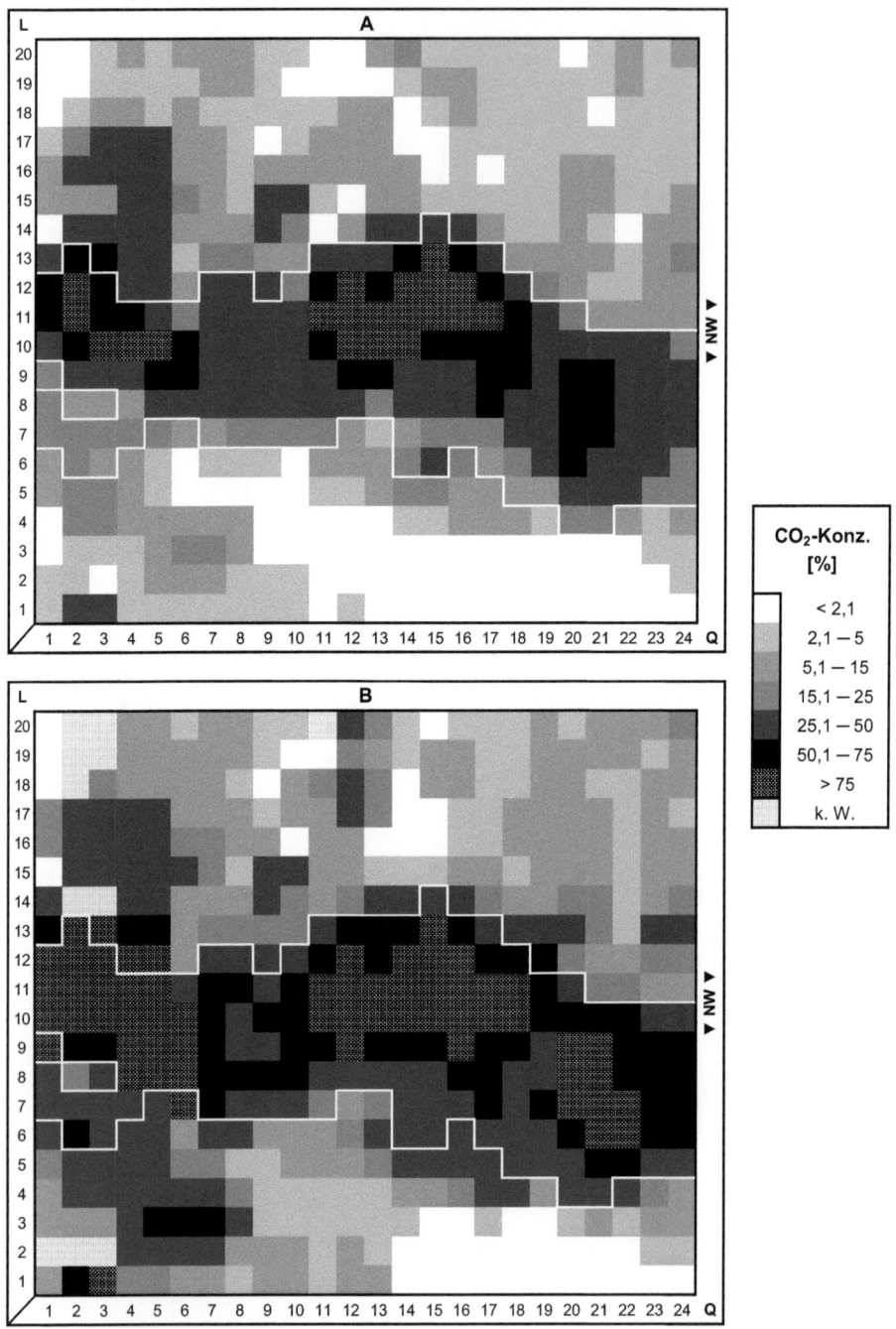

Abb. 16: CO_2-Konzentration in 40 (A) und 60 cm Tiefe (B) im Raster der Wiese Hartoušov. Die eingefügte Linie bezeichnet die CO_2-definierte Mofettengrenze.

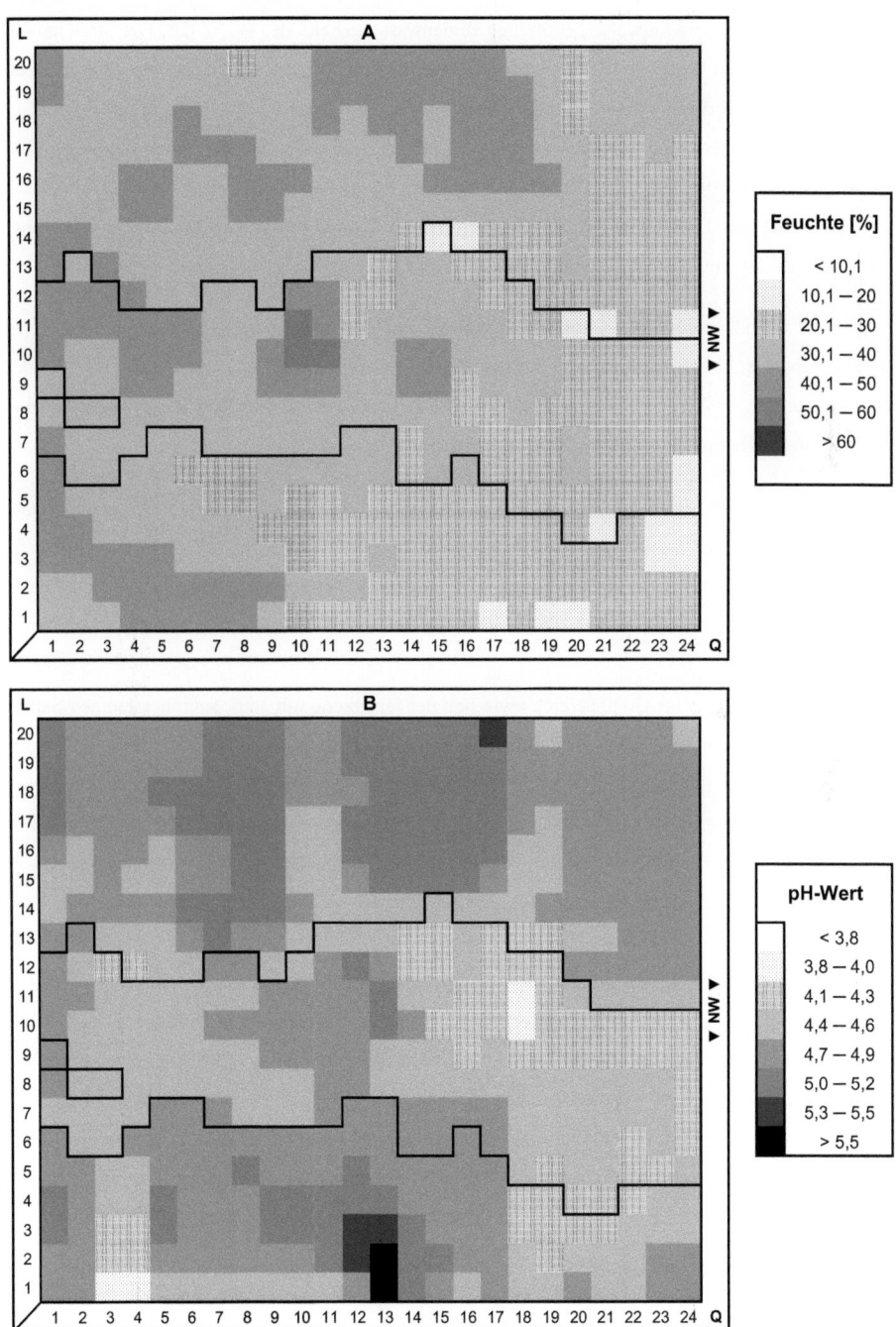

Abb. 17: Bodenfeuchte (A) und pH-Wert (B) im Raster der Wiese Hartoušov. Die eingefügte Linie bezeichnet die CO_2-definierte Mofettengrenze.

Abb. 17 A stellt die quadratweise gemittelten Bodenwassergehalte der Wiese dar. Die Streuung ist im Vergleich zu den Einzelwerten der Transekte erheblich reduziert (s. Abb. 12), was die Übersicht erleichtert. Der Feuchtegradient tritt deutlich hervor, wodurch sein Nord-Süd-Verlauf erkennbar wird. Die Spanne der Quadratmittelwerte reicht von 17,5 bis 51,4 %, die der Einzelmesswerte von 5,5 bis 63,9 %. Damit liegen die Quadratminima noch niedriger als die Einzelwerte der Transektaufnahme. Die drei Teilflächen mit Mittelwerten über 50 % sind in einer grabenartigen Vertiefung lokalisiert, die bei der Probennahme mit Wasser gefüllt war.

In Abb. 17 B finden sich die quadratweise gemittelten pH-Werte. Bei einer Spanne von 3,8 bis 5,6 (Einzelproben: 3,3 bis 6,4) ergibt sich ein komplexes, schwer zu durchschauendes Flächenmosaik. Da gründliche hydrologisch-pedologische Untersuchungen noch ausstehen, hat die folgende Diskussion möglicher Einflussfaktoren einen spekulativen Charakter:

- Aufgrund der Säurewirkung von CO_2-Ausgasungen, sind die pH-Werte im Mofettenbereich z. T. niedriger als in ihrer Umgebung (vgl. WHITNEY & GARDENER 1943; SCHEFFER & SCHACHTSCHABEL 1989). Der Faktor dürfte in der gesamten Mofettenzone von Bedeutung sein, in Verbindung mit dem weiter unten beschriebenen Ionentransport auch deutlich darüber hinaus.

- Die Wiese liegt im Grenzbereich zwischen der Hangzone mit stark sauren, steinigen Sandböden und der von hoch anstehendem Grundwasser beeinflussten Talaue, wo weniger stark versauerte Tone und tonige Lehme vorherrschen (s. Kap. 2.1.4). Die Böden der Hangzone reichen am Nordostrand bis zu 10 m weit in das untersuchte Areal hinein und sorgen dort für auffallend niedrige pH-Werte. Ihre Hauptverbreitung erreichen sie im Norden der Wiese, wo sie fließend in die Mofettenzone übergehen und ein weiteres Ausgasungszentrum vortäuschen.

- Das eng begrenzte Aziditätszentrum der Wiese liegt im Einzugsbereich einer H_2S-haltigen Quelle. Daher ist es sehr wahrscheinlich, dass die Oxidation von Sulfiden Ursache der besonders niedrigen pH-Werte ist. Nach Literaturangaben vermag die entstehende Schwefelsäure den pH-Wert von Böden auf 2,5 bzw. 2 zu drücken (SUCCOW & JOOSTEN 2001; SCHEFFER & SCHACHTSCHABEL 1989). Anders als auf den italienischen Sofatarenfeldern (s. SELVI & BETTARINI 1999) sind reduzierte Schwefelverbindungen in den Exhalationen westtschechischer Mofetten allenfalls in Spuren enthalten, deren Ursprung stets biogen ist (RECHNER 2007).

- Für das gleichfalls sehr auffällige pH-Maximum am Nordostrand des Areals dürfte die anthropogene Einbringung von kalkhaltigem Fremdmaterial verantwortlich zu sein (s. Kap. 3.2.1.1). Auch dieser Faktor hat eher kleinräumige Bedeutung.

- Der durch auffällige Schwankungen des Grundwasserspiegels und die flussnahe Ausfällung von Eisenhydroxiden nachweisbare, vom Hang zur Plesná gerichtete Grundwasserstrom könnte H^+, OH^- und andere Ionen sowie wasserlösliche Fulvosäuren (vgl. SCHEFFER & SCHACHTSCHABEL 1989) von ihrem Entstehungsort zu weiter entfernten Stellen transportieren, wo sie Einfluss auf die Bodenazidität nehmen könnten. Mit dieser Theorie lassen sich mehrere Teilphänomene der pH-Verteilung erklären: Bei Annahme eines von Nordost nach Südwest gerichteten Protonentransportes wird es verständlich, dass die mofettogene Versauerungszone den Ausgasungsbereich zwar nach Südwesten, aber nicht nach Nordosten überschreitet. Durch Ionentransport ließe sich auch der ausgeprägte „Hof" nordwestlich der Zentren maximaler und minimaler pH-Werte begründen. Legt man ein ungleichmäßiges Abflussverhalten zugrunde, dann könnten saure Abflüsse aus der Mofettenzone außerdem die lang gestreckten Versauerungszonen im Südosten bewirken, welche einen kompakten Block hoher pH-Werte in mehrere Teilbereiche zerschneiden. Es entsteht ferner der Eindruck, dass der von Nordosten kommende Grundwasserstrom in der Mofettenzone gestaut und zum Aufsteigen gezwungen wird. Hier müsste er sich zwangsläufig verteilen und würde mit den enthaltenen OH^-- oder HCO_3^--Ionen die durch die CO_2-Ausgasung entstandene Kohlensäure abpuffern. Der gehemmte Abfluss in der Mofettenzone könnte eine Folge der geringen Wasserleitfähigkeit der tonigen oder torfigen Mofettenböden sein, die sich darüber hinaus als mehrere Dezimeter hoher Wall emporwölben. Es ist davon auszugehen, dass der Ionentransport auf der gesamten Wiese wirksam ist.

Bedingt durch die oben beschriebenen Einflussgrößen ergibt sich für die Gesamtfläche der Wiese nur eine mäßige Korrelation zwischen CO_2-Konzentration und pH-Wert (r_s = -0,47; p < 0,001; n = 480). Wie schon bei der Transektaufnahme lassen sich für ausgewählten Einzelgradienten engere Beziehungen finden als für die Gesamtfläche (vgl. LORENZ 1996). Als besonders geeignet erwiesen sich die Quergradienten 16 und 17, deren CO_2-abhängige pH-Verteilung schon in Abb. 17 B deutlich wird Bezeichnenderweise flankieren sie den Quertransekt WiQ4, welcher bereits in Kap. 3.2.1.1 als Positivbeispiel diente.

Die Darstellung der beiden Gradienten erfolgt analog in Abb. 18 und Tab. 11. Trotz des recht geringen Stichprobenumfangs von 20 ergeben sich hoch bis höchst signifikante negative Korrelationen. Im Vergleich mit dem Transekt WiQ4 finden sich die engeren Beziehungen stets bei den Flächengradienten. Angesichts nahezu identischer Ausgangsdaten liegt die Vermutung nahe, dass sich der glättende Effekt der Mittelwertbildung, welcher schon bei der Feuchte Erwähnung fand, hier in statistisch greifbaren Ergebnissen manifestiert.

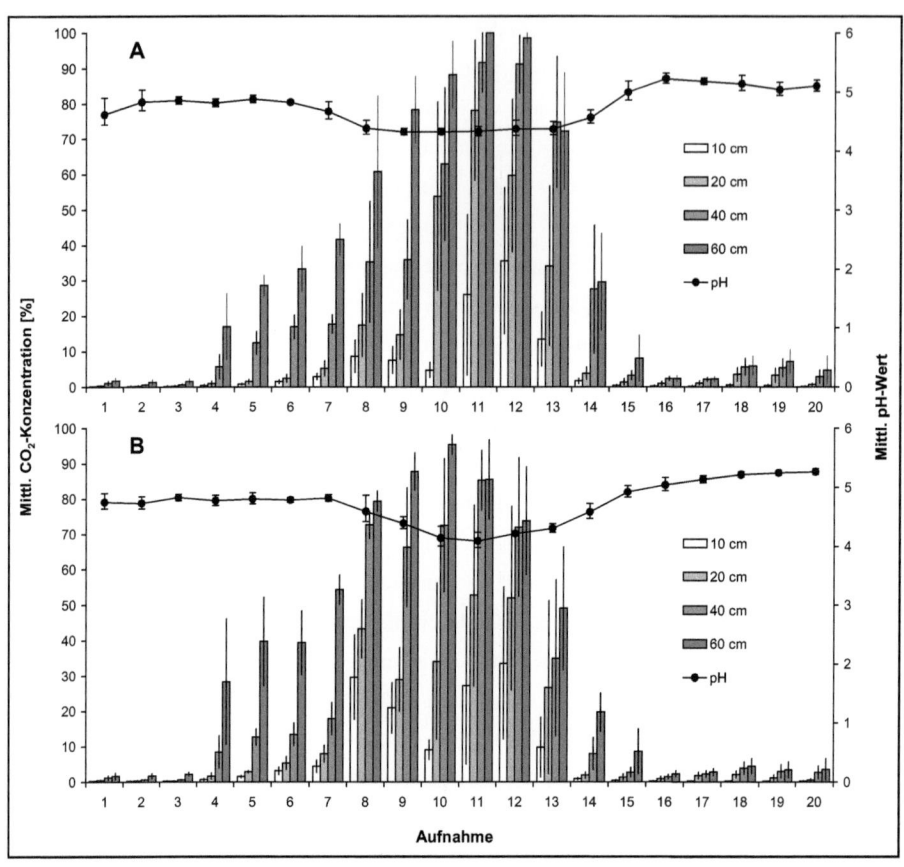

Abb. 18: CO_2-Konzentration und pH-Wert auf den Quergradienten 16 (A) und 17 (B). Die Fehlerindikatoren geben den Standardfehler an.

Tab. 11: Rangkorrelationskoeffizient nach Spearman für die in Abb. 18 dargestellten Beziehungen. Diese sind hoch (**) oder höchst signifikant (***).

	10 cm	20 cm	40 cm	60 cm	n
Q16	-0,71 ***	-0,66 **	-0,76 ***	-0,76 ***	20
Q17	-0,80 ***	-0,65 **	-0,66 **	-0,64 **	20

Die Ergebnisse der Flächenuntersuchung scheinen die grundsätzliche Existenz einer Beziehung zwischen Boden-CO_2 und pH-Wert erneut zu bestätigen (s. Kap. 3.2.1.1), vor allem wenn man berücksichtigt, dass das Resultat ohne die beschriebenen Störgrößen wohl noch eindeutiger ausgefallen wär. Letzte Zweifel an der Hypothese können durch die Untersuchung der Borstgrasmofette ausgeräumt werden (s. Kap. 3.2.3.1 und 3.2.3.2), deren Aufnahmeflächen sich als überschaubare, klar strukturierte Objekte besser für Kausalanalysen eignen als die komplexe Wiese.

Als letzter Bodenparameter wir in Abb. 19 der Humusgehalt dargestellt. Beim Vergleich der Abb. 17 B und 19 deutet sich wie schon in Kap. 3.2.1.1 eine enge Beziehung zwischen Humus- und Bodenwassergehalt an. Die Korrelationsanalyse weist allerdings eine geringere Beziehungsstärke nach ($r_s = 0,65$; $p < 0,001$; $n = 480$), als sie sich in Tab. 9 findet. Eine plausible, wenngleich nicht hinreichende Erklärung ist die schwache Korrelation zwischen dem Humusgehalt und der CO_2-Konzentration in 10 cm Tiefe ($r_s = 0,3$; $p < 0,001$; $n = 480$). Wie bei der Bodenreaktion dürften auch hier zahlreiche, für sich genommen wenig potente Einflussgrößen beteiligt sein, zu denen neben der CO_2-Konzentration z. B. die Artmächtigkeit des torfbildenden Scheiden-Wollgrases gehört ($r_s = 0,21$; $p < 0,001$; $n = 480$).

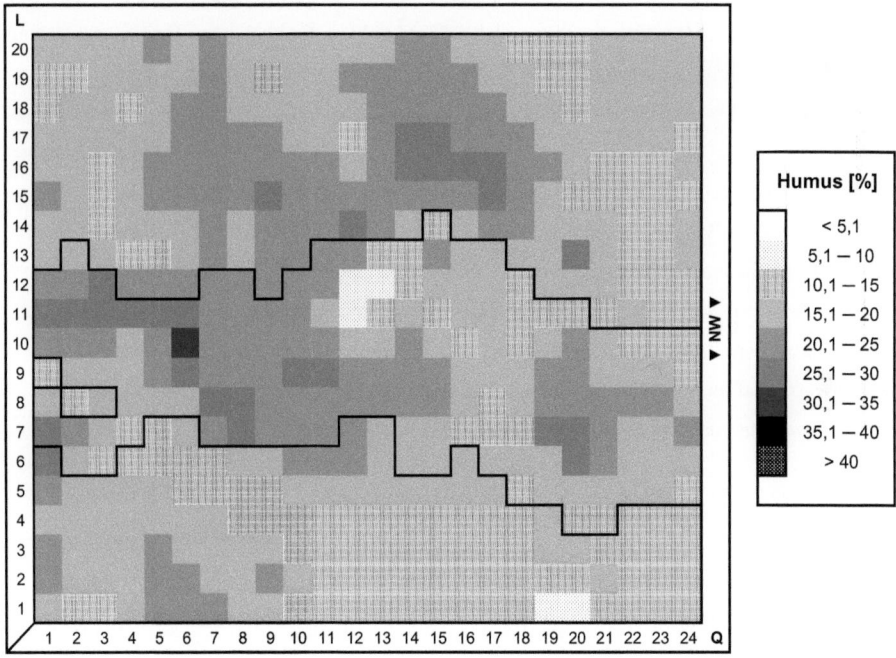

Abb. 19: Humusgehalt im Raster der Wiese Hartoušov. Die eingefügte Linie bezeichnet die CO_2-definierte Mofettengrenze.

In den Abb. 20 und 21 sind die Ergebnisse der flächigen Vegetationskartierung dargestellt. Neben den Anteilen der positiven und negativen Mofettenzeiger am Gesamtdeckungsgrad ist der Zeigerindex dargestellt (s. Kap. 2.5.3). Man erkennt eine gute Übereinstimmung zwischen der Verbreitung beider Zeigergruppen und der Ausdehnung des umrahmten, CO_2-definierten Mofettenbereiches. Diese kommt auch im Zeigerindex zum Ausdruck, der in 425 Fällen (88,3 %) zu einem zutreffenden Ergebnis führt. Unter den restlichen 55 Rasterquadraten weisen 27 (5,6 %) keinen Wert auf. Dies ist deutlich größerer Anteil als bei allen anderen drei Flächen. Die betroffenen Plots konzentrieren sich vor allem im Nordosten des Mofettenbereiches und in der angrenzenden Kontrollzone. Hier gibt es große, zusammenhängende Reinbestände der mofettovagen, aber CO_2-toleranten Rasen-Schmiele, wie man sie bevorzugt in relativ schwach ausgasenden Mofetten-Randbereichen beobachten kann (vgl. Abb. 57). Die Gründe für das Entstehen der natürlichen Monokulturen liegen noch im Dunkeln. Echte Nullflächen treten in Abb. 21 nur viermal auf. Wie schon die Zone niedriger pH-Werte (s. Abb. 17 B) ist der phytoindikative Mofettenbereich gegenüber dem CO_2-definierten etwas nach Südwesten verschoben. Infolgedessen liegen von den Quadraten mit unzutreffendem Vorzeichen, 9 der 11 positiven unmittelbar südwestlich der Mofettenzone und 11 der 13 negativen am Nordostrand derselben.

Der Anteil der nicht explizit dargestellten Mofettovagen ergibt sich, wenn man die Summe der beiden CO_2-indizierenden Artengruppen von 100 % subtrahiert. Gemessen am Deckungsgradanteil stellen sie die wichtigste Artengruppe der Wiese dar. Der kollektive Deckungsgrad der Mofettovagen ist von der CO_2-Konzentration des Bodens nahezu unabhängig, wogegen die interne Zusammensetzung des Kollektivs stark von diesem Faktor beeinflusst wird. In den Mofettenbereichen kann neben *Deschampsia cespitosa* vielfach *Carex nigra* zur Dominanz gelangen, eine Art, die auf der Wiese und im Bereich der Birnenmofette als lokaler Mofettenzeiger gilt (vgl. Abb. 56). Das Bild der Kontrollzone wird dagegen von typischen Grünlandarten wie *Alopecurus pratensis* (s. Abb. 60) oder *Rumex acetosa* bestimmt. Auch im Übergangsbereich zwischen Mofetten- und Kontrollbereich herrschen mit *Achillea millefolium* und *A. ptarmica* charakteristische, aspektbildende Mofettovage. Auf die mögliche Förderung dieser Gruppe durch Düngung und Mahd wurde bereits bei den Transektaufnahmen eingegangen (s. Kap. 3.2.1.1).

Tab. 12: Rangkorrelationskoeffizient nach Spearman für die CO_2-Konzentration und die Anteile der Mofettenzeiger auf der Wiese Hartoušov. Alle Beziehungen sind höchst signifikant (***).

	10 cm	20 cm	40 cm	60 cm	n
Pos. Zeiger	0,76 ***	0,76 ***	0,73 ***	0,71 ***	469 – 480
Neg. Zeiger	-0,66 ***	-0,60 ***	-0,51 ***	-0,57 ***	469 – 480

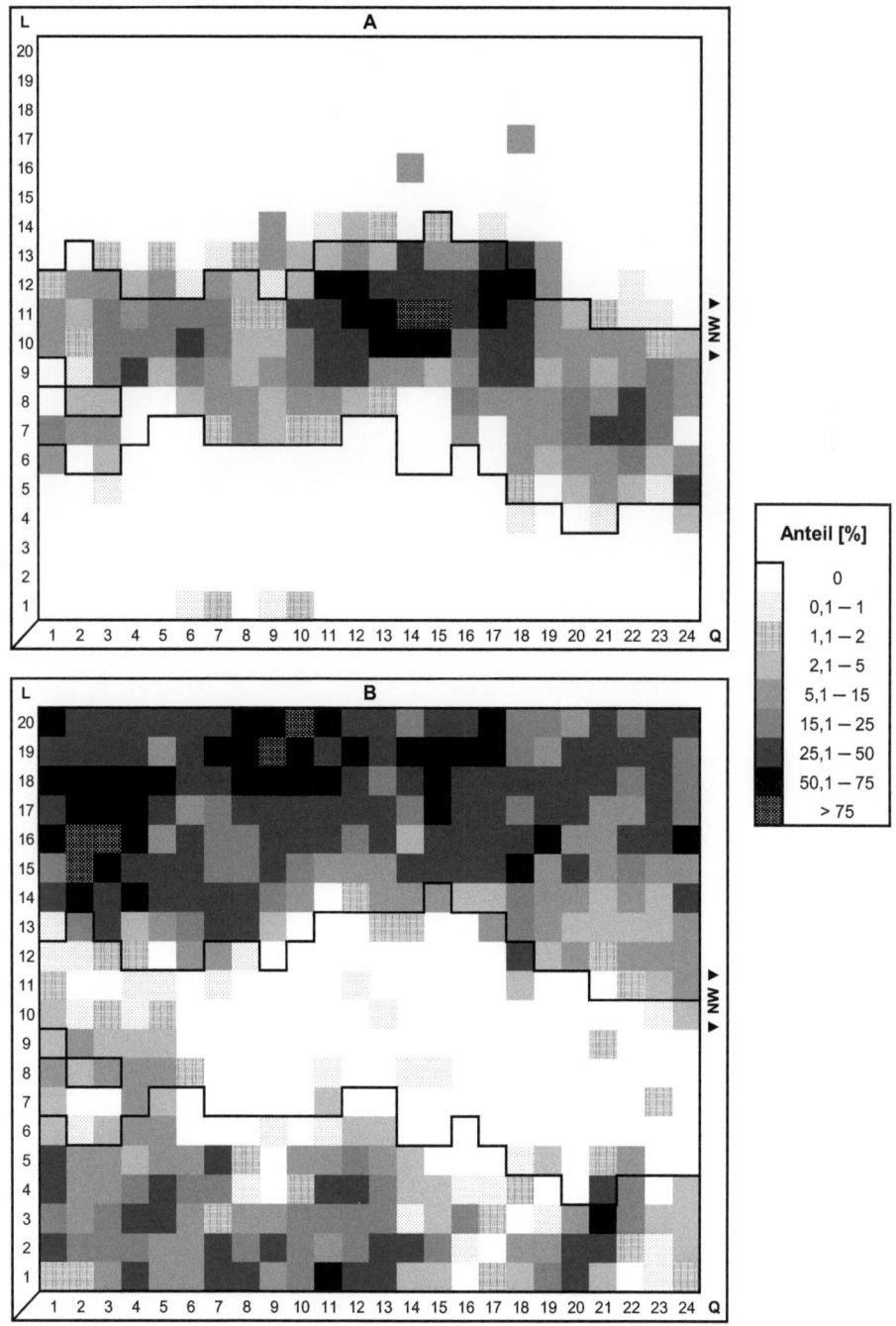

Abb. 20: Positive (A) und negative Mofettenzeiger (B) im Raster der Wiese Hartoušov. Die eingefügte Linie bezeichnet die CO_2-definierte Mofettengrenze.

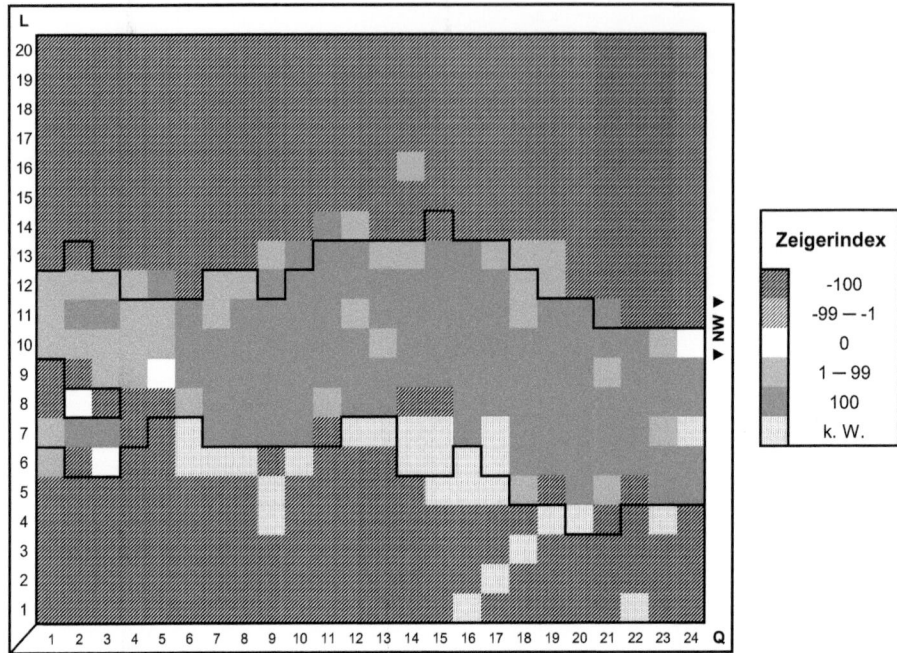

Abb. 21: Zeigerindex im Raster der Wiese Hartoušov. Die eingefügte Linie bezeichnet die CO_2-definierte Mofettengrenze.

Tab. 12 zeigt, dass sich der augenfällige Zusammenhang zwischen den Deckungsanteilen und der CO_2-Konzentration auch statistisch verifizieren lässt. So treten in allen Fällen höchst signifikante Korrelationen auf, die bei den negativen Mofettenzeigern stets weniger stringent sind als bei den positiven. Bei der mofettophoben Gruppe dürften sich die ausgeprägten Verbreitungslücken im Nordosten der Wiese bemerkbar machen. Anders als bei den Transektaufnahmen (s. Kap. 3.2.1.1) nimmt der Korrelationskoeffizient tendenziell mit der Tiefe der Bodengasmessung ab. Die zurückgehende Bindungsstärke entspricht den Erwartungen, da sich der Messort des Bodengases sukzessive aus dem Hauptwurzelraum entfernt (s. ELLENBERG 1952; RICHTER 1986). Im Vergleich mit den Transektaufnahmen erreichen die Flächenwerte eine ähnliche Stringenz wie die am besten korrelierten Transekten WiQ4 und WiQ5 (s. Tab. 10).

Fazit

Auf die Stärken und Schwächen der Wiese wurde bereits in Kap. 3.2.1.1 eingegangen. Die Vorzüge der Flächenaufnahme liegen neben den generell erweiterten Darstellungsmöglichkeiten und der flächigen Abgrenzbarkeit der Mofettenzone in den engeren Korrelationen, die sich zwischen der CO_2-Konzentration und den Anteilen der Phytoindikatoren ergeben. Einen gewissen Nachteil bildet das recht grobe Raster als Konsequenz der flächendeckenden Kartierung eines derart großen Areals.

3.2.2 Birnenmofette

Die quadratweise berechneten Mittelwerte der CO_2-Konzentration vom März 2008 sind in Abb. 22 A bis D dargestellt. In 10 cm Bodentiefe zeigt sich ein kompakter Mofettenbereich, der die Mitte und den gesamten Nordosten der Fläche umfasst. Bei vergleichsweise moderaten Konzentrationen von maximal 28,3 % (Einzelwerte: 58,3 %) zeichnen sich zwei Ausgasungsschwerpunkte im Zentrum und im äußersten Nordosten ab, von denen die Zentralmofette der Hauptvent ist. Mit zunehmender Messtiefe kommt es zu einer Vereinigung der Hauptausgasungsbereiche bei gleichzeitiger Ausweitung der gesamten Mofettenzone. So sind in 10 cm Tiefe 138 Quadrate (63,9 %) mit einer CO_2-Konzentration unter 2,1 % vorhanden, während dies in 60 cm Tiefe nur noch auf 62 (28,7 %) zutrifft. Ab 40 cm Bodentiefe kommt ein weiterer Ausgasungsschwerpunkt im Nordwesten hinzu. Die Maximalkonzentration von 100 % tritt auf einem Quadrat erstmalig in 60 cm Tiefe auf, als Einzelmesswert dagegen ab 20 cm Bodentiefe.

Im Oktober 2008 zeichnete die BGR (2009) in der Region ein Schwarmbeben auf, das am 10. des Monats mit einer Magnitude von 4,1 sein Maximum erreichte. Nach BRÄUER et al. (2009) handelte es sich um das heftigste Ereignis seit 1985/86. Da stärkere Schwarmbeben i. d. R. mit einem (vorübergehenden) Anstieg der Ausgasungsaktivität verbunden sind (HILL & PREJAN 2005; HEINICKE et al. 2006), bot sich die einmalige Möglichkeit einer vergleichenden CO_2-Studie. Aus diesem Grund erfolgte im März 2009 eine exakte Wiederholung der Gasmessungen von 2008.

Abb. 22 E bis H dokumentiert die CO_2-Konzentrationen der Aufnahmequadrate nach dem Ereignis. Ergänzend werden in Abb. 23 die relativen Veränderungen der CO_2-Konzentration dargestellt. Klimatische Einflüsse können weitgehend ausgeschlossen werden, da jahreszeitliche Effekte durch die Terminierung der Aufnahmen vermieden wurden und die Bodenfeuchte in dieser gut drainierten Mofette vergleichsweise geringen witterungsbedingten Schwankungen unterliegen dürfte.

Abb. 23 zeigt, dass nach dem Schwarmbeben in allen Bodentiefen tendenziell höhere CO_2-Konzentrationen auftreten. Dies schließt freilich nicht aus, dass sich eine mit der Tiefe abnehmende Anzahl von Teilflächen invers verhält. Die statistische Überprüfung des Sachverhaltes wurde mit Hilfe des Wilcoxon-Tests durchgeführt, da eine Bindung der zu vergleichenden Größen nicht nur wahrscheinlich war, sondern via Korrelationsanalyse bestätigt werden konnte. Der Test lieferte für 40 und 60 cm Tiefe höchst signifikante Unterschiede. Bei den Tiefenstufen 10 und 20 cm ist der Konzentrationsanstieg hingegen nicht signifikant. Neben den Veränderungen in der Gesamtaktivität zeigt sich ein weiterer Effekt: Nach dem Beben konzentriert sich die CO_2-Emission noch stärker auf die beiden Hauptausgasungsstellen.

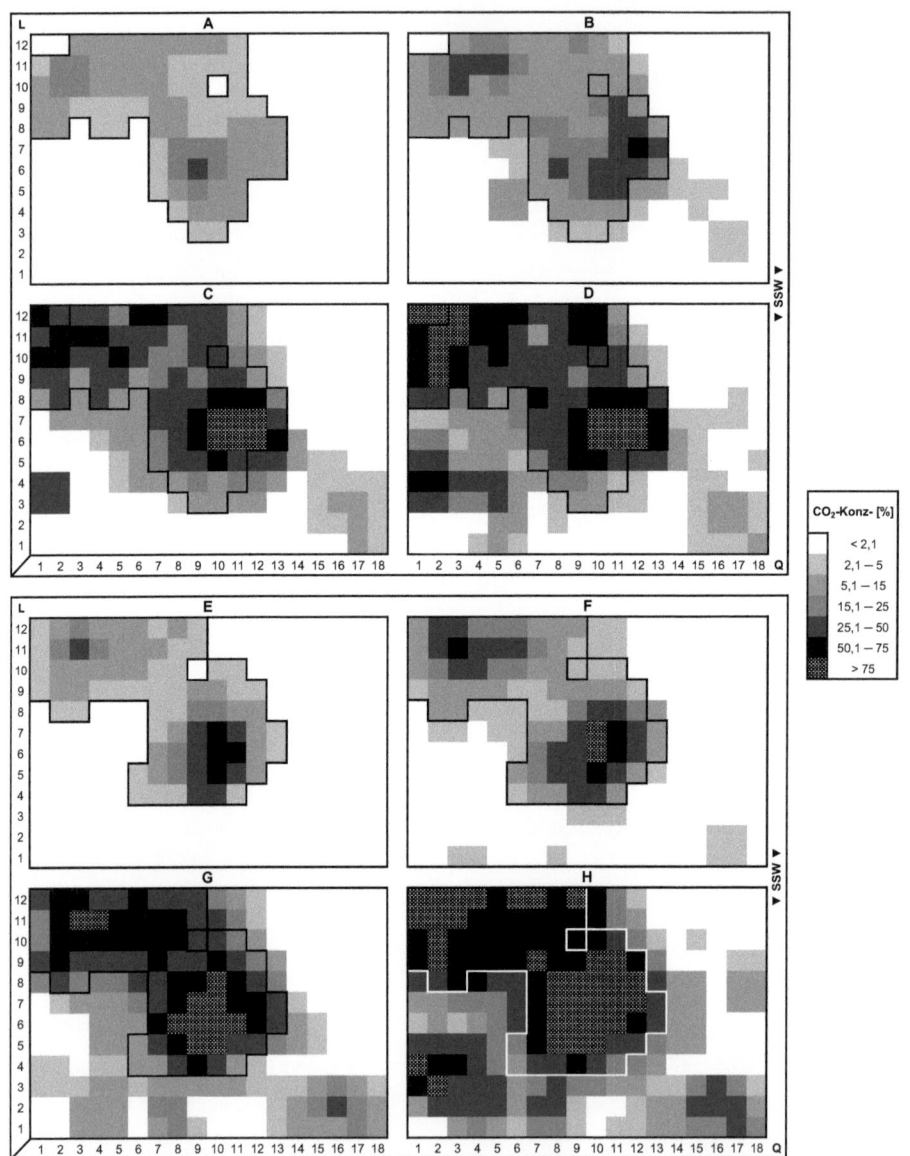

<u>Abb. 22:</u> CO_2-Konzentration 2008 (A – D) und 2009 (E – H) in 10 (A, E), 20 (B, F), 40 (C, G) und 60 cm Tiefe (D, H) im Raster der Birnenmofette. Die eingefügte Linie bezeichnet die CO_2-definierte Mofettengrenze.

Die statistisch relevanten Unterschiede sprechen für einen Effekt des Schwarmbebens auf die Ausgasungsverhältnisse in der Birnenmofette. Die Beobachtungen decken sich mit den Ergebnissen von KÄMPF et al. (unveröff.), die zu Beginn des Jahres 2009 den gesamten Mofettenkomplex im Raster von 5 x 5 bzw. 10 x 10 m gasmesstechnisch untersucht haben und eine generelle Zunahme der CO_2-Konzentration feststellen konnten.

Die Zunahme der Konzentrationsdifferenz mit der Bodentiefe kann auf verschiedene Faktoren zurückgeführt werden: Mit dem Anstieg der Bodenkonzentration, aber auch durch sich verstärkende Gasflüsse, vergrößert sich zwangsläufig der Gradient zwischen der CO_2-reichen Bodenluft und der CO_2-armen Außenluft (s. Kap. 1.2.3). An der Bodenoberfläche, wo die Austauschrate am größten ist, könnte ein ausgeprägterer Gradient den Verdünnungseffekt überproportional verstärken. Als Konsequenz würde in den obersten Bodenschichten ein großer Teil der zusätzlichen Gasmenge entweichen, während sich letztere in der Tiefe in einer messbaren Konzentrationserhöhung manifestieren könnte. Ein Beleg für den nach unten abnehmenden Gasaustausch ist das fast schon gesetzmäßige tiefenabhängige Moment des Konzentrationsanstieges, das an nahezu allen Mofetten-Messpunkten festgestellt wurde (s. Kap. 3.1.1).

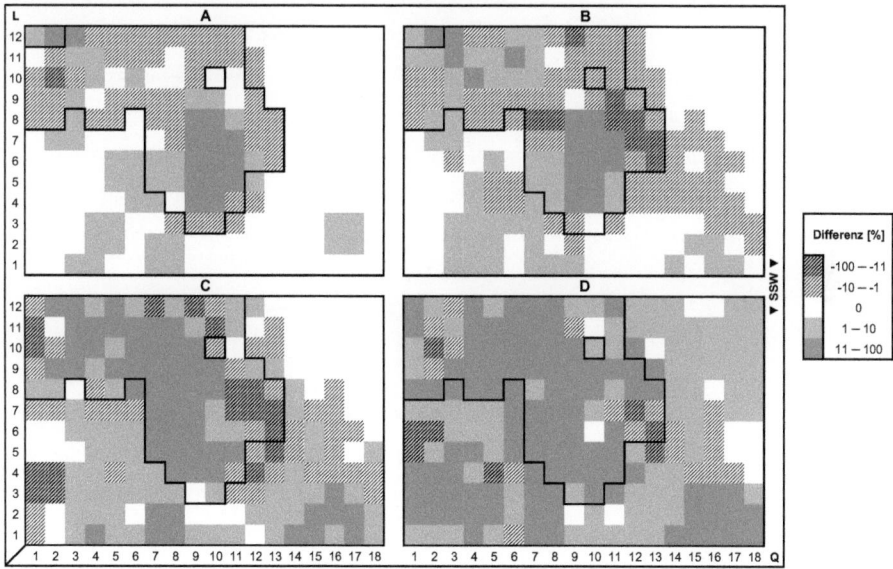

Abb. 23: Veränderung der CO_2-Konzentration in 10 (A), 20 (B), 40 (C) und 60 cm Tiefe (D) im Raster der Birnenmofette. Die eingefügte Linie bezeichnet die CO_2-definierte Mofettengrenze von 2008.

Ein unerwünschter Nebenfaktor könnten aus der Forschungsaktivität resultierende anthropogene Störungen sein (vgl. Kap. 3.2.1.1), welche sich in Oberflächennähe am stärksten auf den Gasfluss auswirken dürften. Nach DIETZ et al. (1984) sind Verdichtungseffekte, die hier eine Folge des Betretens wären, in den oberen 20 cm am intensivsten. Darunter verteilt sich die verbleibende Spannung von etwa 50 % auf eine größere Fläche, wodurch sie in ihrer Wirkung abnimmt. Eine Verdichtung des Bodens ist vor allem mit dem Verlust von Grobporen verbunden, was zu einem verminderten Gasaustausch führt (s. Kap. 1.2.2). Die zur Bodenentnahme durchgeführten Handbohrungen reichen gut 30 cm tief (s. Kap. 2.4). Sie sollten sich noch nachhaltiger auswirken als die etwa 60 cm tiefen Penetrationskanäle der Gasmessungen (s. Kap. 2.3), da ihr Durchmesser größer ist und der Bohrkern dauerhaft entfernt wird. So könnte eine schnelle „Heilung" verhindert werden, die bei Gasbohrlöchern z. B. durch Regen, Frostdynamik oder den Aufstieg von Fluiden bewirkt wird (s. VODNIK et al. 2006; HEINECKE et al. 2009). Im Gegensatz zur Verdichtung schafft das Bohren von Löchern neue gaswegige Strukturen. Da diese um mehrere Größenordnungen weiter sind als natürliche Grobporen, könnten sie als lokale Gasdränagen wirken und die an gleicher Stelle durchgeführten Wiederholungsmessungen der CO_2-Konzentration beeinflussen.

Aus den geschilderten Sachverhalten lässt sich schließen, dass die Aussagekraft der CO_2-Messungen in 10 und 20 cm Tiefe durch anthropogene Störungen verringert sein könnte. Das künstlich erhöhte Grundrauschen dürfte die Wahrnehmung geringer Konzentrationsänderungen erschweren. Die beiden Tiefenbereiche, in denen dennoch signifikante Ergebnisse erzielt werden konnten, liegen bezeichenderweise unterhalb der stark beeinträchtigten Zone. Für den Messhorizont in 60 cm Tiefe kann man sogar annehmen, dass der darunter liegende Quellbereich des Gases bodenmechanisch praktisch unbeeinflusst ist. Eine vollständige Abstellung der anthropogenen Störungen wäre mit der Absperrung der Flächen und einem Verzicht auf jegliche Forschung verbunden. Eine Verminderung der Belastungen ließe sich vielleicht durch die geregelte Betretung sensibler Flächen, die Minimierung des Durchmessers von Gasbohrlöchern und den nachträglichen Verschluss von Handbohrkanälen erreichen.

Abb. 24 A zeigt die Bodenfeuchte im Bereich der Birnenmofette. Die Wassergehalte der Quadrate sind bei einer Spanne von 15 bis 34,2 % (Einzelwerte: 10,7 bis 43,3 %) auffallend homogen und spiegeln fast auf allen Teilflächen mäßig frische bis frische Verhältnisse wider. Die recht einheitlichen Bodenwassergehalte sind Ausdruck des weitgehend ebenen Reliefs. Eine Ausnahme bildet der Nordosten des Areals, wo mäßig trockene Bedingungen vorherrschen. Die dort anstehenden skelettreichen Rohböden dürften aufgrund ihrer Materialbeschaffenheit eine stark verminderte Speicherkapazität aufweisen. Hinzu kommt eine spürbare Verdichtung des Oberbodens, die in Verbindung mit der starken Böschungsneigung zum oberflächlichen Abfluss und damit zum Verlust beträchtlicher Anteile des Niederschlagswassers führen könnte. Die Bodenfeuchte zeigt starke, höchst signifikante Korrelationen mit der CO_2-Konzentration, die in Tab. 13 dargestellt werden. Auf den ungewöhnlichen, wenig plausibel erscheinenden Zusammenhang soll in Verbindung mit dem Humusgehalt noch detaillierter eingegangen werden.

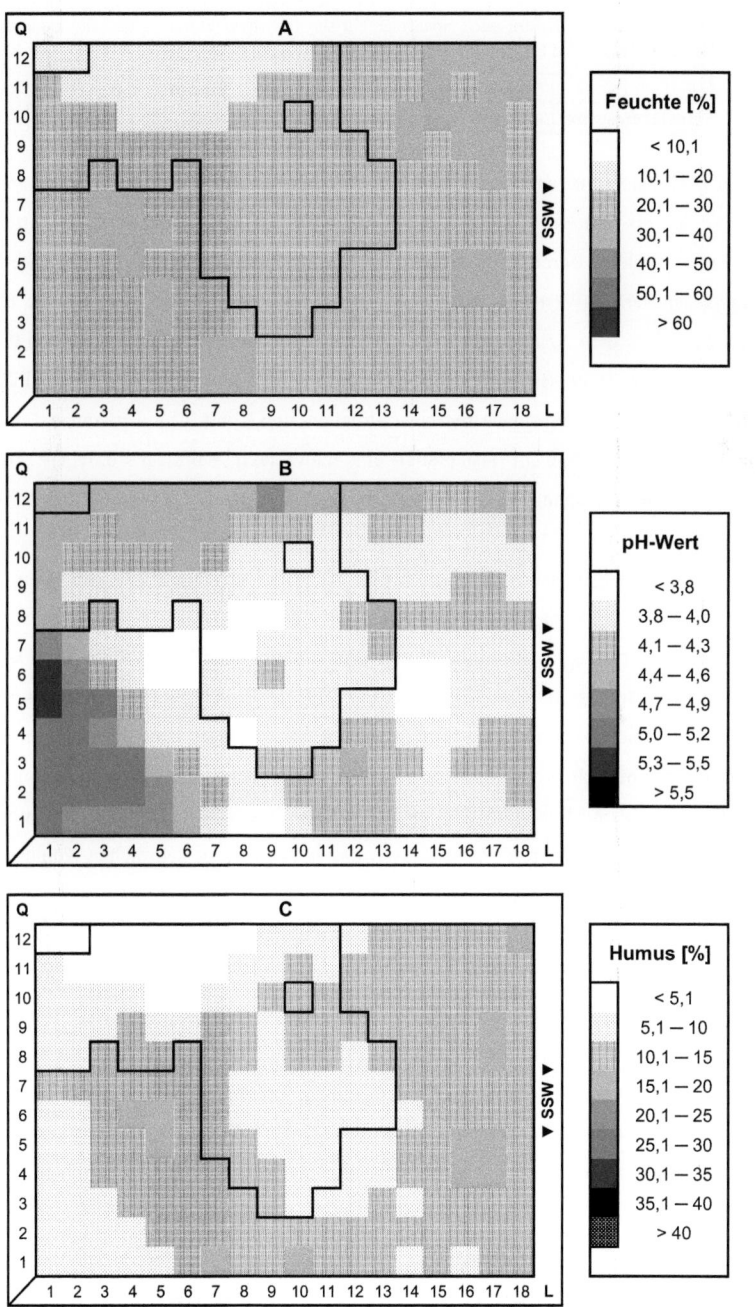

Abb. 24: Bodenfeuchte (A), pH-Wert (B) und Humusgehalt (C) im Raster der Birnenmofette. Die eingefügte Linie bezeichnet die CO_2-definierte Mofettengrenze.

Tab. 13: Rangkorrelationskoeffizient nach Spearman für die CO_2-Konzentration und die Bodenfeuchte im Bereich der Birnenmofette. Alle Beziehungen sind höchst signifikant (***).

	10 cm	20 cm	40 cm	60 cm	n
Bodenfeuchte	-0,65 ***	-0,58 ***	-0,64 ***	-0,64 ***	216

In Abb. 24 B läßt sich eine weite, von 3,7 bis 5,4 reichende Spanne der pH-Mittelwerte erkennen (Einzelwerte: 3,6 bis 6,4), die fast das Ausmaß der Wiese erreicht (s. Kap. 3.2.1). Werte über 4,8 sind allerdings auf kleine Bereiche im Westen und Nordosten beschränkt. Auf dem größten Teil der Fläche herrschen bei pH-Werten zwischen 3,8 und 4,3 sehr stark saure bis stark saure Bodenverhältnisse vor, welche dem Aziditätsniveau des Aluminium-Pufferbereiches entsprechen (SCHEFFER & SCHACHTSCHABEL 1989; BOCHTER 1995). Abgesehen vom äußersten Westen der Fläche lässt Abb. 24 zunächst keine Unterschiede zwischen Mofetten- und Kontrollzone erkennen. Erst die Korrelationsanalyse fördert für 10 cm Gasmesstiefe eine schwache ($r_s = 0,21$; $p < 0,01$; $r = 216$) und für 20 cm eine mäßige Beziehung zwischen dem pH-Wert und der CO_2-Konzentration zutage ($r_s = 0,31$; $p < 0,001$; $n = 216$).

Die gleichmäßig niedrigen pH-Werte dürften eine Folge des von Natur aus kalkfreien, sandigen Bodensubstrates und einstmals stark erhöhter H_2SO_4-Immissionen sein (s. Kap. 2.1.4). Nach BOCHTER (1995) gehen ursprünglich im Silikat-Pufferbereich befindliche Böden schon nach kurzer Zeit zur Aluminium-Pufferung über, wenn sie starken, anthropogenen Protoneneinträgen ausgesetzt sind. In der Birnenmofette könnte eine Konkurrenzsituation zwischen atmogener und mofettogener Bodenversauerung herrschen. Die stark saure Kontrollzone zeigt, dass ein niedriges pH-Niveau offensichtlich auch ohne Mofetteneinfluss entstehen kann. In der Mofettenzone könnten im Boden vorhandene starke Mineralsäuren (z. B. H_2SO_4) das Entstehen der schwachen Kohlensäure von vorne herein verhindern. (vgl. Kap. 1.2.4).

Der weniger stark versauerte Bodenbereich im Nordosten dürfte von der nachschaffenden Kraft des Rohbodens am alten Teichrand profitieren. Die noch prägnantere Zone im Westen fällt in den ehemaligen Einzugsbereich eines heute kanalisierten Baches. Es ist zu vermuten dass das etwas tiefer gelegene Areal bis in die 1990er Jahre unter Grundwassereinfluss stand, was aufgrund des kapillaren Aufstiegs und der damit verbundenen Nachlieferung von Basen den Fortschritt der Bodenversauerung verlangsamt hat. Der Tonmineralreichtum der fluvialen Ablagerungen könnte sich bis heute bemerkbar machen, da er dem Boden eine erhöhte Kapazität im Austauscherpufferbereich verleiht (SCHEFFER & SCHACHTSCHABEL 1989). Nicht zu vernachlässigen ist die nahe gelegene Ackerfäche, von der in regelmäßigen Abständen Dünger und aufgekalkter Bodenstaub eingetragen werden dürften.

Beim Vergleich von Abb. 24 A und C zeichnet sich schon optisch ein deutlicher Zusammenhang zwischen Bodenfeuchte und Humusgehalt ab. Er äußert sich in einer höchst signifikanten Beziehung, die durch einen Rangkorrelationskoeffizienten nach Spearman von 0,88 gekennzeichnet ist (p < 0,001; n = 216). Der enge Zusammenhang lässt ähnliche Abhängigkeitsverhältnisse vermuten, wie sie auf der Wiese gefunden wurden (s. Kap. 3.2.1) und in der Literatur vielfach belegt sind (z. B. SCHEFFER & SCHACHTSCHABEL 1989; WARNCKE-GRÜTTNER 1990; BALDOCK & NELSON 2000). Zur Überprüfung des Sachverhaltes wurde eine lineare Regressionsanalyse durchgeführt, deren Resultate in Abb. 25 dargestellt sind.

Die vergleichsweise niedrigen Bodenwassergehalte im Bereich der Birnenmofette äußern sich in moderaten Humusanteilen, welche nur selten die 15 %-Marke überschreiten. Der quadratbezogene Maximalwert liegt bei 16,9 % (Einzelwert: 27,6 %). In den spärlich bewachsenen Rohbodenpartien im Nordosten sinkt der Teilflächen-Mittelwert bis auf 3,2 ab (Einzelwert: 2,3 %), was etwa den Humusgehalten in den unbewachsenen Bereichen der Wiese entspricht.

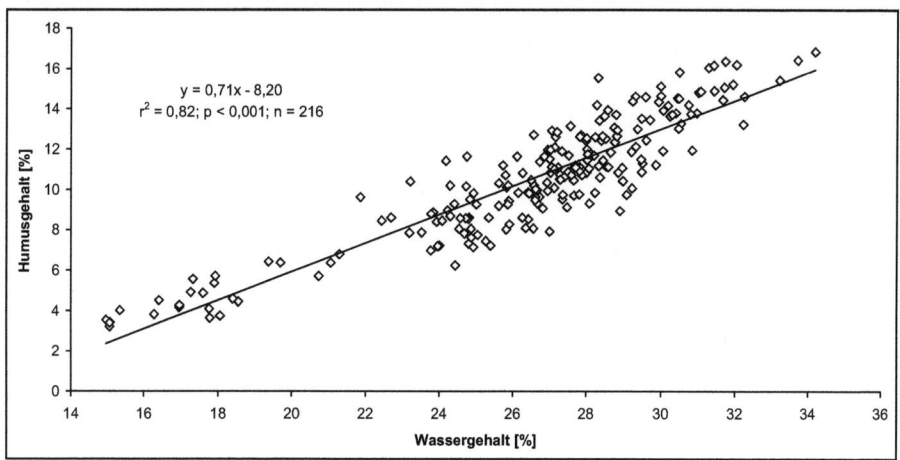

Abb. 25: Humus- und Bodenwassergehalt im Bereich der Birnenmofette.

Laut Tab. 14 zeigt die CO_2-Konzentration starke bis mäßige negative Korrelationen mit dem Humusgehalt, wogegen sich auf der Wiese eine schwache positive Beziehung abzeichnet (s. Kap. 3.2.1). Bei genauer Betrachtung wird deutlich, dass es sich bei den Beziehungen zwischen CO_2 und Humus um Scheinkorrelationen handelt, welche Parallelwirkungen einer externen Einflussgröße darstellen (vgl. LORENZ 1996). Angesichts der insgesamt nur geringen Wertespanne scheint dem CO_2-beeinflussten, humusarmen Rohbodenstreifen im Nordosten eine Schlüsselrolle zuzukommen. Bei einer echten Kausalbeziehung wären die geringen Humusgehalte dieses Bereiches eine mittelbare Folge des Mofettengases (etwa aufgrund einer Hemmung des Pflanzenwachstums). In diesem Fall müssten sich im stärker ausgasenden Zentrum der Mofette allerdings noch erheblich niedrigere Humusanteile finden, was eindeutig nicht der Fall ist.

Die Suche nach einer übergreifenden externen Einflussgröße führte zu dem ausgetrockneten Teich, dessen Aushub schon viele Jahrzehnte zurückliegen dürfte. Bei der Umgestaltung des Oberflächenreliefs kam es offensichtlich zur Freilegung des humusarmen C-Horizontes. Wenn man davon ausgeht, dass es bei der Absenkung der Oberfläche gleichzeitig zu einem Vorstoß in tiefere und daher CO_2-reichere Bodenschichten kam (vgl. Kap. 3.1.1), dann erweist sich der anthropogene Eingriff als das gesuchte Bindeglied.

Die Hypothese ist weiterhin geeignet, die in Tab. 13 dargestellte Scheinbeziehung zwischen CO_2-Konzentration und Bodenfeuchte zu erklären. Ist doch diese Scheinkorrelation fast ein Spiegelbild der oben dargestellten Beziehungen des Humusgehaltes. Hinter dem auffälligen Gleichklang dürfte sich letztlich die (reale) Abhängigkeit des Organikanteils von der Bodenfeuchte verbergen (s. Abb. 25). Ein echter Kausalzusammenhanges zwischen der CO_2-Konzentration und dem Wassergehalt ist indessen noch unwahrscheinlicher als beim Humusgehalt: Während man eine negative Beziehung zwischen Bodengas und Humusgehalt vielleicht durch eine CO_2-bedingte Hemmung der Biomasseproduktion erklären könnte (vgl. Kap. 2.1.5), ist die Annahme einer messbaren Beeinflussung des Wasserhaushaltes durch trockene CO_2-Ausgasungen nicht logisch zu begründen und steht außerdem im Widerspruch zu den Erkenntnissen von VODNIK et al. (2009).

Tab. 14: Rangkorrelationskoeffizient nach Spearman für die CO_2-Konzentration und den Humusgehalt im Bereich der Birnenmofette. Alle Beziehungen sind höchst signifikant (***).

	10 cm	20 cm	40 cm	60 cm	n
Humusgehalt	-0,60 ***	-0,50 ***	-0,63 ***	-0,66 ***	216

In Abb. 26 wird die Verteilung der Indikatorarten dargestellt, die sich recht gut mit der gasmesstechnisch ermittelten Mofettengrenze deckt. Der Zeigerindex liefert für 187 Quadrate (86,6 %) ein zutreffendes Ergebnis. Von den 29 unzutreffend indizierten Teilflächen tragen 20 einen positiven Wert. Sie sind mehrheitlich südlich bis südwestlich des umgrenzten Bereichs lokalisiert, wo die Mofettenzeiger weit in die Kontrollzone vorstoßen. Letztere fehlen einigen Teilflächen im Norden der Mofettenzone, die von *Deschampsia cespitosa* beherrscht werden. (s. Abb. 57). Hier finden sich fünf von sechs Quadraten der Mofettenzone, die einen negativen Indexwert aufweisen. Es ergeben sich deutliche Parallelen zur Wiese, die im Nordosten ihres Mofettenbereiches ähnliche Strukturen mit noch größerer Dominanz der Rasen-Schmiele aufweist. Die Bindung der negativen Mofettenzeiger an die Kontrollzone ist in der Birnenmofette noch stärker als auf der Wiese. Es fällt weiterhin auf, dass der von positiven Mofettenzeigern besiedelte Kontrollbereich im Süden kaum negative Mofettenindikatoren beherbergt.

Wie auf der Wiese bilden die Mofettenvagen auch im Bereich der Birnenmofette die deckungsgradstärkste Gruppe, wenngleich sie in der Mofettenzone allenfalls auf einzelnen Teilflächen zur Herrschaft gelangen können. Typische Wiesenpflanzen sind hier recht selten. Eine Ausnahme bilden die ruderalisierten Kontrollbereiche im Nordosten, welche von *Alopecurus pratensis* beherrscht werden. Allerdings wird der Wiesen-Fuchsschwanz hier kaum von *Molinio-Arrhenatheretalia*-Arten begleitet, sondern hauptsächlich von Nitrophyten wie *Urtica dioica* und *Galium aparine*. Die in Abb. 26 erkennbaren Zusammenhänge werden in Tab. 15 auf ihre statistische Haltbarkeit überprüft. Die dort dargestellten Beziehungen fallen im Vergleich zur Flächenaufnahme der Wiese noch etwas enger aus (s. Kap. 3.2.1.2). Die CO_2-Korrelationen beider Zeigergruppen ergeben bei annähernd gleicher Stringenz eine Abnahme des Koeffizienten mit der Gasmesstiefe. Diese ist vermutlich der Tatsache geschuldet, dass die Durchwurzelungsdichte mit der Tiefe stark abnimmt (ELLENBERG 1952; RICHTER 1986), wodurch das Bodengas sukzessive an Wirksamkeit verliert. Die Frage, ob die in der Tiefe immer noch stringenten Korrelationen in erster Linie auf Abhängigkeiten zwischen den CO_2-Werten der Messpunkte zurückzuführen sind (s. Kap. 3.1.1) oder mit dem tiefreichenden Wurzelwerk vieler Grünlandpflanzen in Verbindung stehen (s. Kap. 3.5), harrt abschließender Klärung.

Das bestandesbildende Vorkommen positiver Mofettenzeiger im Südwesten der Kontrollzone könnte mit der Verlagerung des Ausgasungsgeschehens erklärt werden (s. HEINECKE et al. 2006). Ein Teil des Mofettenbereiches wäre in diesem Falle ein Bestandteil der heutigen Kontrollzone geworden, was die träge reagierende Vegetation aber bislang noch nicht anzuzeigen vermochte. In dieser Beziehung ergeben sich deutliche Parallelen zu der südlich gelegenen Moosmofette (s. THOMALLA 2009), mit dem Unterschied, dass die Ausdehnung der „falschen" Mofettenzone dort die der „echten" deutlich übertrifft. Andererseits ist der erwähnte Bereich der Birnenmofette im Gegensatz zu den vergleichbaren Zonen der Moosmofette ab 20 cm Tiefe schwach CO_2-führend (s. Abb. 22), was noch eine andere Erklärung für die Anwesenheit der positiven und die Abwesenheit der negativen Mofettenzeiger zulässt: Da diese Bodentiefe selbst von flach wurzelnden Arten noch erreicht wird (vgl. KUTSCHERA et al. 1982, 1992) ist es nicht unwahrscheinlich, dass CO_2-tolerante Arten daraus Konkurrenzvorteile ziehen könnten. Eine Bestätigung findet diese Theorie in der Borstgrasmofette Nord, wo eine in der Tiefe CO_2-führende Kontrollzone auffällig arm an negativen Mofettenzeigern ist (s. Kap. 3.2.3.1). Die möglichen Wirkungsmechanismen des „Tiefengases" sollten Inhalt zukünftiger anatomisch-physiologischer Studien sein.

Tab. 15: Rangkorrelationskoeffizient nach Spearman für die CO_2-Konzentration und die Anteile der Mofettenzeiger im Bereich der Birnenmofette. Alle Beziehungen sind höchst signifikant (***).

	10 cm	20 cm	40 cm	60 cm	n
Pos. Zeiger	0,82 ***	0,77 ***	0,75 ***	0,63 ***	216
Neg. Zeiger	-0,85 ***	-0,81 ***	-0,80 ***	-0,69 ***	216

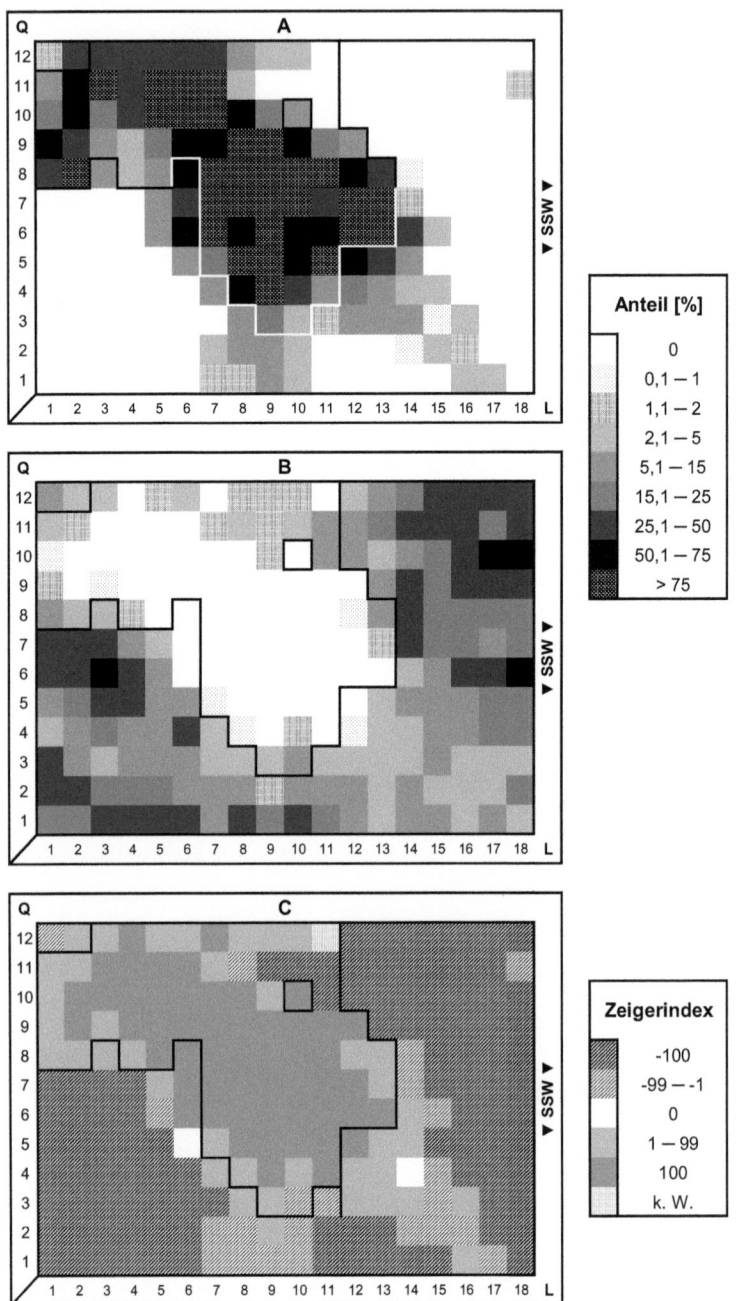

Abb. 26: Positive (A) und negative Mofettenzeiger (B) sowie der Zeigerindex (C) im Raster der Birnenmofette. Die eingefügte Linie bezeichnet die CO_2-definierte Mofettengrenze.

Fazit

Die Birnenmofette ist das Musterbeispiel einer mittelgroßen, vergleichsweise bodentrockenen Mofette in der Hangzone. Mit dem *Calluna*-Typ (s. Kap. 3.3.3) steuert sie einen eigenen Mofettentyp zur synoptischen Tabelle bei (s. Tab. 27). Vorteilhaft sind weiterhin die hohe Kongruenz zwischen Bodengasverteilung und Vegetationszonierung sowie die in dieser Mofette nachweisbaren Schwarmbebeneffekte. Dagegen müssen die Beziehungen zwischen der CO_2-Konzentration und den sonstigen Bodenparametern vor allen als Effekte anthropogener Eingriffe in das Oberflächenrelief gewertet werden, was ihre Aussagekraft relativiert und Vergleiche mit anderen Mofetten erschwert.

3.2.3 Borstgrasmofette

Innerhalb des vielschichtigen Mofettenfeldes der Borstgrasmofette wurden vier Teilstrukturen untersucht, die nördliche Fläche von 3 x 50 m Größe, die südliche Fläche von 5 x 16 m Größe, der nördliche Längstransekt von 40 und der südliche Quertransekt von 26 m Länge (s. Kap. 2.2). Die flächigen Objekte sollen aufgrund ihres größeren Stellenwertes zuerst Erwähnung finden.

3.2.3.1 Fläche Nord

Abb. 27 stellt die CO_2-Konzentration in den üblichen vier Messtiefen dar. Die Fläche enthält zwei unterschiedlich große Ausgasungsbereiche, deren Lage sie in fünf Teilbereiche gliedert:

- Nordöstliche Kontrollzone
- Nordöstliche Mofettenzone
- Mittlere Kontrollzone
- Südöstliche Mofettenzone
- Südöstliche Kontrollzone

Die beiden Mofettenzonen sind in 10 und 20 cm Tiefe durch eine CO_2-arme Kontrollzone getrennt. Sie weisen in Oberflächennähe eine mäßige Ausgasungsaktivität auf: In 10 cm Tiefe beträgt die maximale CO_2-Konzentrationen der Quadrate 27,7 % (Einzelwert: 71,1 %) und in 20 cm Tiefe 48,6 % (Einzelwert: 99,9 %). Ab 40 cm Tiefe schwächt sich die trennende Zone ab, so dass es zu einer Verschmelzung der Mofettenbereiche kommt, die in 60 cm Tiefe fast abgeschlossen ist. Gleichzeitig reduzieren sich die CO_2-armen Bereiche an den Transektenden auf schmale Bänder. Während in 40 cm Tiefe erst sechs Teilflächen die maximale, messtechnisch realisierbare CO_2-Konzentration von 99,9 % erreichen sind es in 60 cm Tiefe bereits 20. Im südwestlichen Ausgasungsbereich bleibt die CO_2-Konzentration stets knapp unter 99 %.

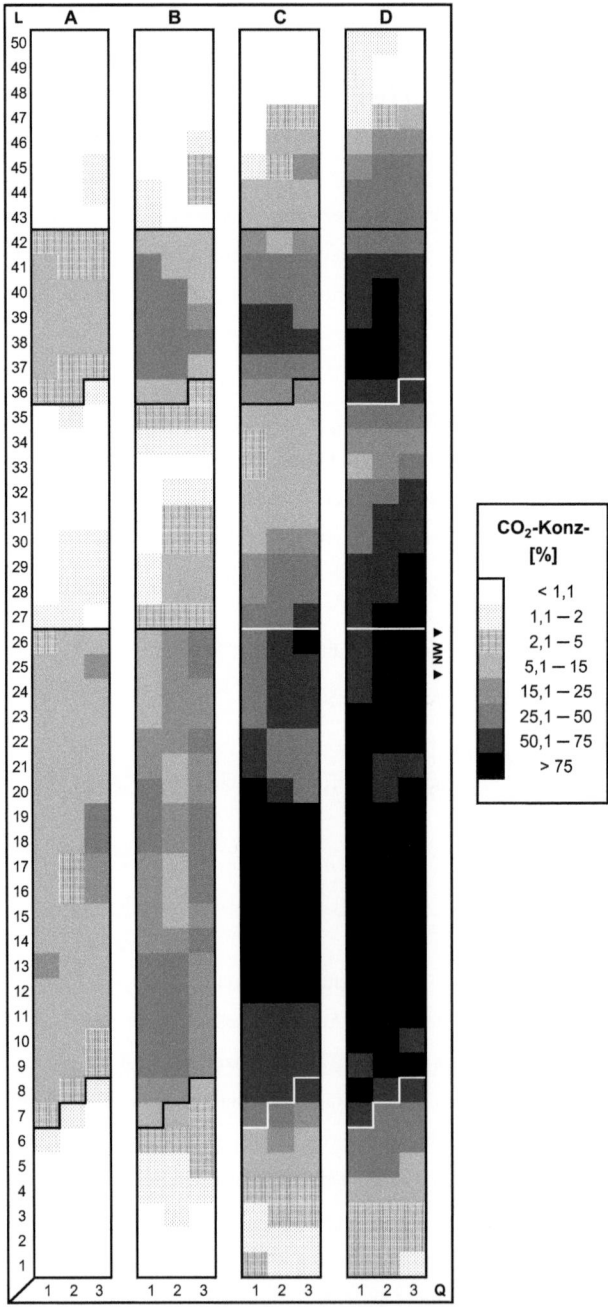

Abb. 27: CO_2-Konzentration in 10 (A), 20 (B), 40 (C) und 60 cm Tiefe (D) im Raster der Borstgrasmofette Nord. Die eingefügte Linie bezeichnet die CO_2-definierte Mofettengrenze.

Durch ihre langstreckte Form kann die nördliche Fläche der Borstgrasmofette auch als Transekt aufgefasst werden, welcher dem ausgeprägten Geländegradienten aufgrund seiner Ausrichtung zum Hang in idealer Weise gerecht wird. Zur Optimierung der Transsektdarstellung wurden die Rasterdaten der Bodenparameter Feuchte, Azidität und Humusgehalt in eine lineare Form gebracht. Die Rasterstruktur der Fläche musste dabei über die laterale Mittelung der drei Parallelgradienten in eine einreihige Struktur gleicher Länge überführt werden. Die flächige Darstellung der Bodenparameter erfolgt in Abb. 28. Alle drei Größen zeigen einen mehr oder weniger deutlichen Werteanstieg im Gradienten.

Die stärkste Variabilität der Bodenparameter weist die Feuchte auf (s. Abb. 28 A), welche auf den Rasterquadraten eine Spanne von 16 bis 63,3 % erreicht (Einzelwerte: 13,5 bis 76,6 %). In dieser Hinsicht übertrifft die nördliche Fläche der Borstgrasmofette alle anderen Untersuchungsobjekte. Die Zunahme der quadratbezogenen Werte im Transektverlauf äußert sich in einer besonders starken Korrelation mit dem Geländegradienten (r_s = 0,92; p < 0,001; n = 150). Der Werteanstieg lässt sich vor allem mit der Längsausrichtung der Aufnahmefläche im Gefälle des Hanges erklären. Im Allgemeinen nimmt die Bodenfeuchte im geneigten Gelände von oben nach unten zu, wofür der „Wasserabfluss oben", der „Wasserzufluss unten" und die „Zunahme der Verdunstung in den oberen Hangpartien" verantwortlich gemacht werden können (WITTMANN 1969). Hinzu kommen hydrologische Unterschiede, die aus dem Übergang von den sandig-schluffigen Böden der Talflanke zu den tonigen Lehmböden des Talgrundes resultieren (s. Kap. 2.1.4).

Es fällt auf, dass die höchsten Wassergehalte unabhängig vom Geländerelief in der südwestlichen Mofettenzone auftreten. Gleichzeitig wird sichtbar, dass diese Maxima mit einer auf den Ausgasungsbereich begrenzten Torfauflage einhergehen. Sie lassen sich mit dem großen Porenvolumen der unter Mofetteneinfluss gebildeten Wollgrastorfe in Verbindung mit deren geringer Dichte erklären (vgl. Kap. 2.4.1). Da diese substratabhängigen Parameter im Gelände nicht direkt wahrnehmbar sind, ergibt sich eine Diskrepanz zwischen den Messwerten und dem realen Feuchteeindruck. So standen die Kontrollbereiche beiderseits der Mofettenzone zum Zeitpunkt der Aufnahme unter Wasser, während dies im Ausgasungsbereich nicht der Fall war.

Abb. 29 stellt das Resultat einer linearen Regressionsanalyse für die Bodenfeuchte und den Geländegradienten dar. Es ergibt sich eine sehr stringente, positive Beziehung auf höchstem Signifikanzniveau. In dieser Darstellung ist der kontinuierliche Werteanstieg bis zum Ende der mittleren Kontrollzone besonders gut zu erkennen. In Verbindung mit einem deutlichen Wertesprung folgt die südwestliche Mofettenzone mit ihrer Torfauflage. Der anschließende Abfall der Wertekurve führt auf das Niveau der mittleren Kontrollzone hinab. Die dem Talboden fast fehlende Reliefenergie äußert sich offensichtlich in einem Ausklingen des Werteanstiegs.

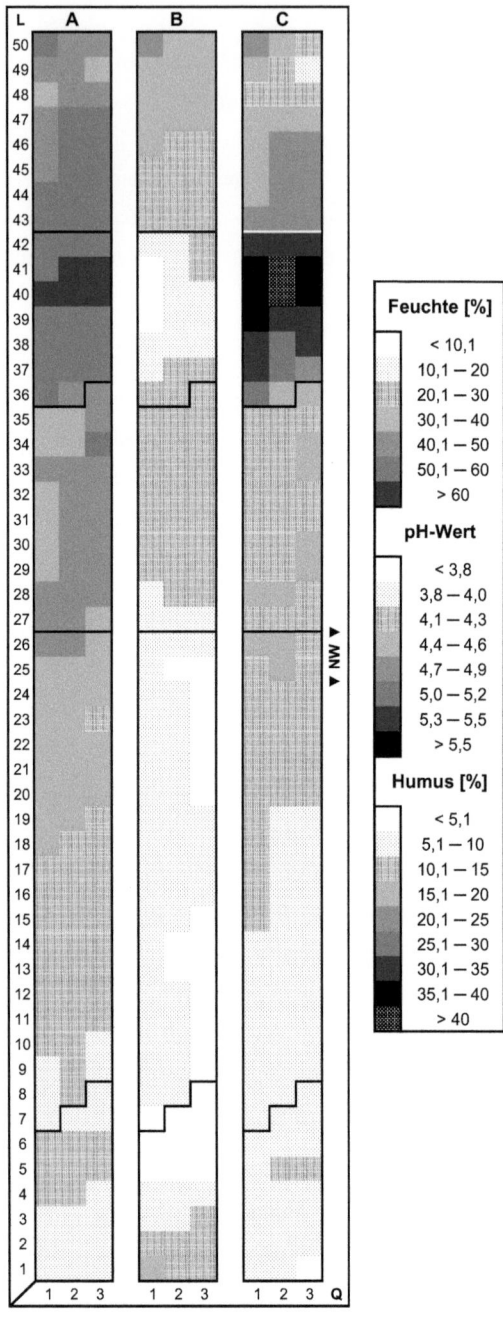

Abb. 28: Bodenfeuchte (A), pH-Wert (B) und Humusgehalt (C) im Raster der Borstgrasmofette Nord. Die eingefügte Linie bezeichnet die CO_2-definierte Mofettengrenze.

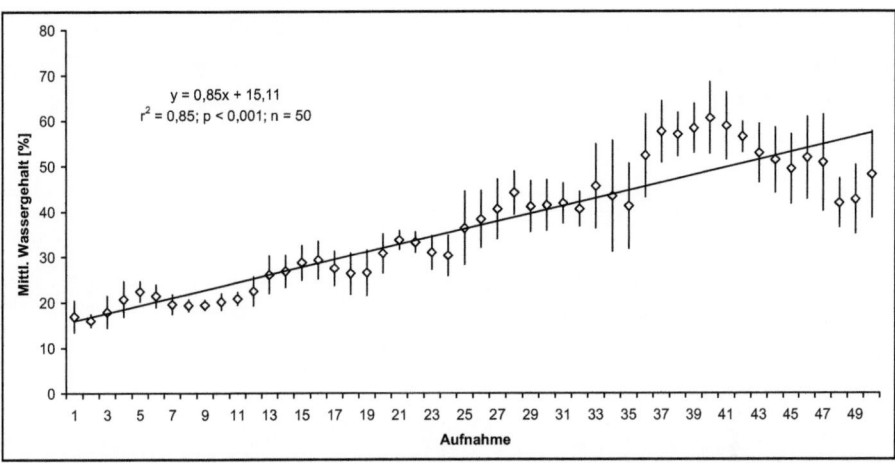

Abb. 29: Mittlerer Wassergehalt im Geländegradienten der Borstgrasmofette Nord. Angegeben ist die Standardabweichung.

Bei der Bodenazidität (s. Abb. 28 B) reichen die quadratbezogenen Werte von pH 3,6 bis 4,7 (Einzelwerte: 3,5 bis 4,8), was etwa den Verhältnissen, in den stärker versauerten Bereichen der Birnenmofette entspricht (s. Kap. 3.2.2). In Tab. 16 werden pH-Wert und CO_2-Konzentration miteinander korreliert. Für alle untersuchten Bodentiefen ergeben sich starke, höchst signifikante Korrelationen, die ein negatives Vorzeichen tragen. Der Korrelationskoeffizient unterscheidet sich bei den drei oberen CO_2-Messtiefen kaum; erst in 60 cm Tiefe lässt sich eine Abschwächung des Zusammenhanges konstatieren. Die guten Ergebnisse können als das Resultat sorgfältiger Vorarbeiten gewertet werden. Nach den auf der Wiese gesammelten Erfahrungen (s. Kap. 3.2.1) wurden deutliche Gradienten ausgewählt, bei denen die Anzahl sonstiger Einflussgrößen von vorne herein auf ein Minimum beschränkt war.

Tab. 16: Rangkorrelationskoeffizient nach Spearman für die CO_2-Konzentration und den pH-Wert im Bereich der Borstgrasmofette Nord. Alle Beziehungen sind höchst signifikant (***).

	10 cm	20 cm	40 cm	60 cm	n
Fläche	-0,70 ***	-0,72 ***	-0,69 ***	-0,63 ***	150
Transekt	-0,68 ***	-0,65 ***	-0,66 ***	-0,61 ***	50

Abb. 30 zeigt die Verläufe der CO_2- und pH-Kurven für die aggregierte Transektdarstellung. In der nordöstlichen Kontrollzone (insbesondere Teilflächen 1 bis 5) erkennt man einen deutlichen Abfall der pH-Kurve, der unabhängig von der oberflächennahen CO_2-Konzentration erfolgt. Im weiteren Verlauf korrespondieren die pH-Werte dann deutlich mit der CO_2-Konzentration. Dadurch weisen die beiden Mofettenzonen erheblich niedrigere pH-Werte auf als die mittlere und südwestliche Kontrollzone. Entsprechend der in Tab. 16 beschriebenen Korrelation zeichnet sich insgesamt ein schwacher Werteanstieg ab. Das Kurvenminimum von pH 3,6 weist Teilfläche 6 auf, das Maximum von pH 4,6 findet sich unmittelbar am Transektende. Auch der pH-Wert weist eine starke Korrelation mit dem Geländegradienten auf, die allerdings weniger eng ausfällt als bei den beiden anderen Größen ($r_s = 0,57$; $p < 0,001$; $n = 150$).

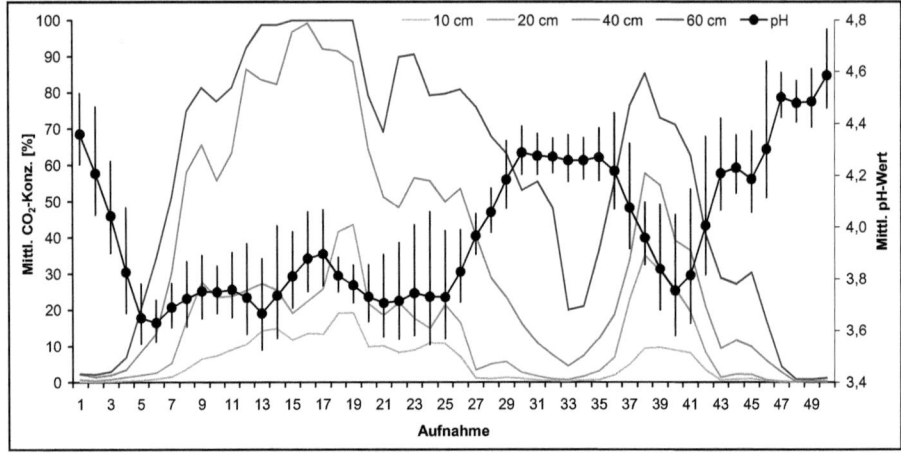

Abb. 30: Mittlere CO_2-Konzentration und pH-Wert im Geländegradienten der Borstgrasmofette Nord. Die Standardabweichung wird aus Gründen der Übersichtlichkeit nur für den pH-Wert angegeben.

Das pH-Niveau der Teilflächen am Transektbeginn dürfte durch bewirtschaftungsbedingte Düngereinträge künstlich erhöht sein, sie gleichen den Werten in der Mofettenzone der Wiese (s. Abb. 17). Der anschließende, deutliche Kurvenabfall lässt sich mit dem Nachlassen der Immissionen in zunehmendem Abstand von der landwirtschaftlichen Nutzfläche erklären. Beim ansteigenden Gesamttrend scheint sich dagegen der unterschiedliche Chemismus der Böden am Hang und im Talgrund zu manifestieren (s. Kap. 2.1.4). Dieser bewirkt, dass die Werte in der nordöstlichen Mofettenzone stets niedriger sind als in der südwestlichen, gleiches gilt sinngemäß für die mittlere und die südwestliche Kontrollzone. Hinzu kommt, dass die besonders sauren Mofettenbereiche der ersten Transekthälfte flächenmäßig bedeutsamer sind als die weniger sauren der zweiten.

Wie schon beim Wassergehalt weist der Flächentransekt auch beim Humusgehalt (s. Abb. 28 C) die größte Wertespanne der untersuchten Mofetten auf. So erreichen die Teilflächen-Mittelwerte 4,9 bis 42,0 % (Einzelwerte: 4,4 bis 54,8 %). Während die Minimalwerte im üblichen Rahmen liegen, kommen vergleichbar hohe Humusgehalte sonst nirgends vor. Mit dem Geländegradienten weisen die Humusgehalte der Teilflächen, deren Zunahme kaum weniger deutlich ist als bei der Bodenfeuchte, eine starke Korrelation auf ($r_s = 0,83$; $p < 0,001$; $n = 150$). Wegen der großen Übereinstimmungen, die sich in Abb. 28 zwischen dem Humusgehalt und der Bodenfeuchte andeuten, kann letztere als primäre Einflussgröße hinter dem Geländegradienten vermutet werden. Um dieser Fragestellung nachzugehen, wurde zunächst eine flächenhafte Korrelationsanalyse durchgeführt, die eine Beziehung von höchster Stringenz ergab ($r_s = 0,97$; $p < 0,001$; $n = 150$) Abb. 31 stellt das Ergebnis einer Regressionsanalyse mit dem aggregierten Transekt dar. Auch hier ergibt sich eine überaus enge, positive Beziehung, deren passende Ausgleichsfunktion ein Polynom 3. Ordnung darstellt. Die Kurve weicht deutlich von den Geraden ab, die den Zusammenhang von Feuchte und Humus z. B. in der Birnenmofette charakterisieren (s. Abb. 25) und in der Literatur in ähnlicher Form dokumentiert sind (z. B. WARNCKE-GRÜTTNER 1990). Der dargestellte Teil der Funktion lässt sich in drei Abschnitte gliedern: Bis zu einem Bodenwassergehalt von etwa 25 % zeigt die Kurve einen moderaten Anstieg. Es folgt eine Phase weitgehender Stagnation, die bis etwa 40 % reicht und von einem Kurvenabschnitt mit rasch zunehmender Steigung abgelöst wird. Am Ende des Transektes fällt das Maximum des Wassergehaltes von 60,6 % mit dem des Humusgehaltes von 38,5 % zusammen.

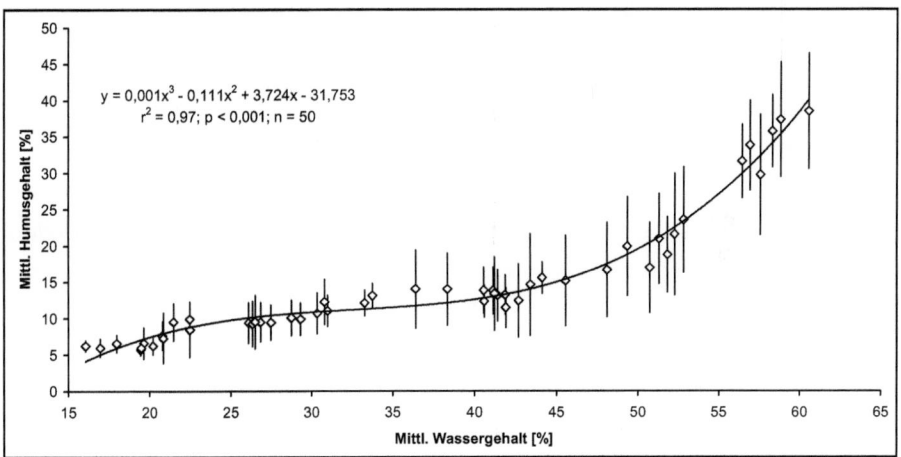

Abb. 31: Mittlere Humus- und Bodenwassergehalte im Bereich der Borstgrasmofette Nord. Angegeben ist die Standardabweichung.

Der Anstieg im ersten Teil der Kurve entspricht ungefähr der Steigung der in anderen Mofetten gefundenen Ausgleichsgeraden. Offenbar äußert sich auf dem nur mäßig frischen Kontrollstandort jede Verbesserung der Wasserversorgung in einer Steigerung der Biomasseproduktion. Die erhöhte Streumenge könnte sich bei gleich bleibender Mineralisationsrate positiv auf die Humusakkumulation auswirken.

Im Mittelteil der Kurve kann die zusätzlich verfügbare Wassermenge offenbar kaum noch in Mehrproduktion umgesetzt werden, was vor allem in einer anderen Vegetationszusammensetzung begründet ist: Während der Stickstoffreichtum der südöstlichen Kontrollzone produktive Gräser begünstigt, setzt sich in der südöstlichen Mofettenzone ertragsarme Heidevegetation durch, die an CO_2-Ausgasung und versauerte Böden angepasst ist. Wenn die Mineralisation nicht durch die ungünstigen Bodenverhältnisse gehemmt würde, käme es hier vermutlich zu einem Absinken der Kurve unter das Anfangsniveau. Mit zunehmender Verbesserung der Wasserversorgung steigt der Anteil produktiver Vegetationselemente wieder an. Die gesteigerte Biomasseproduktion wird unter den sehr stark sauren Bodenbedingungen zu großen Teilen in Rohhumus umgesetzt.

Der rasante Kurvenanstieg im letzten Kurventeil, kennzeichnet die Situation in den nassen Kontroll- und Mofettenzonen, wo einer vergleichsweise hohen Biomasseproduktion die zunehmende, nässebedingte Hemmung des Humusabbaus gegenüber steht. Zur Erklärung der abgesetzten Gruppe von Spitzenwerten muss die CO_2-bedingte Torfbildung im Bereich der südwestlichen Mofettenzone als weitere Einflussgröße einbezogen werden.

Tab. 17: Rangkorrelationskoeffizient nach Spearman für die CO_2-Konzentration und den Humusgehalt im südwestlichen Teilbereich der Borstgrasmofette Nord. Die Beziehungen sind signifikant (*), hoch signifikant (**) oder höchst signifikant (***).

	10 cm	20 cm	40 cm	60 cm	n
Fläche	0,66 ***	0,62 ***	0,55 ***	0,45 ***	72
Transekt	0,69 ***	0,66 ***	0,57 **	0,43 *	24

Im südwestlichen Teilbereich, der vom Beginn der mittleren Kontrollzone bis zum Transektende reicht (Teilflächen 27 bis 50), bot sich die einmalige Möglichkeit, den in Tab. 17 dargestellten direkten Zusammenhang zwischen der CO_2-Konzentration und dem Humusgehalt zu untersuchen. Bei der Flächen- und Transektdarstellung nehmen die Koeffizienten mit der Gasmesstiefe ab, wobei sich bis zu einer Bodentiefe von 40 cm starke Korrelationen ergeben. Bei den drei oberen Messtiefen lässt sich die Stringenz der Beziehungen durch die laterale Aggregation steigern, wobei sich der verringerte Stichprobenumfang z. T. negativ auf das Signifikanzniveau auswirken kann. Die tiefenabhängige Abnahme der Bindungsstärke dürfte mit der abnehmenden Phytorelevanz des Ausgasungsgeschehens in Verbindung stehen, da das Scheiden-Wollgras unter extremen Mofettenbedingungen nur sehr flach zu wurzeln vermag.

Es stellt sich nun die Frage, warum sich der Zusammenhang zwischen CO_2-Konzentration und Humusgehalt nicht für die Gesamtfläche ergibt, sondern nur für den Südwestteil derselben. Der entscheidende Faktor scheint in diesem Fall das gleichmäßig hohe Grundniveau der Bodenfeuchte im Verebnungsbereich des Talbodens zu sein (s. Abb. 28 A und 29): Einerseits lässt erst die lokale Abschwächung des auf der Gesamtfläche dominanten Feuchtegradienten den Zusammenhang zwischen dem Humusgehalt und der CO_2-Konzentration soweit in den Vordergrund treten, dass er erfassbar wird. Andererseits ist dass im Südwestteil realisierte Niveau des Wassergehaltes durchweg so hoch, dass ein Gedeihen von *Eriophorum vaginatum* grundsätzlich möglich ist. Das im

Plesná-Tal obligat mofetticole, erst ab einem Bodenwassergehalt von etwa 40 % vorkommende Scheiden-Wollgras ist anscheinend die einzige Mofettenpflanze im Gebiet, die zu einer nennenswerten Torfbildung befähigt ist. Ihre (feuchtebedingte) Anwesenheit ist somit die Grundvoraussetzung für das Entstehen eines Humusgradienten zwischen Mofetten- und Kontrollstandorten.

Die im Folgenden vorgestellte Vegetationsgliederung orientiert sich stark an den eingangs eingeführten Mofetten- und Kontrollzonen. Von der Nulllinie gelangt man zunächst in einen etwa 6 m breiten, dicht bewachsenen Kontrollbereich, dessen Teilflächen im Randbereich einer Wirtschaftswiese liegen. Die ruderale, durch hohe Stickstoffeinträge beeinflusste Pflanzengesellschaft wird von *Alopecurus pratensis* beherrscht. Sie lässt sich nach SCHUBERT et al. (1995) dem *Arrhenatherion* zuordnen.

Die Wiesengesellschaft geht abrupt in lückige Mofettenvegetation vom *Calluna-Nardus*-Typ über (s. Kap. 3.3.3). Neben dem dominanten Auftreten der beiden namensgebenden Arten fällt der Reichtum an Bodenflechten aus der Gattung *Cladonia* auf. Der nordöstliche Mofettenbereich ist außerdem die einzige bekannte Stelle im Plesná-Tal, die ein Vorkommen von *Hieracium lactucella* aufweist. Als Bindeglied zur feuchten Mofettenzone im Südwesten treten *Eriophorum vaginatum* und *Potentilla erecta* auf. Das Vorkommen des Scheiden-Wollgrases im Bereich der Aufnahmen 14 bis 20 ist insofern bemerkenswert, als es hier ausnahmsweise auf den vergleichsweise trockenen Böden der Hangzone stockt.

Mit Aufnahme 27 beginnt die mittlere Kontrollzone, die allerdings ab 60 cm Tiefe stark CO_2-führend ist. Das „Tiefengas" scheint sich deutlich auf die Pflanzendecke auszuwirken (vgl. Kap. 3.2.2): So ist der Mofettenzeiger *Aulacomnium palustre* flächendeckend vertreten, während die CO_2-tolerante Mofettovage *Deschampsia cespitosa* das Vegetationsbild bestimmt. Auf der anderen Seite ist die Mofettophobe *Filipendula ulmaria* so selten, dass sie im Gegensatz zur südöstlichen Kontrollzone als Charakterart ausfällt. Die syntaxonomische Determinierung der Vegetation endete daher bei der Ordnung *Molinietalia*.

Die südwestliche Mofettenzone unfasst etwa die Aufnahmen 37 bis 42. Die dortige Mofettenvegetation entspricht dem *Eriophorum*-Typ (s. Kap. 3.3.3). In diesem Bereich kreuzt der Transekt einen nur wenige Meter breiten, aber über 100 m langen Mofettenstreifen, der besonders gut ausgeprägte, artenarme Wollgrasbestände beherbergt (s. Kap. 2.1.5). Das Vegetationsbild und ein dem Streichen der Počatky-Plesná-Störung folgender Nord-Süd-Verlauf (BANKWITZ et al. 2003) legen die Vermutung nahe, dass sich darunter eine tief reichende, stark ausgasende Erdspalte verbirgt. Ein Blick auf Abb. 28 C zeigt, dass alle in diesem Bereich liegenden Quadrate eine Torfauflage besitzen.

Die südwestliche Kontrollzone wird von den mannshohen Staudenfluren des *Valeriano-Filipenduletums* eingenommen, welches hier vor allem von der Verbandscharakterart *Filipendula ulmaria* beherrscht wird. Trotz des abweichenden optischen Eindrucks weist diese Teilfläche viele Arten des mittleren Kontrollbereichs auf. Besonders zu erwähnen ist die flächendeckend vertretene Mofettophobe *Bistorta officinalis*.

In Abb. 32 werden die Mofettenzeiger flächig dargestellt. Enge Zusammenhänge zwischen den Anteilen der Mofettenindikatoren und dem Boden-CO_2 werden schon bei einem vergleichenden Blick auf Abb. 27 deutlich. Noch konkretere Aussagen lässt der Zeigerindex zu: Von den 150 bewerteten Rasterquadraten weisen 140 (93,3 %) das passende Vorzeichen auf, eine Übereinstimmung mit der gasmesstechnischen Mofettengrenze wie sie sonst nirgends erreicht wird! Die zehn Quadrate mit nicht zutreffender Indikation tragen in jeweils vier Fällen ein positives und negatives Vorzeichen sowie zweimal den Wert null. Sie befinden sich stets in unmittelbarer Nähe der Mofettengrenze. Zur Absicherung und Quantifizierung der Befunde wurde auch hier eine Korrelationsanalyse durchgeführt.

Die in Tab. 18 zusammengestellten Ergebnisse zeigen für alle Wertepaarungen sehr enge Beziehungen. Abweichend von den anderen untersuchten Mofetten steigt das Maß der Korreliertheit mit der CO_2-Messtiefe zunächst etwas an, um ab 60 cm wieder auf das Ausgangsniveau zurückzufallen. Dies erscheint zunächst widersprüchlich, könnte aber mit der in Abb. 27 erkennbaren, tiefenabhängigen Zunahme des CO_2-Gradienten zwischen den Ausgasungs- und Kontrollbereichen erklärt werden, wodurch das Moment der abnehmenden Phytorelevanz in den beiden mittleren Bodentiefen überkompensiert würde.

Tab. 18: Rangkorrelationskoeffizient nach Spearman für die CO_2-Konzentration und die Anteile der Mofettenzeiger im Bereich der Borstgrasmofette Nord. Alle Beziehungen sind höchst signifikant (***).

	10 cm	20 cm	40 cm	60 cm	n
Pos. Zeiger	0,80 ***	0,84 ***	0,85 ***	0,81 ***	150
Neg. Zeiger	-0,85 ***	-0,86 ***	-0,88 ***	-0,84 ***	150

Fazit

Schon bei den Voruntersuchungen in der Borstgrasmofette Nord zeigte sich das besondere Potential der Fläche: Der markante Feuchtegradient bedingt eine nahezu ideale Abfolge von Pflanzengemeinschaften mäßig frischer bis nasser Mofetten- und Kontrollstandorte. Der Flächentransekt war bei voller Vergleichbarkeit mit anderen flächigen Objekten in besonderer Weise für die direkte und indirekte Gradientenanalyse geeignet (vgl. WHITTAKER 1973; DIERSCHKE 1994). Diese förderte mannigfache Beziehungen zwischen der CO_2-Konzentration, den Bodenparametern Feuchte, Azidität und Humus sowie der Bodenvegetation zutage. Der Fokus ist auf den Zusammenhang zwischen CO_2-Ausgasung und Humusgehalt zu lenken, der aufgrund einer spezifischen Faktorenkombination nur hier zweifelsfrei nachgewiesen werden konnte. *Calluna-Nardus*- und *Eriophorum*-Vegetationstyp kommen zwar auch in anderen Mofetten vor, sind hier aber besonders gut ausgebildet.

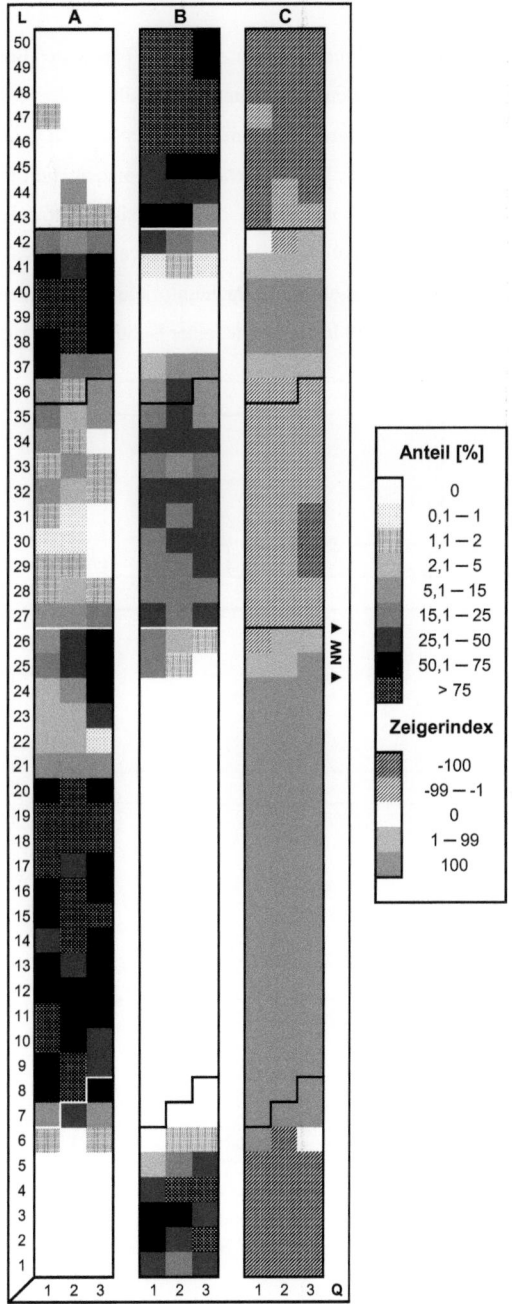

Abb. 32: Positive (A) und negative Mofettenzeiger (B) sowie der Zeigerindex (C) im Raster der Borstgrasmofette Nord. Die eingefügte Linie bezeichnet die CO_2-definierte Mofettengrenze.

3.2.3.2 Fläche Süd

In Abb. 33 sind die Ausgasungsverhältnisse auf der südlichen Fläche der Borstgrasmofette dargestellt. Die etwa in der Mitte der Mofettenansammlung befindliche, isolierte Kleinstruktur weist in allen Messtiefen vergleichsweise moderate CO_2-Konzentrationen auf. Im Gegensatz zur nördlichen Aufnahmefläche konnte selbst in 60 cm Tiefe nirgends eine Konzentration nahe 100 % gemessen werden. Dies gilt auch für die Einzelmesspunkte, deren Maximalwert bei 91,8 % liegt. Dabei kommt es auf der Fläche Süd nur zu einer unwesentlichen Ausweitung des gasführenden Areals mit der Tiefe, wodurch die solitäre Lage auch bei Betrachtung tieferer Schichten erhalten bleibt. Die südliche Borstgrasmofette wird so zum Musterbeispiel einer isolierten Kleinmofette.

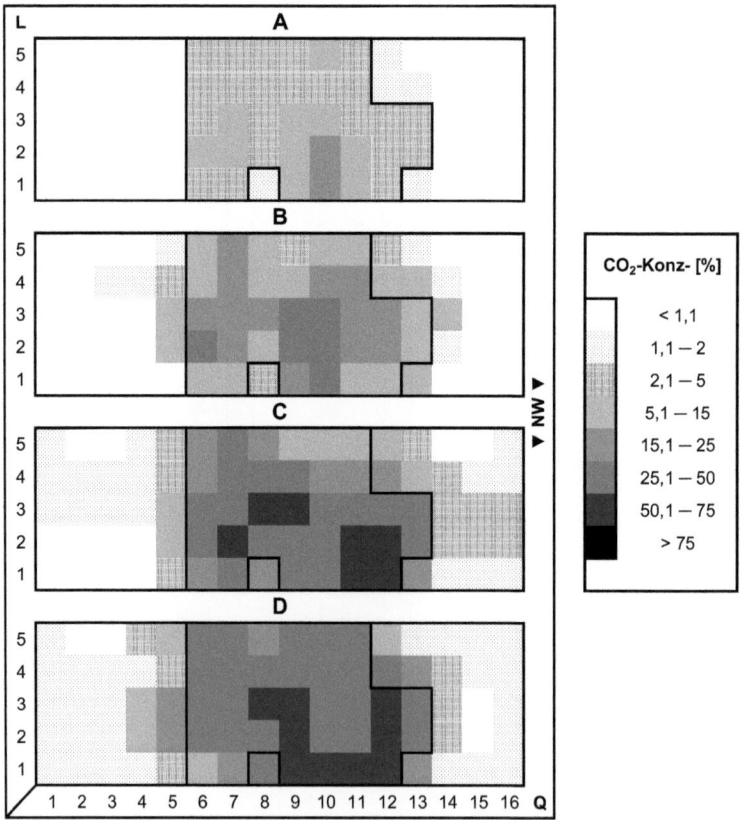

Abb. 33: CO_2-Konzentration in 10 (A), 20 (B), 40 (C) und 60 cm Tiefe (D) im Raster der Borstgrasmofette Süd. Die eingefügte Linie bezeichnet die CO_2-definierte Mofettengrenze.

Abb. 34 A zeigt von Nordost nach Südwest einen leichten Anstieg der Wassergehalte, welcher im Einklang mit dem abfallenden Terrain steht. Der Trend deckt sich mit den Beobachtungen auf der nördlichen Fläche und dem südlichen Quertransekt, wo ausreichend lange Gradienten die statistische Absicherung dieser Tendenzen ermöglichten. Die Teilflächen-Mittelwerte der Bodenfeuchte zeigen bei einer recht kleinen Spanne von 24,0 bis 37,6 % (Einzelwerte 20,7 bis 41,6 %) frische bis sehr frische Verhältnisse an.

Aussagekräftiger ist die in Abb. 34 B dargestellte Verteilung der pH-Werte. Die Spanne reicht hier von 3,8 bis 4,5 (Einzelwerte: 3,5 bis 4,6) und ist damit so klein wie in keiner anderen untersuchten Mofette. Dennoch zeichnen sich enge Beziehungen zu den CO_2-Konzentrationen der vier Messtiefen ab. Die Ergebnisse der Korrelationsanalyse sind in Tab. 19 dargestellt.

<u>Tab. 19:</u> Rangkorrelationskoeffizient nach Spearman für die CO_2-Konzentration und den pH-Wert im Bereich der Borstgrasmofette Süd. Alle Beziehungen sind höchst signifikant (***).

	10 cm	20 cm	40 cm	60 cm	n
Azidität	0,90 ***	0,88 ***	0,86 ***	0,88 ***	80

Ein Vergleich mit Tab. 16 zeigt, dass die Stringenz der Beziehungen in allen Bodentiefen größer ist als auf der nördlichen Fläche, wobei sich die Korrelationskoeffizienten mit der Gasmesstiefe kaum verändern. Dies könnte auch hier eine Folge des sich mit der Bodentiefe verschärfenden CO_2-Gradienten zwischen den Ausgasungs- und Kontrollbereichen sein. Bei den o. g. Korrelationen dürfte sich die große Homogenität positiv auswirken, welche diese Fläche bezüglich sonstiger Einflussgrößen (z. B. Bodenfeuchte und Bodenart) auszeichnet und auch die Borstgrasmofette Süd für die Untersuchung von Kausalbeziehungen geeignet erscheinen erscheinen lässt (vgl. Kap. 3.2.1). Der vielleicht entscheidende Unterschied zur Birnenmofette, die trotz ähnlich niedriger pH-Werte in der Mofettenzone keine ausgeprägte Beziehung zeigt, liegt in der geringeren Azidität der Kontrollzone (vgl. Abb. 24 B). So sinkt der pH-Wert in den Kontrollbereichen der nördlichen und südlichen Borstgrasmofette nur unmittelbar an der Mofettengrenze unter 4 ab, wodurch stets ein merklicher Gradient erhalten bleibt.

Über die Hintergründe lässt sich nur spekulieren. So erscheint es denkbar, dass die Lage der Ausgasungsbereiche in der Borstgrasmofette über eine lange Zeiträume hinweg konstant blieb, was zu klar abgegrenzten, konzentrischen Versauerungszonen führte. In der Birnenmofette gibt es dagegen Anhaltspunkte für Fluktuationen. Den Kontrollzonen der Borstgrasmofette könnte weiterhin zugute kommen, dass sie entweder am merklich geneigten Unterhang oder im Talbereich liegen. Dort erhalten sie Basennachschub über des Hangzug- oder Grundwasser, wodurch die allgemeine Versauerung der Böden verlangsamt werden könnte (vgl. Kap. 2.1.4 und 3.2.2).

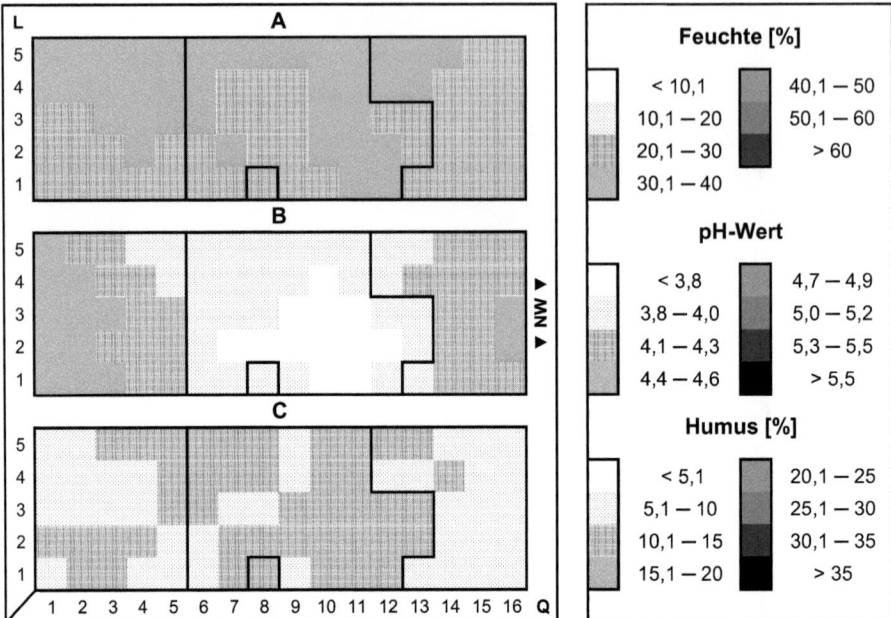

Abb. 34: Bodenfeuchte (A), pH-Wert (B) und Humusgehalt (C) im Raster der Borstgrasmofette Süd. Die eingefügte Linie bezeichnet die CO_2-definierte Mofettengrenze.

Für den in Abb. 34 C dargestellten Humusgehalt lassen sich keine Tendenzen erkennen. Die sehr geringen Feuchteunterschiede scheinen nicht auszureichen, um merkliche Effekte zu erzielen. Aus der fehlenden Abhängigkeit des Humusgehaltes von der CO_2-Konzentration könnte man folgern, dass eine mofettogene Humusakkumulation an die Anwesenheit des Fasertorfbildners *Eriophorum vaginatum* gebunden ist. Die These wird durch Beobachtungen auf der Wiese gestützt, wo Teilflächen mit Humusgehalten von mehr als 30 % stets vom Wollgras dominiert werden. Ein grundsätzlicher Zusammenhang zwischen pH-Wert und Humusgehalt scheint im Gebiet nicht zu bestehen. Ansonsten müsste er angesichts des fast homogenen Bodenwassergehaltes auf dieser Fläche deutlich hervortreten (vgl. Kap. 3.2.3.1).

Die Vegetation des Mofettenbereiches hebt sich trotz der vergleichsweise geringen CO_2-Konzentrationen deutlich von der umgebenden Feuchtwiesenbrache ab. Sie gehört dem *Calluna-Nardus*-Typ an (s. Kap. 3.3.3) und wird im Kernbereich vor allem von der zweitgenannten Art beherrscht. Anders als in der nördlichen Borstgrasmofette gleicht die Vegetation mehr einem geschlossenen Rasen als einer offenen Heide. Innerhalb der Grasdecke fallen zwei *Calluna*-Inseln auf, die Ausgasungszentren markieren und in ihrer Mitte Vorkommen von *Polytrichum commune* und *Cladonia pyxidata* aufweisen.

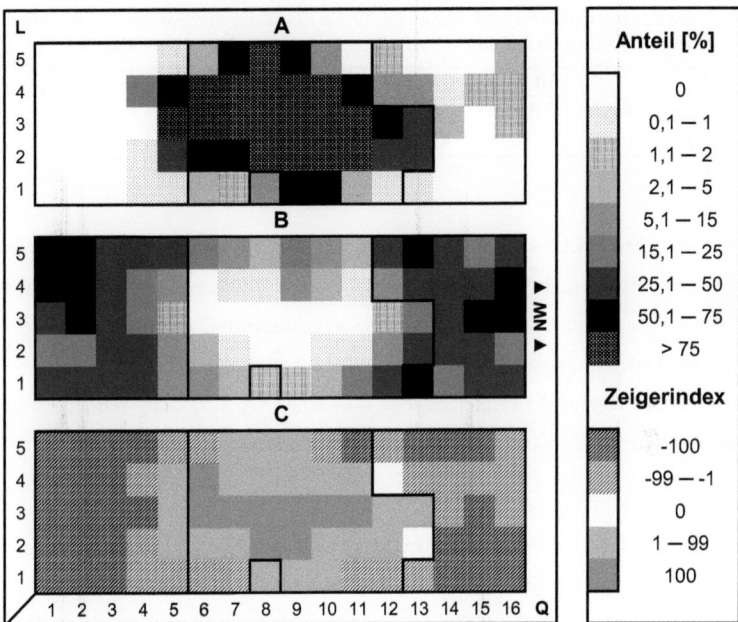

Abb. 35: Positive (A) und negative Mofettenzeiger (B) sowie der Zeigerindex (C) im Raster der Borstgrasmofette Süd. Die eingefügte Linie bezeichnet die CO_2-definierte Mofettengrenze.

Der restliche Mofettenbereich ist durch ein Zusammentreffen von *Nardo-Callunetea*-Arten *(Calluna vulgaris, Danthonia decumbens, Luzula campestris, Nardus stricta)* und mofettovagen Vertretern der *Molinio-Arrhenatheretea (Sanguisorba officinalis, Succisa pratensis)* gekennzeichnet. Dadurch ergibt sich ein schwer zu determinierender syntaxonmischer Mischtyp, den man den *Nardetalia* wie den *Molinietalia* zuordnen könnte. Ein leichtes Übergewicht der *Nardo-Callunetea*-Arten bei der Artmächtigkeit und der Anzahl charakterisierender Sippen gab letztlich den Ausschlag für die Klassifizierung als *Nardetalia*-Gesellschaft. Die Kontrollzone gehört im Nordwesten dem *Arrhenatherion* und im Südosten dem *Calthion* an, wobei die Übergänge fließend sind. Die Einstufung des erstgenannten Syntaxons musste mangels Verbandscharakterarten nach dem Schlüssel von SCHUBERT et al. (1995) vorgenommen werden.

In Abb. 35 sind die Zeigerartengruppen der Aufnahmefläche dargestellt. Wie bei den anderen flächigen Objekten lassen sich auch hier gute Übereinstimmungen zwischen den Indikatoren und den Ausgasungsverhältnissen erkennen, was sich in Tab. 20 in starken, höchst signifikanten Korrelationen äußert. Diese sind bei den positiven Zeigern noch etwas stringenter als bei den negativen. Der Zeigerindex erzielt für 67 der 80 Teilflächen (83,8 %) ein zutreffendes Ergebnis, dies im Vergleich zu anderen Mofetten ein eher geringer Wert.

Tab. 20: Rangkorrelationskoeffizient nach Spearman für die CO_2-Konzentration und die Anteile der Mofettenzeiger im Bereich der Borstgrasmofette Süd. Alle Beziehungen sind höchst signifikant (***).

	10 cm	20 cm	40 cm	60 cm	n
Pos. Zeiger	0,81 ***	0,86 ***	0,79 ***	0,77 ***	80
Neg. Zeiger	-0,73 ***	-0,79 ***	-0,67 ***	-0,71 ***	80

Fazit

Auch auf der südlichen Fläche der Borstgrasmofette lässt sich ein starker Einfluss der CO_2-Konzentration auf die Vegetation und den pH-Wert feststellen. Die kleine, isolierte Mofette zeichnet sich außerdem durch eine eindrucksvolle, konzentrische Vegetationszonierung aus, wobei der *Calluna-Nardus*-Typ der Mofettenvegetation in einer besonders dichtrasigen Variante in Erscheinung tritt. Als nachteilig kann allenfalls die vergleichsweise schwache CO_2-Ausgasung vermerkt werden, welche die Güte der Kausalbeziehungen aber kaum zu beeinträchtigen scheint.

3.2.3.3 Transekte

Die CO_2-Messwerte des Mofettenbereichs betragen in 10 cm Tiefe 0,8 bis 100 %, wobei sich die höchsten Konzentrationen im Südosten der Mofettenzone finden. Mit zunehmender Messtiefe steigt die Anzahl der Aufnahmen mit einer CO_2-Konzentration von 100 % kontinuierlich an. Da der nördliche Längstransekt BoL1 die nördliche Fläche in der Mofettenzone kreuzt, treten zahlreiche Übereinstimmungen zwischen beiden Objekten auf (vgl. Kap. 3.2.3.1).

Wie Abb. 36 zeigt, nimmt eine 7 m breite Kontrollzone den Südosten des Längstransektes ein. Sie wird von nitrophilen Mofettophoben wie *Anthriscus sylvestris*, *Elymus repens* und *Urtica dioica* dominiert. Nach dem Schlüssel von SCHUBERT et al. (1996) konnte sie dem *Arrhenatherion* zugeordnet werden. Den breiten Mittelteil zwischen den Aufnahmen 8 und 30 beherrscht CO_2-tolerante Vegetation vom *Calluna-Nardus*-Typ (s. Kap. 3.3.3). Anhand der Kennarten *Hieracium lactucella* und *Nardus stricta* (Ordnung) sowie *Calluna vulgaris* und *Danthonia decumbens* (Klasse) kann die schüttere Heidevegetation den *Nardetalia* zugeordnet werden (s. ELLENBERG et al. 1992). Weitere Mofettophyten sind *Aulacomnium palustre*, *Festuca ovina* und *Rumex acetosella*, daneben bestimmen die CO_2-toleranten Mofettenvagen *Carex nigra* und *Potentilla erecta* das Bild. Auf den letzten 10 m des Transektes gelangen die negativen Mofettenzeiger erneut zur Dominanz. Während *Anthriscus sylvestris* wiederum das bestimmende Element der *Arrhenatherion*-Gesellschaft ist, fehlt die stärker nitrophile, aus *Urtica dioica* und *Hypericum perforatum* bestehende Gruppe. Stattdessen weist ein etwas genügsameres Artenkollektiv um *Agrostis capillaris* und *Linaria vulgaris* auf geringere Düngereinträge hin.

Tab. 21 vergleicht die Anteile der Zeigerarten mit der CO_2-Konzentration in vier Messtiefen. Dabei zeigen die negativen Mofettenindikatoren engere Korrelationen mit dem Bodengas als die positiven. Ein Tiefentrend lässt sich in der Tabelle nicht erkennen.

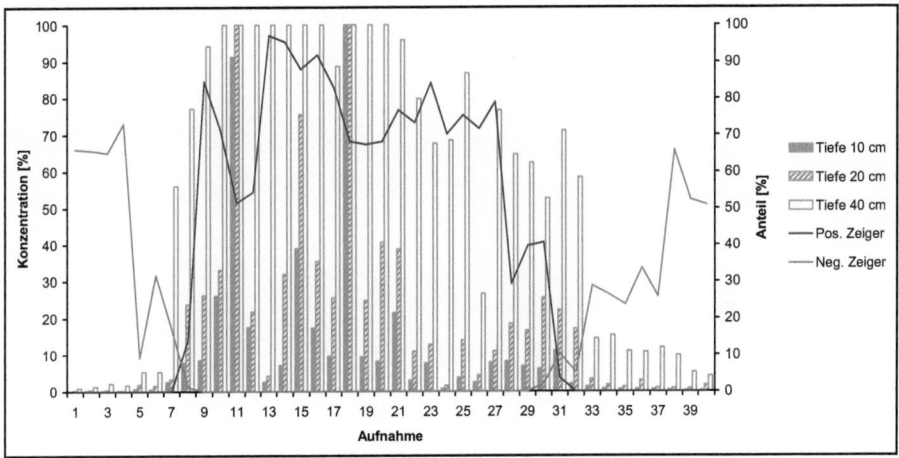

Abb. 36: CO_2-Konzentration und Mofettenzeiger auf dem nördlichen Längstransekt der Borstgrasmofette.

Tab. 21: Rangkorrelationskoeffizient nach Spearman für die CO_2-Konzentration und die Anteile der Mofettenzeiger auf dem nördlichen Längstransekt der Borstgrasmofette. Alle Beziehungen sind höchst signifikant (***).

	10 cm	20 cm	40 cm	60 cm	n
Pos. Zeiger	0,71 ***	0,69 ***	0,81 ***	0,79 ***	40
Neg. Zeiger	-0,83 ***	-0,78 ***	-0,88 ***	-0,90 ***	40

Die standörtliche Heterogenität des Mofettenkomplexes macht es erforderlich, den südlichen Quertransekt BoQ3 in der „Schneckenmofette" (s. Abb. 6) separat zu betrachten. In Abb. 37 fällt die geringe Breite der Mofettenzone von 5 m auf. In Verbindung mit hohen Ausgasungsraten im Mofettenkern, die in 10 cm Tiefe 7,9 bis 100 % erreichen, ergibt sich ein ausgesprochen markanter CO_2- und Vegetationsgradient. Aufgrund des zum Messzeitpunkt sehr hohen Grundwasserstandes fehlten so viele Messwerte aus 60 cm Tiefe, dass eine statistische Auswertung der Daten nicht mehr sinnvoll erschien. Wie bei der nördlichen Fläche folgt der Transektverlauf dem Geländegradienten, was bei der Untersuchung der Bodenfeuchte von Vorteil ist (vgl. Kap. 3.2.3.1).

Aufgrund fehlender Messwerte der Bodenfeuchte musste stattdessen der F-Zeigerwert als Indikator verwendet werden (vgl. Kap. 2.5.4). Er geht mit dem Geländegradienten eine enge Beziehung ein ($r_s = 0,78$; $p < 0,001$; $n = 26$). Vergleicht man dieser Werte allerdings mit denen der nördlichen Fläche, so zeigen deren äußere Teiltransekte BoQ1 und BoQ2 noch etwas stärkere Bindungen ($r_s =$

0,88; p < 0,001; n = 50 bzw. r_s = 0,85; p < 0,001; n = 50). Die entscheidende Rolle könnte dabei dem Stichprobenumfang zukommen.

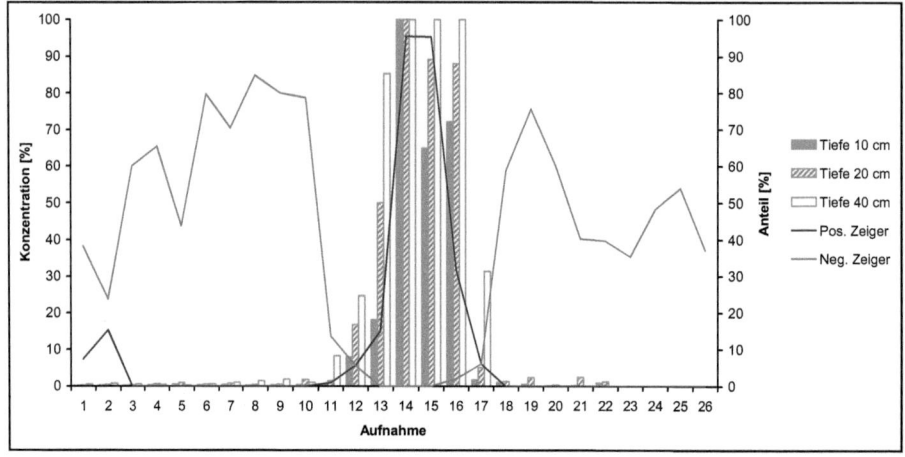

Abb. 37: CO_2-Konzentration und Mofettenzeiger auf dem südlichen Quertransekt der Borstgrasmofette.

Auf den ersten vier Metern des südlichen Quertransektes findet sich eine Artengruppe, die ihren Schwerpunkt auf frischen Standorten hat und deren wichtigste Vertreter *Achillea millefolium* und *Veronica chamaedrys* sind. *Agrostis capillaris* und *Sanguisorba officinalis* dringen südwestlich bis zur Mofettenzone vor. Eine sehr umfangreiche Artengruppe, die viele negative Mofettenzeiger beinhaltet, findet sich in der gesamten CO_2-freien Zone. Die hochfrequenten Spezies stellen mit *Achillea ptarmica, Juncus conglomeratus, Galium uliginosum* und *Succisa pratensis* mehrere Ordnungscharakterarten der *Molinietalia*. *Bistorta officinalis* und *Lotus penduculatus* sind Verbandscharakterarten des *Calthions*. Mit Hilfe der letztgenannten Sippen lässt sich zumindest der Bereich zwischen den Aufnahmen 1 bis 11 eindeutig dem *Calthion* zuordnen. Im Bereich der Aufnahmen 17 bis 26 tritt eine ausgesprochen hydrophile Artengruppe hinzu, deren wichtigste Vertreter *Filipendula ulmaria* und *Potentilla palustris* sind. Hier finden sich sowohl Kennarten des *Filipendulions* als auch solche der *Scheuchzerio-Caricetea* und ihrer Subsyntaxa. Der Einstufung des Bestandes als *Valeriano-Filipenduletum* konnte anhand der Verbands- bzw. Assoziationscharakterarten *Filipendula ulmaria* und *Valeriana procurrens* (s. RUNGE 1990; ELLENBERG et al. 1992; POTT 1995) eindeutig vorgenommen werden. Im starken Kontrast zur Kontrollzone steht der sehr artenarme Mofettenbereich. Die torfbildende Mofettenvegetation vom *Eriophorum*-Typ setzt sich aus *Eriophorum vaginatum, Aulacomnium palustre* und *Carex nigra* zusammen. Das Vegetationsbild gleicht dem des Wollgrasstreifens im Südwesten der Transekte BoQ1 und BoQ2.

In Tab. 22 werden die Korrelationen zwischen den Anteilen der Mofettenzeiger und der CO_2-Konzentration dargestellt. Für beide Zeigerkollektive ergibt sich Konzentrationsanstieg mit der Tiefe. Die Beziehungen fallen für die negativen Indikatoren enger aus als für die positiven. Der ohnehin geringe, durch den Ausfall von Messwerten zusätzlich reduzierte Stichprobenumfang führt zu einem vergleichsweise niedrigen Signifikanzniveau.

Tab. 22: Rangkorrelationskoeffizient nach Spearman für die CO_2-Konzentration und die Anteile der Mofettenzeiger auf dem südlichen Quertransekt der Borstgrasmofette. Die Beziehungen sind signifikant (*) oder hoch signifikant (**).

	10 cm	20 cm	40 cm	n
Pos. Zeiger	0,52 *	0,52 *	0,70 **	15 – 22
Neg. Zeiger	-0,60 **	-0,64 **	-0,74 **	15 – 22

Fazit

Der Längstransekt BoL1 zeigt ähnlich stringente Beziehungen zwischen der CO_2-Konzentration und der Bodenvegetation wie die nördliche Fläche. Durch seinen hangparallelen Verlauf weist er allerdings keine beachtenswerten Feuchteunterschiede auf. Darin unterscheidet er sich vom Quertransekt BoQ3, auf dem der *Eriophorum*-Typ der Mofettenvegetation ähnlich gut ausgeprägt ist wie auf der nördlichen Fläche.

3.2.4 Rehmofette

Die in 10 m Abstand parallel verlaufenden Quertransekte sind Teil derselben Mofettenstruktur, was sich in analogen Ausgasungs- und Vegetationsmustern äußert. So erreicht die Mofettenzone am Anfang der Transekte in beiden Fällen etwa eine Länge von 30 m. Innerhalb dieses Bereiches ist die Ausgasungsaktivität sehr variabel, dies kommt in der Vegetation aber erstaunlich wenig zum Tragen. Die CO_2-Konzentrationen in 10 cm Tiefe liegen dort zwischen 0,3 und 34,5 % (ReL1) bzw. zwischen 0,3 und 82,7 % (ReL2). Eine Konzentration von 100 % tritt auf dem erstgenannten Transekt ab 20 und auf dem zweitgenannten ab 40 cm Tiefe auf. Aufgrund des sehr lückenhaften Datenmaterials konnte die CO_2-Konzentration in 60 cm Tiefe auch hier nicht statistisch ausgewertet werden (vgl. Kap. 3.2.3.3).

Die Kontrollzone beider Transekte wird vom *Valeriano-Filipenduletum* eingenommen, dessen wichtigste Vertreter *Filipendula ulmaria*, *Galium uliginosum*, *Lotus uliginosus*, *Lysimachia vulgaris* und *Rumex acetosella* sind. Charakteristisch für die Mofettenbereiche ist eine hohe Frequenz von *Cirsium palustre* und *Peucedanum palustre* sowie die Dominanz von *Deschampsia cespitosa*. Das letztgenannte Gras scheint hier optimale Wuchsbedingungen vorzufinden, was sich in einer Gesamthöhe blühender Triebe von bis zu 2 m äußert.

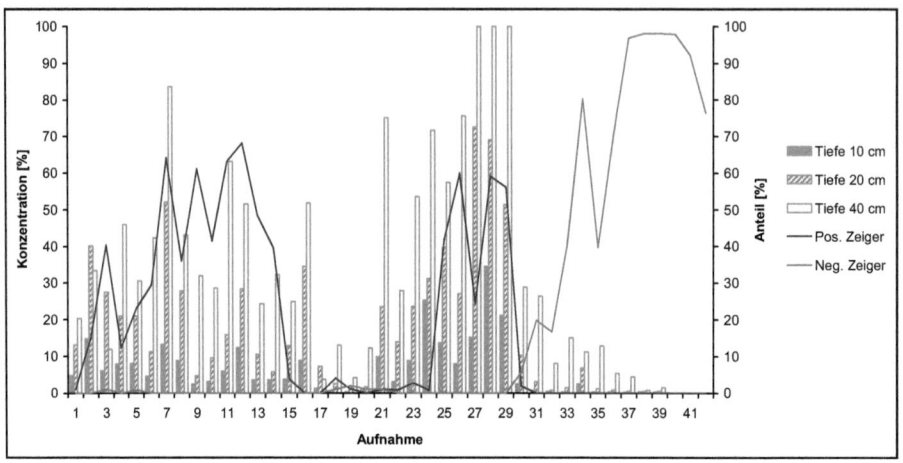

Abb. 38: CO_2-Konzentration und Mofettenzeiger auf dem östlichen Längstransekt der Rehmofette.

Der in Abb. 38 dargestellte östliche Längstransekt (ReL1) beginnt mit einem 15 m langen Abschnitt, der in 10 cm Tiefe durch schwache Ausgasung gekennzeichnet ist. Trotz des moderaten CO_2-Regimes weist er eine typische Mofettenflora vom *Eriophorum-Nardus*-Typ auf (s. Kap. 3.3.3). So finden sich hier nennenswerte Anteile der positiven Mofettenzeiger *Aulacomnium palustre, Eriophorum vaginatum, Festuca ovina, Luzula campestris* und *Nardus stricta*. Hinzu kommen CO_2-tolerante Mofettovage wie *Deschampsia cespitosa, Potentilla erecta* und *Succisa pratensis*, von denen die Rasen-Schmiele partiell zur absoluten Herrschaft gelangt. Im CO_2-armen Abschnitt zwischen den Aufnahmen 16 und 23 fehlen die positiven Mofettenzeiger. Vom Wegfall des (vermutlichen) Hauptstressors kann ausschließlich *Deschampsia cespitosa* profitieren. Trotz der niedrigen CO_2-Konzentrationen, soll der kleine Abschnitt nach der Zusammensetzung und Struktur seiner Vegetation zur Mofettenzone gerechnet werden. Mit den Aufnahmen 21 bis 23 beginnt ein drastischer Anstieg der CO_2-Konzentration, der sich allerdings erst ab Aufnahme 24 in höheren Anteilen der positiven Mofettenzeiger manifestiert. Auch in diesem Bereich scheint die Konkurrenzkraft von *Deschampsia cespitosa* ein Aufkommen anderer Arten zu blockieren. Bis Aufnahme 29 gleicht die Vegetation dann weitgehend der am Transektanfang dokumentierten, allerdings fehlt *Festuca ovina*, während *Calluna vulgaris* und *Rumex acetosella* hinzukommen. Ab Plot 30 nimmt der CO_2-Einfluss rapide ab, was mit der plötzlichen Abnahme der positiven und einer ebenso abrupten Zunahme der negativen Mofettenzeiger einhergeht. Die Vegetation wandelt sich binnen weniger Meter von einer Grasflur mit Heideelementen zur üppigen Hochstaudenflur des *Valeriano-Filipenduletums*.

Tab. 23 beleuchtet die Zusammenhänge zwischen den Anteilen der Zeigerkollektive und der CO_2-Konzentration. Für alle Bodentiefen ergeben sich starke Korrelationen, deren Koeffizienten sich innerhalb der Zeigerkollektive praktisch nicht unterscheiden. Ein Vergleich beider Gruppen ergibt für die negativen Zeiger stringentere Zusammenhänge.

Tab. 23: Rangkorrelationskoeffizient nach Spearman für die CO_2-Konzentration und die Anteile der Mofettenzeiger auf dem östlichen Längstransekt der Rehmofette. Alle Beziehungen sind höchst signifikant (***).

	10 cm	20 cm	40 cm	n
Pos. Zeiger	0,62 ***	0,62 ***	0,66 ***	39
Neg. Zeiger	-0,74 ***	-0,74 ***	-0,71 ***	39

Bei annähernd gleicher räunlicher Verteilung der Mofetten- und Kontrollzone unterscheidet sich der in Abb. 39 präsentierte westliche Transekt der Rehmofette (ReL2) vor allem in der internen Strukturierung seines Mofettenbereiches. Auf den ersten sieben Metern werden in 10 cm Bodentiefe nur unbedeutende CO_2-Konzentrationen erreicht. Hier ist ein Dominanzbestand der Rasen-Schmiele ausgebildet, der aufgrund gewisser Anteile der positiven Mofettenzeiger *Aulacomnium palustre* und *Festuca ovina* zur Mofettenvegetation gezählt wurde. Der Bereich, welcher durch das gleichzeitige Vorkommen von *Cirsium palustre* schwach als *Molinietalia*-Gesellschaft charakterisiert wird, gleicht weitgehend der CO_2-armen Zwischenzone des östlichen Transektes.
Im Bereich der Aufnahmen 8 und 13 erreicht die CO_2-Konzentration in 10 cm Tiefe mit 82,7 % ihr Mofetten-Maximum. *Eriophorum vaginatum* dominiert in einer dichten, rasenartigen Vegetation, die außerdem größere Anteile von *Calluna vulgaris, Carex nigra, Nardus stricta* und *Potentilla erecta* enthält. Der zum *Eriophorum-Nardus*-Typ gehörende Bereich überragt als markanter Hügel seine Umgebung. Die von einem Ameisenhaufen gekrönte Struktur dürfte überwiegend aus Torf bestehen, der sich im Bereich einer persistenten Ausgasungsstelle über viele Jahrzehnte akkumuliert hat. Es fällt auf, dass trotz der hohen CO_2-Konzentrationen keine Vegetationslücken existieren, was auf geringe Gasflüsse hinweisen dürfte. Durch die Aufgrabung des Hügels, wie sie von einigen Geologen vorgeschlagen wird, könnte man Geheimnis vielleicht lüften, wobei man allerdings eine in pedologischer wie vegetationskundlicher Hinsicht einmalige Struktur unwiederbringlich zerstören würde.
Zwischen den Aufnahmen 14 und 18 geht die Ausgasungsrate stark zurück. Hier fehlen *Eriophorum vaginatum, Calluna vulgaris* und *Carex nigra*. Im weiteren Verlauf fallen auch *Aulacomnium palustre, Festuca ovina* und *Potentilla erecta* aus. Der gesamte Bereich zwischen den Aufnahmen 14 und 32 lässt sich dem *Molinietalia*-Mofettentyp zuordnen (s. Kap. 3.3.3). Die anschließende Mädesüßflur, die weniger gut abgegrenzt ist als beim östlichen Transekt, entspricht auch hier dem *Valeriano-Filipenduletum*. Die unscharfe Grenze lässt sich damit begründen, dass hier anders als beim Osttransekt verwandte und daher floristisch stark verzahnte Pflanzengemeinschaften aufeinandertreffen.

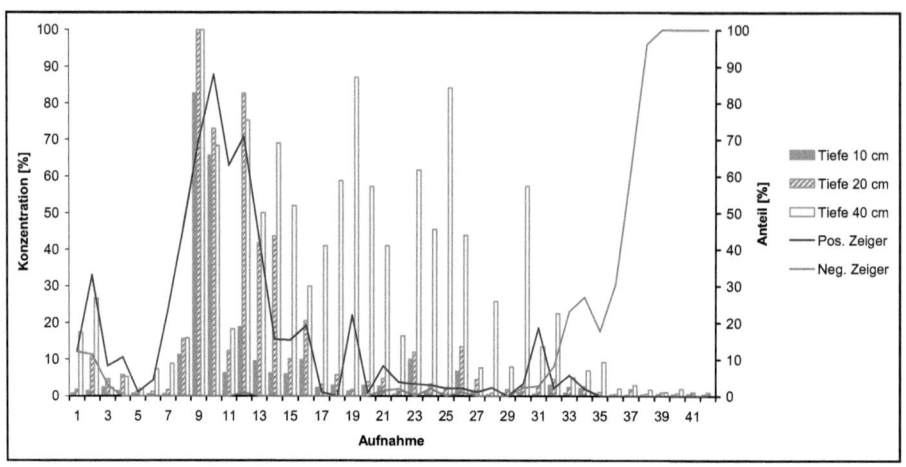

Abb. 39: CO_2-Konzentration und Mofettenzeiger auf dem westlichen Längstransekt der Rehmofette.

Tab. 24 stellt die Korrelationen zwischen der CO_2-Konzentration und den Anteilen der Mofettenzeigergruppen dar. Beim Vergleich mit Tab. 23 fällt auf, dass die Beziehungen für den östlichen Transekt meist stringenter ausfallen als für den westlichen. Beim letztgenannten Gradienten könnte sich der fließende Übergang zwischen Kontroll- und Mofettenzone negativ bemerkbar machen, der schon die pflanzensoziologische Mofettenabgrenzung erschwerte.

Tab. 24: Rangkorrelationskoeffizient nach Spearman für die CO_2-Konzentration und die Anteile der Mofettenzeiger auf dem westlichen Längstransekt der Rehmofette. Die Beziehungen sind hoch (**) oder höchst signifikant (***).

	10 cm	20 cm	40 cm	n
Pos. Zeiger	0,59 ***	0,69 ***	0,47 **	40 – 42
Neg. Zeiger	-0,54 ***	-0,52 ***	-0,55 ***	40 – 42

Fazit

Das Bemerkenswerteste an der Rehmofette sind die in Kap. 2.1.3 dokumentierten und von KÖLBACH (2008) eingehend untersuchten Kleinstrukturen. In seiner Gesamtheit ist das Objekt viel zu groß um mit vertretbarem Aufwand flächig erfasst zu werden. Eine solche Kartierung erscheint indessen entbehrlich, als aus einer relativ schwachen, meist diffusen CO_2-Ausgasung unscharfe Vegetationsübergänge und vergleichsweise schwache Zusammenhänge zwischen dem Bodengas und den Anteilen der Mofettenzeiger resultieren. Die in der Rehmofette dokumentierten Mofettentypen, der *Eriophorum-Nardus-* und der *Molinietalia-*Typ, sind in der Borstgrasmofette deutlich besser ausgeprägt. Gegen die Rehmofette spricht weiterhin ihr bültiges Oberflächenrelief, welches die Qualität der CO_2-Messwerte beeinträchtigt.

3.2.5 Sumpfmofette

Bei der Sumpfmofette handelt es sich um eine isolierte, abgerundete Struktur, die vollständig auf dem ebenen Talboden liegt. Die beiden sich rechtwinklig kreuzenden Transekte wurden so angelegt, dass Aufnahme 19 des Längstransektes und Aufnahme 21 des Quertransektes zusammenfallen. Das Mofettenzentrum ist durch ausgeprägte, periodisch wasserführende Schlenken charakterisiert. Sein stark bültiges Oberflächenrelief führte bei den CO_2-Messungen zu starken Wertesprüngen. Die in 10 cm Tiefe erreichten CO_2-Konzentrationen liegen zwischen 2,1 bis 76,3 % (Längstransekt) bzw. 0,9 bis 45,4 % (Quertransekt). Konzentrationen von 100 % wurden erst ab 40 cm Tiefe gemessen. Wie bei anderen Transekte (s. Kap. 3.2.3.3 und 3.2.4) führte hoch anstehendes Grundwasser auch in der Sumpfmofette zum Ausfall zahlreicher Messwerte in der Tiefenstufe 60 cm.

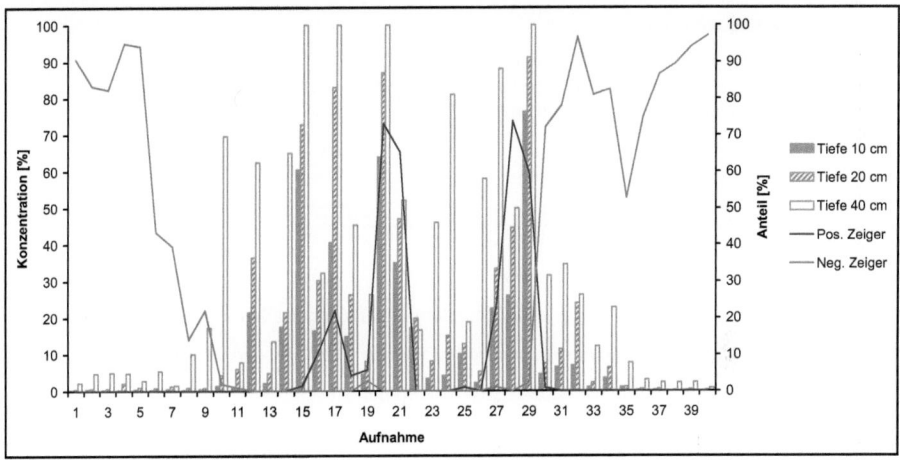

Abb. 40: CO_2-Konzentration und Mofettenzeiger auf dem Längstransekt der Sumpfmofette.

Wegen des gleichmäßigen, konzentrischen Aufbaus der aus Kontroll-, Übergangs- und Mofettenvegetation bestehenden Gesamtstruktur weisen die Transekte weitgehende Übereinstimmungen auf: Beide beginnen und enden in einer Kontrollzone, die als *Valeriano-Filipenduletum* ausgebildet ist und meist vom Echten Mädesüß *(Filipendula ulmaria)* dominiert wird. Andere wichtige Elemente dieses Bereiches sind *Galium aparine, Galium palustre, Lysimachia vulgaris, Phalaris arundinacea, Rumex aquaticus, Scutellaria galericulata, Stachys palustris* und *Urtica dioica*. Die Transektmitte bleibt einer *Deschampsia cespitosa*-dominierten Mofettenzone vorbehalten.

Der in Abb. 40 dargestellte Längstransekt weist auf den ersten 11 m keine nennenswerten CO_2-Ausgasungen auf. Hier dominieren die negativen Mofettenzeiger während positive fehlen. Die von Aufnahme 12 bis 29 reichende, vermutlich durch Torfbildung erhöhte Mofettenzone weist aufgrund ihrer Bültigkeit stark variierende CO_2-Konzentrationen auf. Während negative Mofettenzeiger nur noch vereinzelt vorkommen, profitiert vor allem die mofettenvage *Deschampsia cespitosa* vom Wegfall der hochwüchsigen Staudenkonkurrenz. Die Grasbestände gleichen z. T. einer Monokultur der Rasenschmiele. Nur in Teilbereichen dieses Transektabschnitts ermöglichen Mofettenzeiger wie *Eriophorum vaginatum* eine Zuordnung zum *Eriophorum-Deschampsia*-Typ (s. Kap. 3.3.3), einer Einheit, die nur in der Sumpfmofette angetroffen wurde. Das konkurrenzschwächere Scheiden-Wollgras kann sich vor allem an den Rändern der tiefen Schlenken halten, wo es seine CO_2-Toleranz auszuspielen vermag. Ab Aufnahme 30 beginnt die nordwestliche Kontrollzone, welche ein ähnliches Bild bietet wie die Anfangssequenz. Mit Hilfe des F-Zeigerwertes lässt sich zur Plesná hin ein merklichen Anstieg der Bodenfeuchte nachweisen ($r_s = 0{,}71$; $p < 0{,}001$; $n = 40$).

In Tab. 25 sind die Korrelationen zwischen der CO_2-Konzentration und den Anteilen der Mofettenzeiger dargestellt. Die engen Beziehungen fallen bei der negativen Zeigergruppe etwas stringenter aus als bei der positiven.

Tab. 25: Rangkorrelationskoeffizient nach Spearman für die CO_2-Konzentration und die Anteile der Mofettenzeiger auf dem Längstransekt der Sumpfmofette. Alle Beziehungen sind höchst signifikant (***).

	10 cm	20 cm	40 cm	n
Pos. Zeiger	0,73 ***	0,72 ***	0,60 ***	40
Neg. Zeiger	-0,73 ***	-0,72 ***	-0,73 ***	40

Der Quertransekt, welcher in Abb. 41 präsentiert wird, unterscheidet sich in punkto Ausgasungsaktivität und Pflanzenkleid nur wenig vom Längstransekt. Es weist allerdings keinen Feuchtetrend auf. Das *Valeriano-Filipenduletum* nimmt die Aufnahmen 1 bis 13 und 26 bis 37 ein, während Mofettenvegetation vom *Eriophorum-Deschampsia*-Typ den Abschnitt dazwischen besiedelt.

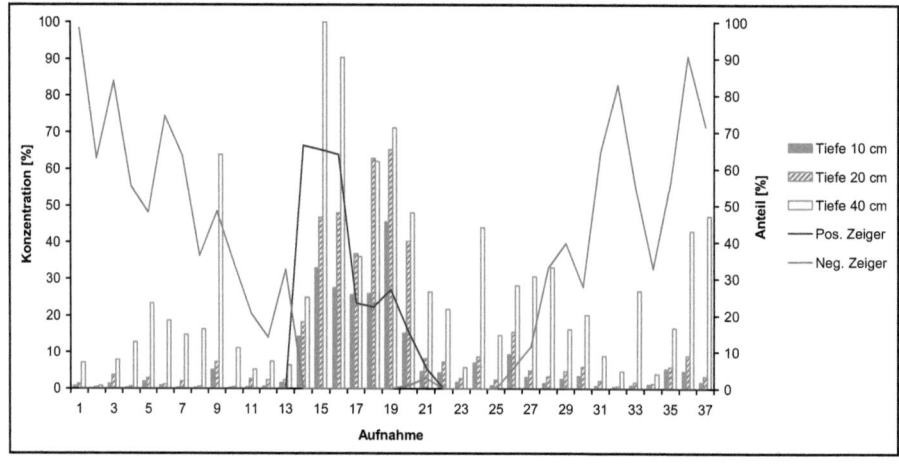

Abb. 41: CO_2-Konzentration und Mofettenzeiger auf dem Quertransekt der Sumpfmofette.

In Tab. 26 sind die Korrelationen zwischen den CO_2-Konzentrationen und den Anteilen der Mofettenzeigergruppen vergleichend dargestellt. In Relation zum Längstransekt fallen die Beziehungen beim Quertransekt stets schwächer aus. Besonders deutlich sind die Unterschiede, wenn man die negativen Mofettenzeiger und die CO_2-Konzentration in 40 cm Tiefe betrachtet. Es ist weiterhin erkennbar, dass die positiven Indikatoren beim Quertransekt die engeren Korrelationen aufweisen, während sich die Relation beim Längstransekt umkehrt.

Tab. 26: Rangkorrelationskoeffizient nach Spearman für die CO_2-Konzentration und die Anteile der Mofettenzeiger auf dem Quertransekt der Sumpfmofette. Die Beziehungen sind signifikant (*) oder höchst signifikant (***).

	10 cm	20 cm	40 cm	n
Pos. Zeiger	0,69 ***	0,70 ***	0,59 ***	36 – 37
Neg. Zeiger	-0,59 ***	-0,61 ***	-0,38 *	36 – 37

Fazit

Die Sumpfmofette steht beispielhaft für eine große, isolierte Talmofette mit aktiver Torfbildung. Als solche ist sie im untersuchten Mofettenkollektiv einzigartig, wenngleich der Typus im Plesná-Tal weit verbreitet ist. Gleiches gilt für den *Eriophorum-Deschampsia*-Typ der Mofettenvegetation. Die gleichmäßig-konzentrische Vegetationszonierung ließe eine flächige Untersuchung lohnend erscheinen, die bislang allerdings an der Größe des Objektes gescheitert ist. Die Bültigkeit des Terrains wirft hier ähnliche messtechnische Probleme auf wie in der Rehmofette (s. Kap. 3.2.4).

3.3 Mofettenzeiger und Mofettentypen

3.3.1 Synoptische Vegetationstabelle

Tab. 27 bietet einen Auszug aus der synoptischen Vegetationstabelle für das Plesná-Tal, der sich auf die Differentialarten der beiden Teiltabellen beschränkt (vollständige Tabelle in Anh. 5). Es handelt sich dabei um eine Zusammenschau der differenzierten Einzeltabellen von 16 Transekten, welche den in Kap. 2.2 definierten Mindestanforderungen entsprechen und bei Transektlängen von 16 bis 76 m einen beträchtlichen Teil der im Gebiet gefundenen Mofettentypen repräsentieren. Wiese und Borstgrasmofette können die Vorteile großer Strukturvielfalt und besonders intensiver Bearbeitung auf sich vereinen, weshalb sie mit jeweils fünf berücksichtigten Transekten eine herausgehobene Stellung einnehmen. Birnen-, Reh- und Sumpfmofette steuern jeweils zwei Transekte bei und ergänzen das Spektrum um weitere Aspekte und Erscheinungsformen.

Freilich kann die Tabelle keinen Anspruch auf Vollständigkeit erheben. So wurde etwa in einer nassen Wagenspur nördlich der Wiese der *Phleum-Alopecurus*-Typ beschrieben. Dort wird das von *Alopecurus geniculatus* besiedelte Ausgasungszentrum einer nur ca. 1 m breiten Kleinstmofette von *Phleum pratense*-Reinbeständen umrahmt. Der *Sphagnum-Eriophorum*-Typ konnte südöstlich der Borstgrasmofette in der „Moormofette" dokumentiert werden (s. PELZ 2010). Unter extrem nassen Bedingungen wird der mäßig bis stark ausgasende, ca. 5 m breite Kernbereich von einer recht artenreichen Mischvegetation aus *Eriophorum vaginatum,* anderen Mofettophyten und diversen Torfmoosarten besiedelt. Die beiden o. g. Typen fanden aus unterschiedlichen Gründen in dieser Arbeit keine Berücksichtigung. Im ersten Fall war die Struktur zu klein und zu stark gestört, um repräsentativ zu sein. Das zweite Objekt wurde erst im Juli 2009 aufgenommen, als die synoptische Vegetationstabelle schon fertiggestellt war. Aufgrund des noch geringen Durchforschungsgrades der ca. 130 Mofetten im Plesná-Tal (HAHNE, mündl. Mitt.) ist von der Existenz weiterer, bis dato unbekannter Typen auszugehen, aus deren Erkundung sich noch interessante Forschungsansätze ergeben könnten.

Aufgrund der in den Kap. 2.2 und 2.5 geschilderten, Vorgehensweise bei Transektanlage, Vegetationsaufnahme, Transektgliederung und Tabellenarbeit können die Differenzialarten der Tab. 27 als lokale, d. h. im Untersuchungsgebiet gültige Indikatorarten für Mofetten- und Kontrollstandorte angesehen werden. Sie sollen im Folgenden als positive und negative Mofettenzeiger bezeichnet werden, die Begleitarten als Mofettenvage. Die ursprünglich gewählten Bezeichnungen „Mofettenzeiger" und „Nichtmofettenzeiger" wurden verworfen, da man „Nichtmofettenzeiger" begrifflich mit den Arten ohne Zeigereigenschaft, d. h. den Mofettovagen verwechseln könnte. Die Adjektive „positiv" und „negativ" stellen außerdem einen Bezug zum Vorzeichen her, das den beiden Gruppen bei der Berechnung des Zeigerindex zukommt (s. Kap. 2.5.3).

Es sei erwähnt, dass das beschriebene Zeigerartenkollektiv ähnlich unvollständig ist wie jenes der Mofettentypen. Im verbleibenden Artenkollektiv der synoptischen Tabelle (s. Anh. 5) dürften sich noch etliche positive und negative Zeiger verbergen, derer man mit der gegebenen Methodik und Flächenanzahl bislang nicht habhaft werden konnte. Ihre Kenntnis könnte die Aussagekraft der Untersuchungsergebnisse vermutlich noch etwas verbessern, wenngleich die Steigerungsrate angesichts der bereits erzielten, guten Resultate nicht allzu groß sein dürfte. Auf die prinzipiell mögliche Aufschlüsselung der Restgruppe in „nachweislich Mofettenvage" und „Arten mit bis dato unbekannten Zeigereigenschaften" wurde hier verzichtet, da die im weiteren Verlauf durchgeführten Flächendarstellungen und statistischen Berechnungen fast nur auf den Gruppen der positiven und negativen Zeiger basieren. Somit hätte die Unterteilung der „sonstigen Arten" eher zu einer Verkomplizierung der Sachverhalte als zu mehr Klarheit geführt. Um der Bedeutung der erwiesenen Mofettovagen Arten als Strukturbildnern der Mofettenvegetation dennoch gerecht zu werden, sollen ihre wichtigsten Vertreter in den Kap. 3.4 und 3.5 als Einzelarten gewürdigt werden.

Bei der Betrachtung von Tab. 27 fällt auf, dass die Anzahl der positiven Mofettenzeiger mit 18 Arten kaum niedriger ist als die der negativen mit 23 Arten. Dies deckt sich mit der Beobachtung, dass sich Mofetten- und Kontrollvegetation hinsichtlich ihrer α-Diversität fast nicht unterscheiden. Ausnahmen treten auf, wenn extrem hohe CO_2-Konzentrationen die Artengarnitur der Mofettenvegetation auf die resistentesten Spezies reduzieren oder Düngungseffekte in den Kontrollbereichen zur Ausbildung artenarmer Nitrophytenfluren bzw. Grasbestände führen. Im Vergleich zur Vegetation italienischer Mofetten, wie sie z. B. MIGLIETTA (1993) und SELVI (1997) beschreiben, scheint sich die tschechische Mofettenvegetation zumindest abseits der extremsten Standorte durch größeren Artenreichtum auszuzeichnen.

Fazit

Durch Zusammenführung zweier unterschiedlicher vegetationskundlicher Ansätze, der in Mitteleuropa gebräuchlichen Methode nach BRAUN-BLANQUET (1964) und der in Nordamerika favorisierten Gradientenanalyse (s. WHITTAKER 1973), ist es gelungen, mit überschaubarem Aufwand zu einer brauchbaren mofettenökologischen Vegetationsgliederung zu gelangen. Tab. 27 bildet das Herzstück der gesamten Untersuchung. Mit ihrer Erstellung wurde eines der beiden Hauptziele dieser Arbeit erreicht (s. Kap. 1.3). Gleichzeitig bildet die synoptische Vegetationstabelle die Datengrundlage der folgenden Kapitel.

Tab. 27: Ausschnitt aus der synoptischen Vegetationstabelle für das Plesná-Tal. Dargestellt sind nur die Mofettenzeiger.

		Teiltabellen Mofettenzone (M)	Teiltabellen Kontrollzone (K)	Stet.
	Mofette	Wi Wi Wi Wi Wi Bi Bi Bo Bo Bo Bo Re Su Su	Bi Bi Bo Bo Wi Wi Wi Wi Wi Bo Bo Bo Su Re Re	
	Transekt	Q3 Q1 Q5 Q2 Q4 Q2 Q1 Q1 Q2 L1 L2 L1 L2 Q1	Q2 Q1 L1 L2 Q4 Q3 Q2 Q5 Q1 L1 Q3 Q2 Q1 L1 L2	M K
	Aufnahmen	12 11 15 15 14 10 9 24 25 23 8 5 29 32 18 13	8 9 17 8 57 54 46 61 45 22 21 25 26 24 13 10	
Positive Mofettenzeiger	Eriophorum angustifolium	III II	. . . .	I .
	Leontodon autumnalis	III . V	. . . . r . r . r	I I
	Hieracium lachenalii	II . . . III II II . r r	. . . .	II .
	Luzula campestris	. . + . . + II + + r V . . .	. I . . . . r .	III I
	Aulacomnium palustre (M)	V V V V V . . IV IV V V III III II II	. . I I I + r + . r II III . . +	V IV
	Eriophorum vaginatum	V I . II V . . II III I . IV III I III III	. . . . r r + I . + . .	IV II
	Rumex acetosella	. . . + . III . III IV III IV III . II II .	. . + . r . . r r	III II
	Nardus stricta	. . . . . I . III IV IV V II III . .	. I r	III I
	Calluna vulgaris	. . . . . IV V III IV IV . I I . .	. . . .	III .
	Festuca ovina	. . . . . III IV III IV III V II III III II I	. I + II + . r . . . I I I . I	IV III
	Pleurozium schreberi (M)	. . . . . V V . . + . r r + II	. . . .	III .
	Hieracium pilosella	. . . . + V III	. . . .	II .
	Pohlia nutans (M)	. . . . . . III II II	. . . .	I .
	Cladonia maciienta (F)	. . . . . . III III	. . . .	I .
	Hieracium lactucella	. . . . . . II II II	. . . .	I .
	Cladonia pyxidata (F)	. . . . . . III I . III	. . . .	I .
	Polytrichum commune (M)	. . . . r r III .	. . . .	I .
	Danthonia decumbens	. . . . II III . .	. . . .	I .
Negative Mofettenzeiger	Brachythecium salebr. (M)	. . . .	V II	I .
	Populus tremula	. . . .	I III	I .
	Linaria vulgaris	. . . .	. III	I .
	Agrostis capillaris	. + ... I . . II . .	III IV II V + + III r . II	II IV
	Veronica chamaedrys	. + . + ... + ...	I III V II I I II . I	II IV
	Elymus repens	. . . . I	. II V III r r . . . . II	. III
	Agrostis stolonifera	. . . .	. II II II II . IV . II . . + . . .	+ III
	Galium aparine	. . . . . . + ...	II III . II + . r II . . + II . . .	+ III
	Anthriscus sylvestris	. . + . + . . . + ...	IV V III IV V V V III II . I II . . .	II V
	Urtica dioica	. . . .	. III II II I III II III . . IV II . . .	. IV
	Galium uliginosum	. + . + ... I I + +	. IV IV II III III III II V II II III IV III .	III V
	Lotus penduculatus	. . . . r . .	. . III I + . II I . . V . II . .	+ III
	Cirsium arvense	. + ... + I .	. III III III III III II IV II . III	I III
	Bistorta officinalis	. III + . I . . I + . . I . r .	. III III III III II III III IV IV IV r + . .	III IV
	Filipendula ulmaria	. . . .	. . III III II III . III III . IV	. IV
	Stachys palustris	. . . . + ...	. . II . III II II I + IV . . I . .	I III
	Rumex aquaticus	. . . .	. . . + + + r II II III II r IV . .	. IV
	Lysimachia vulgaris	. . . . + ...	. . . . . . + II III I II V V + . .	+ III
	Phalaris arundinacea	. . . . + ...	. . . . II . II r + III . + . . .	+ II
	Scutellaria galericulata	. . . . I . . .	. . . . r II II + IV I II	+ II
	Potentilla palustris	. . . . I .	. . . . III II r r . .	+ II
	Juncus conglomeratus	. . . .	. . . . III I . I + .	. II
	Equisetum fluviatile	. . . .	. . . . III . . II I .	. II

3.3.2 Ökologische Eigenschaften der Mofettenzeiger

In Tab. 28 werden die 41 Indikatorarten mit ihrer pflanzensoziologischen Zugehörigkeit und den sechs Hauptzeigerwerten dargestellt. Von den positiven Mofettenzeigern lassen sich zehn Arten syntaxonomischen Einheiten zuordnen, von denen die Hälfte auf die Klasse *Nardo-Callunetea* mit der Ordnung *Nardetalia* entfällt. Zwei Taxa gehören der Klasse *Oxycocco-Sphagnetea* an, die restlichen verteilen sich auf die Klasse *Scheuchzerio-Cariceteae nigrae* und die zu anderen Einheiten gehörenden Verbände *Cynosurion* und *Quercion robori-petraeae*.

Bei den negativen Mofettenzeigern ist eine Eingruppierung in 17 Fällen möglich. Größte Bedeutung hat hier die Klasse *Molinio-Arrhenatheretea,* der sieben Arten zugeordnet werden konnten. Von diesen gehören sechs der Ordnung *Molinietalia* und ihren Verbänden *Filipendulion* und *Calthion* an, während *Anthriscus sylvestris* die Ordnung *Arrhenatheretalia* vertritt. Mit vier Spezies ist auch die Ordnung *Phragmitetalia* in der Klasse *Phragmitea* stark repräsentiert. Zwei dieser Sippen kennzeichnen die Verbände *Bolboschoenion maritimi* und *Magnocaricion*.

Tab. 28: Übersicht der Mofettenzeiger des Plesná-Tales (soziologisches Verhalten und Zeigerwerte nach ELLENBERG 1986 und ELLENBERG et al. 1992).

	Pflanzenart	Soziologisches Verhalten	L	T	K	F	R	N
Positive Mofettenzeiger	Aulacomnium palustre (M)	Oxycocco-Sphagnetea	7	2	6	7	3	-
	Calluna vulgaris	Nardo-Callunetea	8	x	3	x	1	1
	Cladonia macilenta (F)	-	7	5	6	x	2	1
	Cladonia pyxidata (F)	-	7	x	6	x	x	2
	Danthonia decumbens	Nardo-Callunetea	8	x	2	x	3	2
	Eriophorum angustifolium	Scheuchzerio-Caricetea nigrae	7	x	x	9	4	2
	Eriophorum vaginatum	Oxycocco-Sphagnetea	7	x	x	9	2	1
	Festuca ovina	x	7	x	3	x	3	1
	Hieracium lachenalii	Quercion robori-petraeae	5	5	x	4	4	2
	Hieracium lactucella	Nardetalia	8	x	3	6	4	2
	Hieracium pilosella	anthropo-zoogene Heiden und Rasen	7	x	3	4	x	2
	Leontodon autumnalis	Cynosurion	7	x	3	5	5	5
	Luzula campestris	Nardo-Callunetea	7	x	3	4	3	3
	Nardus stricta	Nardetalia	8	x	3	x	2	2
	Pleurozium schreberi (M)	-	6	3	6	4	2	-
	Pohlia nutans (M)	-	5	x	6	4	2	-
	Polytrichum commune (M)	-	6	2	6	7	2	-
	Rumex acetosella	x	8	5	3	3	2	2
Negative Mofettenzeiger	Agrostis capillaris	anthropo-zoogene Heiden und Rasen	7	x	3	x	4	4
	Agrostis stolonifera	Agrostietalia stoloniferae	8	x	5	7	x	5
	Anthriscus sylvestris	Arrhenatheretea	7	x	5	5	x	8
	Bistorta officinalis	Molinietalia	7	4	7	7	5	5
	Brachythecium salebrosum (M)	-	6	4	5	4	6	-
	Cirsium arvense	krautige Vegetation oft gestörter Plätze	8	5	x	x	x	7
	Elymus repens	Agropyretalia intermediae-repentis	7	6	7	x	x	7
	Equisetum fluviatile	Phragmitetalia	8	4	x	10	x	5
	Filipendula ulmaria	Filipendulion	7	5	x	8	x	5
	Galium aparine	Artemisietea	7	6	3	x	6	8
	Galium uliginosum	Molinietalia	6	5	?	8	x	2
	Juncus conglomeratus	Molinietalia	8	5	3	7	4	3
	Linaria vulgaris	Onopordetalia	8	6	5	4	7	5
	Lotus penduculatus	Calthion	7	5	2	8	6	4
	Lysimachia vulgaris	x	6	x	x	8	x	x
	Phalaris arundinacea	Phragmitetalia	7	5	x	8	7	7
	Populus tremula	x	6	5	5	5	x	x
	Potentilla palustris	Caricion lasiocarpae	8	x	x	9	3	2
	Rumex aquaticus	Bolboschoenion maritimi	7	6	7	8	7	8
	Scutellaria galericulata	Magnocaricion	7	6	5	9	7	6
	Stachys palustris	Filipendulion	7	5	x	7	7	6
	Urtica dioica	Artemisietea	x	x	x	6	7	9
	Veronica chamaedrys	x	6	x	x	5	x	x

Anders als die *Molinio-Arrhenatheretea* gehören die *Phragmitetea* nicht zur Grünland-, sondern zur Wasser- und Moorvegetation. Folglich liegt der Schwerpunkt dieser Gruppe mehr im Sumpfgebiet als auf der Wirtschaftswiese. Zu den eigentlichen Sumpfpflanzen gehört auch *Potentilla palustris* als Verbandskennart des *Caricion lasiocarpae*. Drei negative Mofettenzeiger sind Charakterarten der ruderal verbreiteten Klasse *Artemisietea*, davon gilt *Linaria vulgaris* als Element der *Onopordetalia*. Zur ruderalen Klassengruppe „Krautige Vegetation oft gestörter Plätze" zählen außerdem

Agrostis stolonifera und *Elymus repens,* bei denen es sich um Kennarten der Ordnungen *Agrostietea stoloniferae* bzw. *Agropyretalia intermediae-repentis* handelt.

Vergleicht man Tab. 28 mit den Artenlisten anderer europäischer Mofettengebiete (s. Kap. 1.2.6), dann stellt man nur minimale Übereinstimmungen fest. So findet sich mit *Agrostis stolonifera* ausgerechnet ein negativer Mofettenzeiger auf der italienischen Mofettenpflanzenliste wieder. Das Beispiel zeigt, dass man Zeigereigenschaften, die in einem kleinen Gebiet für bestimmte Mofettentypen gelten, nicht ohne weiteres verallgemeinern darf. Um zu diesem Schluss zu kommen ist im Falle von *Agrostis stolonifera* keine Italienreise nötig: Schon im wenige Kilometer vom Plesná-Tal entfernten Naturschutzgebiet Soos stößt man auf einen Einartbestand des Weißen Straussgrases, der sich ringförmig um eine stark gasende, nasse Mofetten zieht.

Eine andere „italienische" Art ist *Calluna vulgaris.* Die Besenheide ist in Italien ein Zeiger von Geothermstandorten, wobei sich ihr Vorkommen in Mittelitalien auf die standörtlich besonders extremen „soffioni boracerifi", mit ihren heißen, borsäurehaltigen Böden beschränkt (SELVI & BETTARINI 1999). Nach VON FABER (1925) sind Ericaceen die tyischen „Solfatarenpflanzen" der indonesischen Insel Java. Die Beispiele zeigen, dass die Heidekrautgewächse aufgrund ihrer Azidotoleranz für die Besiedlung saurer Geothermstandorte prädestiniert sind. Bei *Nardus sticta* lohnt der Blick nach Island, wo das Borstgras gleichfalls als positiver Mofettenzeiger fungiert (COOK et al. 1997, 1998).

Die Artenkombination der im Plesná-Tal untersuchten Mofetten ist vermutlich eine Funktion der CO_2-Konzentration, der sonstigen Standortseigenschaften (s. Kap. 3.3.4), des in der näheren Umgebung vorhandenen Pools von Arten, die hinsichtlich ihrer physiologischen Amplitude potenziell „mofettentauglich" sind, und deren standortspezifischer Konkurrenzkraft (s. WISHEU & KEDDY 1992). Die Tatsache, dass alle positiven Mofettenzeiger auch an nahe gelegenene Kontrollstandorten gefunden wurden, scheint diese These zu bestätigen. Für die Besiedlung der stark sauren Mofettenböden sind vor allem die Arten der Borstgrasrasen prädestiniert, was sich in auffallend starker Repräsentanz der Gruppe äußert.

Auch die Mofetten am Ostufer des Laacher Sees passen in dieses Bild: Da sich unter den Waldbodenpflanzen keine potenziellen Mofettenbesiedler finden, drängen Helophyten vom Seeufer in die freie Nische und besiedeln Standorte an denen sie ansonsten niemals konkurrenzfähig wären. Da die in Kap. 1.2.6 aufgeführten Arten europaweit verbreitet sind, zeigt die Laacher Artenliste trotz stark abweichender Standortsbedingungen gewisse Übereinstimmungen mit dem feuchten *Agrostietum caninae* ssp. *monteluccii* (s. SELVI 1997).

Wie kann man nun die fundamentalen Unterschiede in der Zusammensetzung der Mofettenfloren im Plesná-Tal und am Laacher See erklären? Schattenwurf kommt als entscheidender Faktor nicht in Betracht, da auch die helophytischen Besiedler der Waldmofetten eigentlich Lichtpflanzen sind

(s. ELLENBERG et al. 1992). Dagegen weisen die Mofettenstandorte am Laacher See deutlich höhere pH-Werte auf als dies im tschechischen Untersuchungsgebiet der Fall ist (s. HENNIGFELD 2007). Folglich ist für die Besiedlung der erstgenannten Mofetten keine besondere Azidotoleranz erforderlich, weshalb normale Sumpfpflanzen in die Ausgasungsbereiche vorstoßen und die Vorteile ihres Durchlüftungsgewebe ausspielen können (s. Kap. 1.2.5). Bei sehr sauren Standorten könnte die Bodenazidität allerdings eine derart entscheidende Rolle spielen, dass potenziell flach wurzelnde, säureadaptierte Arten wie *Calluna vulgaris* (vgl. SELVI & BETTARINI 1999) Konkurrenzvorteile gegenüber den Helophyten hätten, es sei denn Letztere zeichnen sich wie *Carex nigra* und *Eriophorum vaginatum* ebenfalls durch Azidotoleranz aus (s. ELLENBERG et al. 1992).

Vor der Interpretation der Zeigerwerte aus Tab. 28 sollen in Abb. 42 zunächst ihre Mittelwerte dargestellt werden. Während die Stärke des arithmetischen Mittels in der Komprimierung der Tabelleninformation liegt, erlauben es die in Abb. 43 präsentierten Zeigerwertspektren, den Inhalt der Tabelle bei maximalem Informationsgehalt anschaulich zu präsentieren (s. ELLENBERG et al. 1992). Es ist zu beachten, dass die Mofettenzeiger nur einen Ausschnitt der an den Wuchsorten vorhandenen Artengarnitur darstellen, wodurch ihre ökologischen Zeigerwerte insbesondere bei niedrigen Artenzahlen nur ein Zerrbild der realen Standortsbedingungen liefern können (vgl. BÖCKER 1983).

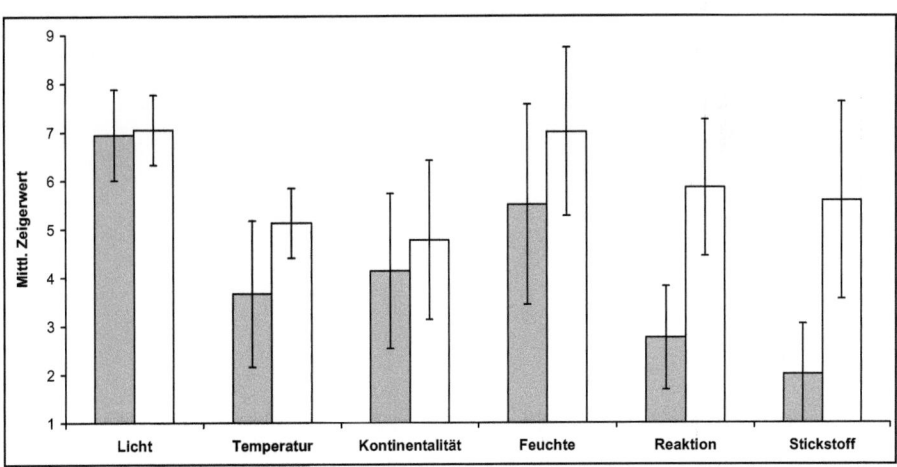

Abb. 42: Mittlere Zeigerwerte der in Tab. 28 enthaltenen Arten. Angegeben ist die Standardabweichung. Graue Balken symbolisieren die positiven Mofettenzeiger, weiße Balken die negativen.

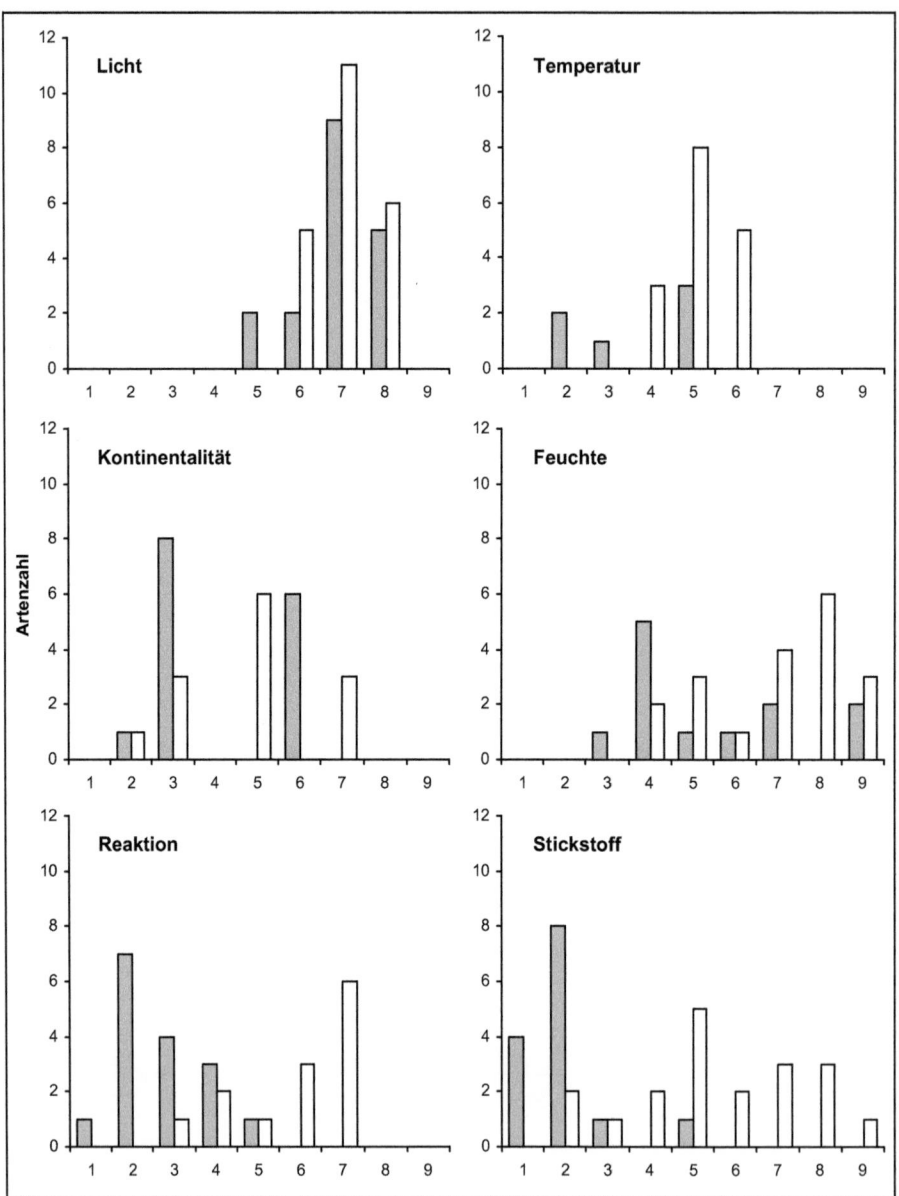

Abb. 43: Zeigerwertspektren zu Tab. 28. Graue Balken symbolisieren die positiven Mofettenzeiger, weiße Balken die negativen. Stufe 9 und 10 der Feuchtezahl wurden zusammengefasst.

3.3.2.1 Lichtzahl

Das Spektrum der Lichtzahl beschränkt sich auf die Stufen 5 bis 8 (positive Mofettenzeiger) bzw. 6 bis 8 (negative Mofettenzeiger). Verglichen mit den anderen Spektren erscheint die Verteilung daher sehr gedrängt. Modalwert und Median ensprechen in beiden Kollektiven der Stufe 7. Die Mittelwerte weichen mit 6,9 und 7 höchstens geringfügig ab. Alles deutet auf ein Schwergewicht der Halblichtpflanzen hin, welche bevorzugt „bei vollem Licht, aber auch im Schatten" gedeihen (ELLENBERG et al. 1992). Dagegen fehlen die waldanzeigenden Schattenpflanzen. Die Kollektivmittelwerte stimmen auffällig gut mit dem Mittel aller auf den Transekten vorkommenden Arten überein, der im Folgenden als Gesamtzeigerwert bezeichnet werden soll. Mit 6,8 bringt er den fehlenden oder schütteren Gehölzbestand im Bereich der Transekte treffend zum Ausdruck und bescheinigt den Untersuchungsobjekten einen gleichmäßig hohen Lichtgenuss (vgl. Kap. 2.2).

3.3.2.2 Temperaturzahl

Ein Blick auf die Temperaturzeigerwerte in Tab. 28 macht deutlich, dass zwei Drittel der positiven Mofettenzeiger temperaturvag sind, wogegen dies nur für 30 % der negativen Mofettenzeiger und 49 % aller untersuchten Arten gilt. Median und Mittelwert der positiven Gruppe unterschreiten mit 4 bzw. 3,7 deutlich den Modalwert von 5. Das nach rechts verschobene Spektrum der Mofettophoben weist bei gleichem Modalwert ein Schwergewicht bei den Mäßigwärmezeigern auf, die nach ELLENBERG et al. (1992) hauptsächlich „submontan-temperat" verbreitet sind. Ein wichtiger Gradmesser ist der signifikant höhere Medianwert von 5 (Mann-Whitney-Test). Der Mittelwert von 5,1 differiert fast nicht vom Median, dafür aber umso deutlicher vom Vergleichswert der positiven Zeigergruppe.

Bei der Interpretation der Unterschiede ist die schmale Datenbasis der positiven Mofettenzeiger zu beachten. Sie erklärt, warum das Vorkommen dreier Moose, die ihren Verbreitungsschwerpunkt in kühlen bis kalten Lagen haben, die Werte des Kollektivs deutlich zu senken vermag. Da es sich gleichzeitig um konkurrenzschwache, aber azidotolerante Arten handelt, sind sie außerhalb ihres Temperaturoptimums weitgehend an Mofettenbereiche mit lückiger, peinomorpher Vegetation gebunden. Eine mäßige Korrelation zwischen den Gesamtzeigerwerten für Temperatur und Reaktion (r_s = 0,5; $p < 0,001$) legt solche Bindungen auch bei anderen kältetoleranten Arten nahe. Es kann auf jeden Fall festgestellt werden, dass die Zahlenwerte der positiven Mofettenzeiger nicht die realen Temperaturverhältnisse widerspiegeln, die sich in den Mofetten- und Kontrollbereichen gleichen (VODNIK et al. 2009). Der T-Zeigerwert der negativen Mofettenzeiger ist nicht von Scheinbeziehungen betroffen, weshalb er sich gut mit dem Gesamtzeigerwert von 5 und den klimatisch-topografischen Daten des Untersuchungsgebietes in Einklang bringen lässt (s. Kap. 2.1.2). Die auffallende Häufung temperaturvager Mofettophyten bestätigt den grundsätzlich azonalen Charakter der Mofettenvegetation, auf den bereits SELVI & BETTARINI (1999) hingewiesen haben.

3.3.2.3 Kontinentalitätszahl

Bei der Kontinentalitätszahl erscheinen die Spektren lückig und auseinandergezogen. Dies hat zur Folge, dass die Median- und Modalwerte der beiden Kollektive um zwei Zähler differieren, wobei die Unterschiede nicht signifikant sind. Letzteres gilt auch für den Mittelwert, der für die positiven Mofettenzeiger 4,1 und für die negativen 4,7 beträgt. Die mittleren K-Zahlen der beiden Kollektive deuten ein Schwerpunktvorkommen der Arten im subozeanischen bis intermediären Klima an (s. ELLENBERG et al. 1992; ROTHMALER 1994). Der Gesamtzeigerwert von 4 zeigt subozeanische Verhältnisse an, während die realen Klimaparameter das subkontinentale Element stärker betonen (s. Kap. 2.1.2).

3.3.2.4 Feuchtezahl

Den Spektren der Feuchtezahl fehlen die eigentlichen Trockniszeiger. Die Werte reichen bei den positiven Zeigern von 3 bis 9 und bei den negativen von 4 bis 10, wobei die Wertstufe 8 den negativen Zeigern vorbehalten ist. Die Spektren sind normalverteilt, was die Anwendung des t-Tests ermöglicht (vgl. LORENZ 1996; RUDOLF & KUHLISCH 2008). Bei der positiven Zeigergruppe liegt der Modalwert bei 4, der Median bei 4,5 und das arithmetische Mittel bei 5,5. Es dominieren somit die Indikatoren mittlerer Feuchteverhältnisse (s. ELLENBERG et al. 1992). Demgegenüber ist das Spektrum der negativen Mofettenzeiger um eine Position nach rechts verschoben. Dadurch wird sogar die Wertstufe 10 der Wechselwasserzeiger erreicht, welche schon oberhalb der Skala des terrestrischen Feuchterahmens liegt (s. ELLENBERG et al. 1992). Die statistischen Kenngrößen dieser Gruppe sind 8 für den Modalwert sowie 7 für den Median und das arithmetische Mittel. Es ist somit ein Schwergewicht bei den „Feuchtezeigern" zu verzeichnen. Die mit 2,5 bzw. 1,5 Zählern recht große Differenz der Median- und Mittelwerte ist auf die auffällige, fast spiegelbildliche Asymmetrie der beiden Verteilungen zurückzuführen. Der Unterschied ist für beide Größen signifikant (Mann-Whitney-Test, t-Test).

Die signifikanten Unterschiede zwischen den beiden Kollektiven sind von grundlegender Bedeutung, sprechen sie doch gegen die Allgemeingültigkeit der Aussage von PFANZ (2008), dass die Wurzeln der Mofettophyten i. d. R. durch ein Aerenchym mit Sauerstoff versorgt würden, weshalb Mofettenpflanzen meist Sumpfpflanzen seien und Helophyten andererseits wegen ihres Aerenchyms eine hohe CO_2-Toleranz hätten. Ganz im Gegenteil: Unter den in Tab. 28 geführten CO_2-Indikatoren feuchter bis nasser Standorte (F-Zeigerwert ≥ 7) befinden sich mit 4 zu 13 Arten deutlich weniger positive als negative Mofettenzeiger, wobei die Hydrophilen bei der ersten Indikatorengruppe 33 % und bei der zweiten 76 % der bewerteten Arten ausmachen. Die „Helophyten-Hypothese" kann andererseits nicht kategorisch verworfen werden: Sie behält ihre Gültigkeit wo moderate pH-Werte das mofetticole Wachstum von Nichtazidophyten grundsätzlich zulassen.

Das Gesamtmittel der F-Zahl von 6,3 liegt 0,7 Zähler unter dem der Mofettophoben, aber immer noch 1,2 Zähler über dem der Mofettophilen. Da keine Zusammenhänge zwischen der CO_2-Ausgasung und dem Bodenwassergehalt gefunden werden konnten, ist anzunehmen, dass die positiven Mofettenzeiger grundsätzlich dasselbe Feuchtespektrum besiedeln wie die sonstigen Arten. Das Phänomen lässt sich erklären, wenn man den Wasserfaktor mit den Wuchsbedingungen der Mofetten kombiniert und darauf zurückkommt, dass die meisten positiven Mofettenzeiger (vermutlich) nicht über ein Aerenchym oder physiologische Anpassungen an sauerstoffarme Böden verfügen (s. Kap. 1.2.5). Sie müssen den O_2-Mangel im Boden daher durch eine der folgenden Vermeidungsstrategien kompensieren:

- Moose und Flechten besitzen keine Wurzeln. Sie sind daher nicht auf den Sauerstoff in der Bodenluft angewiesen.
- Viele Mofettenpflanzen bilden ein sehr flaches, oberflächennahes Wurzelwerk aus, welches sich aus dem Boden selbst mit Sauerstoff versorgen kann (auf schwach bis mäßig ausasende Bereiche beschränkt).
- Einige Rankpflanzen wurzeln am CO_2-armen Mofettenrand und überziehen die Kernzone mit kriechenden oder die übrige Vegetation überwuchernden Trieben.

Da die letztgenannte Möglichkeit im Untersuchungsgebiet keine große Rolle spielt (sie wird ansatzweise von *Hieracium pilosella* genutzt), bleiben die beiden übrigen Optionen. Das flache oder fehlende Wurzelwerk geht stets mit einer Erschwerung der Wasserversorgung einher. Die Strategien sind daher Arten vorbehalten, die aufgrund physiologischer oder morphologischer Eigenschaften an vergleichsweise trockene Standorte angepasst sind und entsprechend niedrige F-Zeigerwerte aufweisen.

3.3.2.5 Reaktionszahl

Die Spektren der R-Zahl sind wie bei der F-Zahl normalverteilt. Gleichzeitig werden in den Abb. 42 und 43 Übereinstimmungen mit der N-Zahl deutlich, welche auf enge eine Korrelation hinweisen (r_s = 0,9; $p < 0,001$). Die Spanne der positiven Mofettenzeiger reicht von 1 bis 5, also von den Starksäure- bis zu den Mäßigsäurezeigern. Die Verteilung ist bei einem Modalwert von 2, einem Median von 2,5 und einem Mittelwert von 2,8 etwas linksschief. Bei den Mofettophoben reicht die Spanne von 3 bis 7 und ist damit um zwei Stufen nach rechts verschoben. Das Spektrum ist rechtsschief, wodurch sich eine fast spiegelbildliche Anordnung von Modalwert, Median und Mittelwert ergibt: Am häufigsten tritt die Wertstufe 7 auf, während Median und Mittelwert 6 bzw. 5,8 erreichen. Beide Kollektive unterscheiden sich höchst signifikant in ihren Mittel- und Medianwerten (t-test, Mann-Whitney-Test).

Das Gesamtmittel des R-Zeigerwertes beträgt 4,7. Von diesem weicht der Mittelwert der Mofettophoben 1,1 Zähler nach oben und derjenige der Mofettophilen 1,9 Stufen nach unten ab. Hier lohnt ein Blick auf die Verteilung der Starksäure- und Säurezeiger (R-Zeigerwert ≤ 3): Unter den positiven Mofettenzeigern finden sich 12 azidophile Arten, denen als einziger negativer Mofettenzeiger *Potentilla palustris* gegenüber steht. Somit sind 75 % der Mofettophilen, aber nur 8 % der Mofettophoben an niedrige pH-Werte angepasst. Aus den Resultaten kann geschlossen werden, dass die Azidophilen in den Mofettenbereichen Selektionsvorteile genießen, während sie an Normalstandorten nur wenig konkurrenzfähig sind. Offensichtliche Parallelen zu den Kühle- und Kältezeigern wurden in Verbindung mit dem T-Zeigerwert bereits diskutiert.

Die Begünstigung von Säurezeigern in den Mofettenbereichen scheint im Plesná-Tal ein generelles Phänomen zu sein. Sie äußert sich gegenüber den Kontrollzonen in signifikant niedrigeren Median- bzw. Mittelwerten. Der Sachverhalt kann nicht allen Fällen mit der CO_2-induzierten Bodenversauerung erklärt werden. Dies wird am Beispiel der Birnenmofette deutlich, deren mittlere R-Zeigerwerte in Abb. 44 dargestellt werden. Man erkennt eine zusammenhängende Zone von Werten zwischen 2 und 3, die den Mofettenbereich nur im Süden überschreitet. Die von Starksäure- und Säurezeigern geprägte Zone deckt sich weitgehend mit dem in Abb. 26 dargestellten Areal der positiven Mofettenzeiger, was sich in einer engen Korrelation äußert (r_s = -0,82; $p < 0,001$).

Die auf die Rasterquadrate bezogenen pH-Werte der Birnenmofette (s. Abb. 24 B) stehen mit der CO_2-Konzentration in 10 cm Tiefe nur in einem schwachen negativen Zusammenhang (r_s = -0,21; $p < 0,01$). Die etwas engere Beziehung mit der mittleren R-Zahl (r_s = 0,44; $p < 0,001$) dürfte hauptsächlich auf Koinzidenzen in der westlichen Kontrollzone zurückzuführen sein (s. Kap. 3.2.2). Sie vermag die sehr niedrigen mittleren R-Zeigerwerte in der Mofettenzone daher nicht hinreichend zu erklären.

Bei der Suche nach einer potenten Einflussgröße stößt man auf eine enge, negative Korrelation zwischen der mittleren R-Zahl und der CO_2-Konzentration in 10 cm Tiefe (r_s = -0,74; $p < 0,001$). Der Zusammenhang lässt sich mit der experimentell nachgewiesenen Wirkung erklären, die hohe CO_2-Konzentrationen auf Pflanzenwurzeln ausüben (s. Kap. 1.2.5). So fanden MAČEK et al. (2005) signifikante, negative Beziehungen zwischen der Respirationsleistung der Wurzeln verschiedener, in Mofetten und deren Umfeld vorkommender Gräser und der CO_2-Konzentration. GEISLER (1973) wies nach, dass schon mäßige CO_2-Konzentrationen, wie sie im Tiefensolum von Nass- und Anmoorgleyen auftreten, das Wurzelwachstum hemmen. Die negativen Auswirkungen des Kohlendioxids auf Pflanzenzellen resultieren u. a. aus der guten Membranpermeabilität des zunächst neutralen Gases, das nach Lösung im Cytoplasma seine Säurewirkung entfalten und pH-abhängige enzymatische Prozesse beeinträchtigen kann (PFANZ & HEBER 1986, 1989). Die Vorgänge dürften allesamt geeignet sein, um eine (relative) Förderung azidotoleranter Arten zu bewirken.

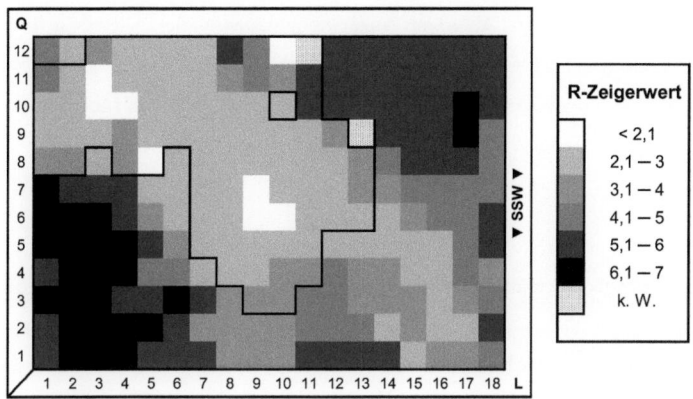

Abb. 44: Mittlere Reaktionszahl im Raster der Birnenmofette. Die eingefügte Linie bezeichnet die CO_2-definierte Mofettengrenze.

Da der R-Zeigerwert in ähnlicher Weise mit der CO_2-Konzentration korreliert ist, wie die Deckungsgradanteile der beiden Mofettenzeigergruppen (gleiches gilt für die N-Zahl), könnte man bei zukünftigen Untersuchungen der Idee verfallen, wegen des erheblichen Aufwandes von der Ermittlung eigenständiger Mofettenindikatoren abzusehen und stattdessen auf einen der genannten Zeigerwerte zurückzugreifen. Dagegen lassen sich gewichtige Argumente ins Feld führen:

- R- und N-Zeigerwert sind nicht als CO_2-Zeigerwerte konzipiert worden, sondern bündeln das empirische Wissen über das Vorkommen von Pflanzen im Schwankungsbereich chemischer Bodenparameter (ELLENBERG et al. 1992). Da die CO_2-Konzentration neben der Beeinflussung des pH-Wertes auch eine direkte pflanzenphysiologische Wirkung entfaltet, kann es in Mofetten zur partiellen Entkoppelung von pH-Wert und R-Zahl kommen (gleiches gilt für die N-Zahl). Ein denkbares Szenario ist ein heterogen strukturiertes Untersuchungsobjekt, bei dem die Wirkungszentren beider Effekte auseinanderfallen.
- Eine Aufwertung der Zeigerwerte ist einzig durch die geeignete Interpretation der Zusammenhänge möglich. Hierfür sind „harte Daten" in Form von erwiesenermaßen CO_2-abhängigen Vegetationsparametern unabdingbar. Mit andern Worten: Ohne die vorherige Ermittlung mofettenanzeigender Arten, gäbe es keine Möglichkeit, die beobachteten Korrelationen zwischen der CO_2-Konzentration und den Zeigerwerten richtig zu deuten. Ein geeignetes Bindeglied sind die in Abb. 43 dargestellten Zeigerwertspektren.
- Andere Nachteile der Zeigerwerte sind grundsätzlicher Natur: So weisen ELLENBERG et al. (1992) ausdrücklich auf deren ordinales Skalenniveau und die meist fehlende lokale Verankerung hin. Bei den Anteilen der Mofettenzeiger handelt es sich hingegen um kardinale Größen, deren Ortsbezug auf der Hand liegt.

- Das Wechselspiel zweier konträrer Zeigerartengruppen, welches letztlich im Zeigerindex gipfelt, stellt ein unentbehrliches Element der flächenscharfen Mofettenabgrenzung dar.
- Ohne Kenntnis der Zugehörigkeit zu einer Zeigergruppe oder den Mofettovagen lässt sich die Rolle der Arten innerhalb der Mofettenvegetation nicht hinreichend klären.

3.3.2.6 Stickstoffzahl

Während das Kriterium der Normalverteilung auch vom Spektrum des N-Zeigerwertes erfüllt ist, wird das der Varianzhomogenität verletzt, weshalb der t-Test nicht angewendet werden durfte (s. RUDOLF & KULISCH 2008). Das Zeigerwertspektrum der positiven Mofettenzeiger umfasst die Stufen 1 bis 5 ohne Stufe 4, wobei Modalwert, Median und Mittelwert der Stufe 2 entsprechen. Bei den negativen Mofettenzeigern reicht das Spektrum von 2 bis 9, umfasst also drei Zähler mehr als bei der Reaktionszahl. Modalwert und Median liegen bei 5, während das arithmetische Mittel als Folge der etwas rechtsschiefen Verteilung 5,6 erreicht. Der Unterschied der Medianwerte ist höchst signifikant.

Der Gesamtmittelwert von 4,5 weicht kaum von dem der R-Zahl ab. Auch die Verteilung der Stickstoffmangelzeiger (N-Zeigerwert $\leq$ 3), ist fast ein Spiegelbild der Verhältnisse beim R-Zeigerwert: Unter den Mofettophilen finden sich 13 Stickstoffmangelzeiger, was einem Anteil von 93 % entspricht. Diesen stehen bei den Mofettophoben 3 Arten oder 16 % gegenüber. Man könnte daraus schließen, dass Mofettenpflanzen zusätzlich zur Anpassung an niedrige pH-Werte auch „Hungerkünstler" sind.

Als Beleg für die Existenz solcher Zusammenhänge kann neben der schon erwähnten Korrelation bei den Mofettenzeigern auch eine entsprechende Beziehung der Gesamtzeigerwerte für Reaktion und Stickstoff angeführt werden (r_s = 0,82; $p < 0,001$). In der Literatur gibt es ebenfalls Hinweise darauf, dass die parallele Anpassung an beide Faktoren eher die Regel als die Ausnahme ist (s. BÖCKER et al. 1983; ELLENBERG et al. 1992). Die multiple Adaption der Pflanzen ist eine zwangsläufige Folge der Verknüpfung von Bodenreaktion und Stickstoff- bzw. Nährstoffhaushalt über das Bindeglied der Streuzersetzung (s. ROGISTER 1978 zit. n. ELLENBERG et al. 1992).

Wegen fehlender Messdaten zur Stickstoffversorgung des Bodens ließ sich hier leider nicht klären, ob die Pflanzenverfügbarkeit von Stickstoff in den Mofettenbereichen tatsächlich verringert ist. Einige Probemessungen, welche RENNERT et al. (unveröff.) im Bereich der Birnenmofette durchführten, erbrachten ein indifferentes Ergebnis: Zwischen CO_2-Konzentration und Stickstoffgehalt war kein Zusammenhang feststellbar, wogegen sich zum ökologisch bedeutsameren C/N-Verhältnis eine vergleichsweise enge Beziehung ergab (r_s = 0,58; $p < 0,01$; n = 20). Ein ähnlicher Zusammenhang ergab sich auch zwischen CO_2-Konzentration und N-Zeigerwert (r_s = 0,62; $p < 0,01$; n = 21).

Fazit

Die sechs untersuchten Zeigerwerte haben in der vorliegenden Arbeit einen sehr unterschiedlichen Stellenwert. Am geringsten ist die Bedeutung von L-, T-, und K-Zahl. Die beiden Letztgenannten werden von ELLENBERG et al. (1992) als „arealgeographische Vergleichsgrößen" beschrieben, was ihre Irrelevanz für lokale Vergleiche hinreichend zum Ausdruck bringt. Wie beim L-Zeigerwert, dessen relative Bedeutungslosigkeit aus bewusst klein gehaltenen Unterschieden bei der Belichtung der Flächen resultiert, erschöpft sich ihr Potenzial in grundsätzlichen, das Gesamtgebiet (T- und K-Zahl) oder die Gesamtheit der Transekte betreffenden Aussagen (L-Zahl). R- und N-Zeigerwert sind eng mit der CO_2-Konzentration verknüpft. Dadurch liefern sie einen wertvollen Hinweis auf direkte Zusammenhänge zwischen CO_2-Ausgasung und Azidophilie. Andererseits ist damit ein teilweiser Verlust ihrer ursprünglichen Zeigereigenschaften verbunden. Trotz dieser Einschränkungen vermag der R-Zeigerwert einen Betrag zur ökologischen Einstufung der Mofettentypen zu liefern (s. Kap. 3.3.4). Uneingeschränkt nutzbar ist der F-Zeigerwert, der eng mit den Messwerten der Bodenfeuchte korreliert ist (s. Kap. 2.5.4) und sich deshalb gut für ökologische Vergleiche eignet.

3.3.3 Determination der Mofettentypen

In den hier nicht dargestellten vegetationskundlichen Einzeltabellen werden sieben Mofetten-Vegetationstypen geführt, deren Herleitung in diesem Kapitel beschrieben werden soll:

- *Calluna*-Typ
- *Calluna-Nardus*-Typ
- *Eriophorum-Nardus*-Typ
- *Eriophorum-Deschampsia*-Typ
- *Eriophorum*-Typ
- *Molinietalia*-Typ
- *Arrhenatheretalia*-Typ

Hauptkriterium der Ausweisung war der Frequenzgrad der Mofettophilen *Calluna vulgaris, Nardus stricta* und *Eriophorum vaginatum* sowie der Mofettovagen *Deschampsia cespitosa* bezogen auf die Gesamtheit der Mofetten-Aufnahmen eines Transektes oder eines definierten Teils davon (vgl. DIERSCHKE 1994; FREY & LÖSCH 1998). Die Zuordnung der Pflanzenbestände hing in erster Linie davon ab, welche Arten einen Frequenzgrad der Stufe III erreichten, d. h. unabhängig von ihrem Deckungsgrad auf über 40 % der Aufnahmen einer Einheit vorkamen. Trotz der gegebenen Möglichkeit, die gefundenen Mofettentypen in das System von BRAUN-BLANQUET (1964) einzureihen

(s. Kap. 3.3.5), wurden i. d. R. deutlich abweichende Typenbezeichnungen gewählt. Dafür lassen sich mehrere stichhaltige Gründe anführen:

- Der grundsätzliche Mangel an Charakterarten sowie das häufige Auftreten von Mischtypen und fließenden Übergängen, gestaltete die pflanzensoziologische Zuordnung der Bestände oft sehr schwierig. Daher sind die in Kap. 3.3.5 vorgenommenen syntaxonomischen Einstufungen mehr als Vorschläge denn als endgültige Festlegungen zu sehen. Eine neutral gehaltene Form der Klassifikation bietet hier den Vorteil, dass sie auch bei eventuellen Anpassungen ihre Gültigkeit behält.

- Durch die uneinheitliche Hierachieebene der gefundenen Charakterarten (V, O, K) stehen die ausgeschiedenen Mofettentypen auf verschiedenen Stufen des pflanzensoziologischen Systems. Die Regeln der Syntaxonomie sehen dafür sehr unterschiedliche Termini vor, was zu Lasten von Einheitlichkeit und Übersichtlichkeit geht.

- Syntaxonomische Bezeichnungen sind für ungeschulte Personen vergleichsweise kompliziert und schwer verständlich. Auf jeden Fall entbehren sie bei praktischen Anwendungen der vielfach gebotenen Kürze.

- Manche in Mofetten gefundenen Vegetationstypen kommen in ähnlicher Form auch in Kontrollbereichen vor. Eine begriffliche Abgrenzung echter Mofettenvegetation tut daher Not, ist aber innerhalb des Systems von BRAUN-BLANQUET nicht möglich. Auch sonst dient es der Klarheit, wenn man Mofettentypen an der Benennung sofort von „Normalvegetation" unterscheiden kann.

- Die Mofettentypen sind häufig so eng gefasst, dass mehrere unter ein Syntaxon fallen oder ein Typ genau zwischen zwei Syntaxa liegt. Dieses Problem wäre vermutlich kleiner, wenn man alle relevanten Pflanzengesellschaften auf der Ebene der Assoziation bzw. Subassoziation hätte charakterisieren können (vgl. Kap. 3.3.5).

Eine nomenklatorische Ausnahme machen der *Molinietalia*- und der *Arrhenatheretalia*-Typ, welche bewusst die Bezeichnungen zweier syntaxonomischer Ordnungen im Namen tragen. Dies ist damit zu begründen, dass für die Ausscheidung der beiden Übergangstypen an der Grenze zum Kontrollstandort keine echten Mofettenbesiedler zur Verfügung standen, so dass man ersatzweise auf Ordnungskennarten nach BRAUN-BLANQUET (1964) ausweichen musste.

Um die Zuordnung der Mofettenvegetation nachvollziehbar zu gestalten, wurde ein einfacher, dichotomer Schlüssel geschaffen, der auf der folgenden Seite vorgestellt werden soll. Er ist gleichzeitig für die Charakterisierung neu aufzunehmender Mofetten geeignet. Der Schlüssel wurde so konzipert, dass ein ungeschulter Nutzer bei Kenntnis der vier eingangs erwähnten Mofettophyten alle fünf Haupttypen ermitteln kann. Die schwieriger zu bestimmenden Übergangstypen (hier müssen die namensgebenden pflanzensoziologischen Ordnungen und ihrer Vertreter bekannt sein) sind weniger charakteristisch, weshalb bei einer Grobkartierung notfalls auf sie verzichtet werden kann. Neben den entscheidenden Angaben zum Frequenzgrad der Arten (FG) liefert der Bestimmungsschlüssel hilfreiche Informationen zu augenfälligen Strukturparametern und der ungefähren CO_2-Konzentration.

1a) Heidevegetation, *Calluna vulgaris* aspektbildend, viele Flechten und Moose (2).

1b) Grünlandvegetation, Süß- oder Sauergräser aspektbildend, *Calluna vulgaris* vorhanden oder fehlend (3).

2a) *Nardus stricta* höchstens mit FG II, oft seltener oder fehlend, schwache Ausgasung
→ A: *Calluna*-Typ (C).

2b) *Nardus stricta* mindestens mit FG III, mäßige Ausgasung
→ B: *Calluna-Nardus*-Typ (CN).

3a) *Eriophorum vaginatum* höchstens mit FG II, oft seltener oder fehlend, *Deschampsia cespitosa* und andere Süßgräser aspektbildend (6).

3b) *Eriophorum vaginatum* mindestens mit FG III (4).

4a) *Nardus stricta* höchstens mit FG II, oft seltener oder fehlend (5).

4b) *Nardus stricta* mindestens mit FG III, schwache bis mäßige Ausgasung
→ D: *Eriophorum-Nardus*-Typ (EN).

5a) *Eriophorum vaginatum* nur auf Teilflächen, ansonsten Reinbestände von *Deschampsia cespitosa*, stark bültig, mäßige Ausgasung → E: *Eriophorum-Deschampsia*-Typ (ED).

5b) *Eriophorum vaginatum* ganzflächig vertreten, mäßige bis starke Ausgasung
→ F: *Eriophorum*-Typ (E).

6a) *Molinietalia*-Charakterarten mindestens mit FG III, *Succisa pratensis* oft aspektbildend, Übergang zum Feuchtgrünland *(Calthion oder Filipendulion)*, schwache Ausgasung
→ G: *Molinietalia*-Typ (M).

6b) *Molinietalia*-Charakterarten höchstens mit FG II, *Alopecurus pratensis* und andere *Molinio-Arrhenatheretea*-Charakterarten aspektbildend, im gemähten Wirtschaftsgrünland *(Arrhenatherion)*, schwache bis mäßige Ausgasung → H: *Arrhenatheretalia*-Typ (A).

Fazit

In diesem Kapitel kommt zum Ausdruck, dass die neu eingeführten Mofettentypen in der gegebenen Situation besser zur Mofettenklassifikation geeignet sind als das System von BRAUN-BLANQUET (1964). Diesem kommt hier eher eine akzessorische Bedeutung zu.

3.3.4 Ökologische Charakterisierung der Mofettentypen

Vor der Charakterisierung der auf den Transekten ausgeschiedenen Mofettentypen gilt es zunächst, die relevanten standörtlichen Einflussgrößen herauszuarbeiten. Bei einer Mofettenstudie liegt die herausragende Bedeutung der CO_2-Konzentration auf der Hand. Unter den übrigen abiotischen Faktoren hat sich der Wasserhaushalt als besonders wichtig erwiesen. Mangels durchgehend vorhandener Messdaten muss er ersatzweise über den mittleren F-Zeigerwert nach ELLENBERG quantifiziert werden (s. Kap. 2.5.4). Stellvertretend für den Komplex aus Azidität und Nährstoffversorgung sei ferner der R-Zeigerwert dargestellt. Sein Vorteil gegenüber der N-Zahl beruht darauf, dass man zumindest für einen Teil der untersuchten Transekte auf pH-Messwerte zurückgreifen konnte, was einen Abgleich möglich machte. Die drei Faktoren werden in Abb. 45 als Mittelwerte der in der Mofetten- und Kontrollzonen befindlichen Aufnahmequadrate angegeben. Es ist zu beachten, dass sich die Reihenfolge der Transekte nach den Mittelwerten der Mofettenzone richtet.

Die Spanne der mittleren CO_2-Konzentration reicht beim Mofettenkollektiv von 3 bis 57,2 % und beim Kontrollkollektiv von 0,2 bis 1,7 %. Die Mofettenstandorte unterscheiden sich signifikant von der Kontrollgruppe (t-Test bzw. Mann-Whitney-Test), wobei keine korrelative Bindung besteht. Das Gesamtmittel der CO_2-Konzentration beträgt für die Mofettenbereiche 17,8 % und für die Kontrollzonen 0,8 %.

Die mittlere Feuchtezahl der Mofettenzonen erreicht 5,1 bis 7,9 und die der Kontrollbereiche 5,3 bis 8,0. Anders als beim Bodengas sind die Werte der Mofetten- und Kontrollzonen hier eng korreliert ($r_s = 0,75$; $p < 0,01$). Die Gesamtmittelwerte der F-Zahl sind mit 6,7 bzw. 6,6 praktisch identisch. Die beiden Gradienten der Birnenmofette weisen signifikant niedrigere Mittelwerte als die übrigen Transekte auf (t-Test bzw. Mann-Whitney-Test). Die hydrologische Sonderstellung der Mofette resultiert aus ihrer Lage im Hangbereich und den damit verbundenen edaphischen Besonderheiten (s. Kap. 3.2.2).

Die mittlere Reaktionszahl erreicht in den Mofettenzonen Werte von 2,4 bis 4,2 und in den Kontrollzonen zwischen 4,5 und 6,6. Beim Vergleich der beiden unabhängigen Kollektive konnten signifikante Unterschiede festgestellt werden (t-Test bzw. Mann-Whitney-Test). Die Gesamtmittelwerte beider Gruppen betragen 3,1 bzw. 5,4. Auffällig sind die hohen mittleren R-Zahlen in den Mofettenzonen der drei Transekte WiQ1, WiQ2 und WiQ5, welche sich in ihren Mittel- bzw. Medianwerten signifikant vom restlichen Kollektiv unterscheiden (t-Test bzw. Mann-Whitney-Test). Hier dürften sich sowohl die Basennachlieferung über das Grundwasser als auch die gelegentliche Düngung der Wiese positiv auswirken. Die Beschränkung des kompensatorischen Effektes auf die peripheren Transekte lässt sich letztlich auf die ungleichmäßige Ausgasung der Hauptmofette zurückführen (s. Kap. 3.2.1.1): Im Gegensatz zum mäßig bis stark ausgasenden Zentralbereich um die Transekte WiQ3 und WiQ4, wo trotz moderater pH-Werte nur ausgeprägte Azidophyten gedeihen können, dringen in die CO_2-ärmeren Randzonen einige anspruchsvollere Arten ein, die ein weniger verzerrtes Bild der Bodenazidität zu liefern vermögen.

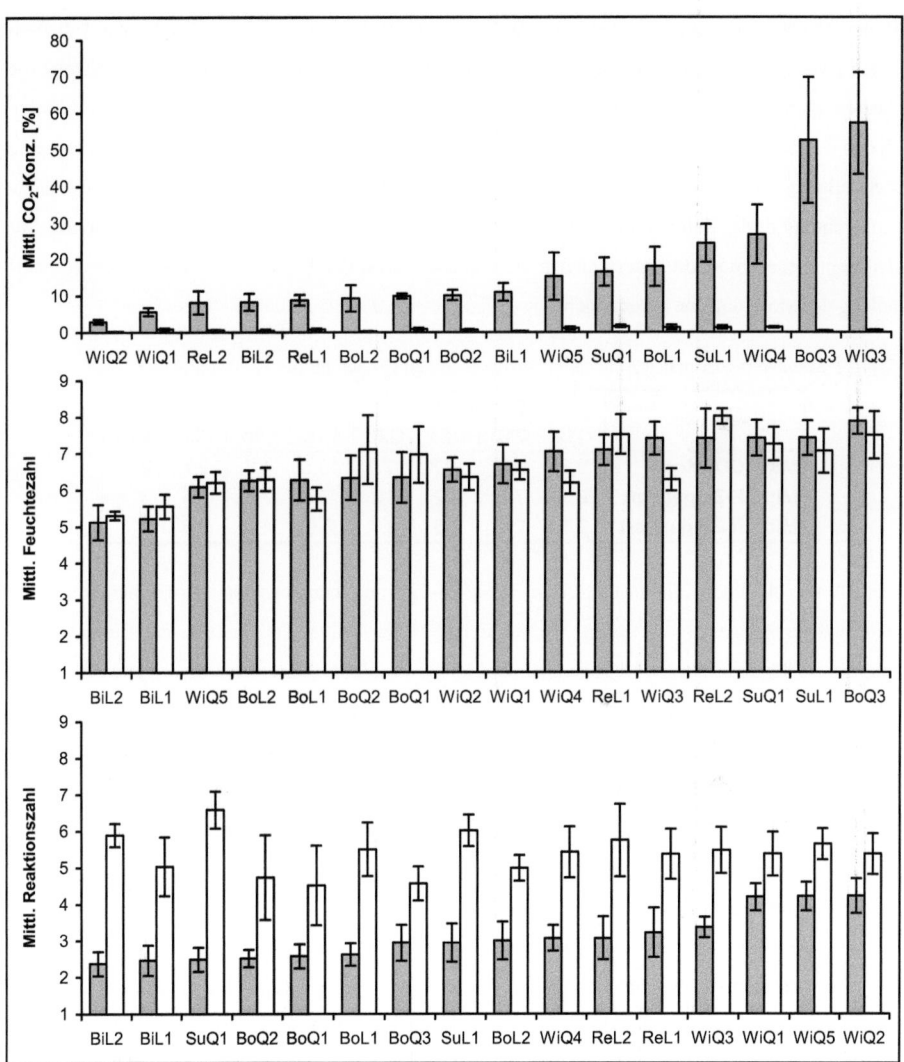

Abb. 45: Mittelwerte von CO_2-Konzentration, Feuchte- und Reaktionszahl auf den 16 untersuchten Transekten. Graue Balken symbolisieren die positiven Mofettenzeiger, weiße Balken die negativen. Angegeben sind Standardfehler (CO_2-Konzentration) oder Standardabweichung (Zeigerwerte).

In Anlehnung an ROGISTER (1978 zit. n. ELLENBERG et al. 1992) werden in Abb. 46 zwei Mofetten-Ökogramme präsentiert. Diese setzten die sieben vegetationskundlichen Mofettentypen mit den Umweltbedingungen in Beziehung, unter denen sie im Plesná-Tal vorkommen. Auf der Abszisse der Ökogramme ist die mittlere CO_2-Konzentration als wichtigste Einflussgröße aufgetragen. Die Ordinate wird zur Darstellung der mittleren F- und R-Zahl verwendet.

In den Mofettenbereichen der Transekte BoQ1, BoQ2, ReL1 und ReL2 wurden bei der Tabellenarbeit jeweils zwei Vegetationstypen abgegrenzt (s. Kap. 3.2.3.3 und 3.2.4). Dadurch übersteigt die Anzahl der dargestellten Vegetationseinheiten die der Transekte. Die Mittelwerte der Teilstrukturen finden sich in Tab. 29. Es wird deutlich, dass die CO_2-Mittelwerte der abgegrenzten Teiltransekte stets erheblich differieren. In der Borstgrasmofette treten außerdem größere Feuchteunterschiede auf, während in der Rehmofette die mittleren R-Zeigerwerte erheblich voneinander abweichen. Mit den gefundenen Standortsunterschieden lässt sich die nach der Vegetation vorgenommene Unterteilung der Mofettenzone untermauern.

Tab. 29: Mittelwerte der in den Abb. 45 und 46 dargestellten Größen für die zweigeteilten Mofettenbereiche.

	Borstgras				Reh			
	Q1a	Q1b	Q2a	Q2b	L1a	L1b	L2a	L2b
Mittl. CO_2-Konz.	9,8	16,5	10,8	17,7	10,5	4,3	2,7	27,8
Mittl. F-Zeigerwert	6,1	7,5	6,2	7,2	7	7,3	7,4	7,4
Mittl. R-Zeigerwert	2,5	2,7	2,5	2,6	2,9	4,0	3,3	2,3

Gemäß Abb. 46 sind *Calluna-* und *Calluna-Nardus*-Typ im Übergangsbereich zwischen schwacher und mäßiger Ausgasung zu finden. Sie repräsentieren die beiden Teiltransekte der Birnenmofette und die trockeneren Ausgasungsbereiche der Borstgrasmofette. Nach ihren niedrigen mittleren F-Zeigerwerten, die von 5,1 bis 6,3 reichen, lässt sich die Gruppe recht gut vom Restkollektiv separieren. Bei der mittleren R-Zahl rangieren die beiden Vegetationstypen ebenfalls im unteren Bereich des Spektrums, den sie sich allerdings mit drei anderen Einheiten teilen, dem *Eriophorum-Nardus-*, *Eriophorum-Deschampsia-* und *Eriophorum-*Typ. Der *Calluna-*Typ weist bei allen drei Größen geringfügig niedrigere Werte als der *Calluna-Nardus*-Typ. Die Unterschiede sind nicht gesichert, da die erstgenannte Einheit nur einmal vorkommt.

Eriophorum-Nardus-, *Eriophorum-Deschampsia-* und *Eriophorum-*Typ sind bei mäßiger bis hoher CO_2-Konzentration auf feuchten bis nassen, sauren Böden verbreitet. Alle drei Typen zeichnen sich durch bedeutende Vorkommen des Scheiden-Wollgrases aus. CO_2-Konzentrationen über 50 % vermag nur der *Eriophorum-*Typ zu tolerieren, welcher freilich nicht an derart starke Ausgasungen gebunden ist. Bei sehr hohen Konzentrationen führt die überragende CO_2-Toleranz der namensgebenden Art (im Sinne der in Kap. 3.4 verwendeten Definition des Toleranzbegriffes) zur Ausbildung reiner Wollgrasbestände. Im Bereich mäßiger Ausgasung unterscheiden sich die mittleren Zeigerwerte der drei Typen viel zu wenig, um eine Differenzierung vornehmen zu können. Hinsichtlich der mittleren R-Zahl gibt es außerdem Überschneidungen mit dem *Calluna-Nardus*-Typ, welcher sich allerdings über die F-Zahl gut abgrenzen lässt.

Der *Molinietalia-*Typ ist als Übergangstyp zum normalen Feuchtgrünland auf CO_2-arme Grenzstandorte beschränkt, die Konzentrationen unter 5 % aufweisen. Die Bodenverhältnisse können als feucht und sauer bis mäßig sauer beschrieben werden. Der *Arrhenatheretali*a-Typ im Übergang zum Wirtschaftsgrünland hat ähnliche Bodenansprüche, wobei er zum weniger feuchten und nur mäßig sauren Bereich tendiert. Bemerkenswert ist die erstaunlich große CO_2-Toleranz dieses Mofettentyps: Sie reicht von niedrigen bis zu mäßig hohen Konzentrationen und lässt dadurch eine ökologische Separierung vom *Molinietalia*-Typ zu.

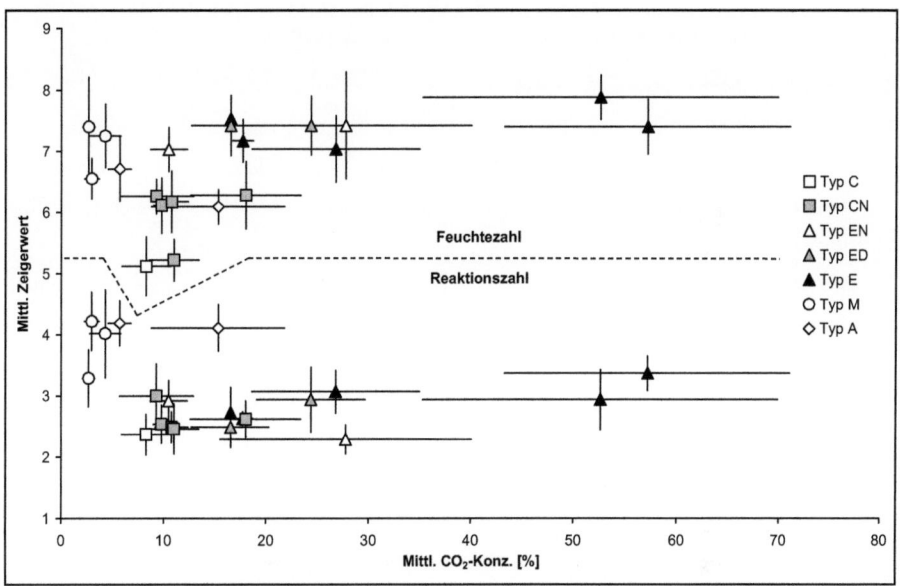

Abb. 46: Ökogramme der sieben Mofettentypen mit CO_2-Konzentration, Feuchte und Reaktionszahl. Angegeben sind Standardfehler (CO_2-Konzentration) bzw. Standardabweichung (Zeigerwerte).

In Abb. 46 fällt ein ausgedehnter Bereich auf, in dem keine Mofettentypen realisiert sind. So sind keine frischen bis mäßig feuchten Standorte zu finden, die eine mäßige bis starke CO_2-Ausgasung aufweisen (trockene und mäßig trockene Standorte fehlen dem Ökogramm ganz). Dies dürfte darin begründet sein, dass die tektonischen Schwächezonen der Počatky-Plesná-Störung mit ihren starken Gasemissionen vornehmlich im vernässten Talraum lokalisiert sind, den der Fluss entlang der Störung ausgeräumt hat (s. BANKWITZ et al. 2003). Andererseits könnten die bodenchemischen Effekte des CO_2-Gases bewirken, dass man im unteren Teil der Darstellung die Kombination mäßiger bis starker Ausgasungen mit nur mäßig sauren Böden vermisst (s. Kap. 1.2.4 und 2.1.4).

Fazit

In diesem Kapitel werden die Möglichkeiten und Grenzen der Ökogramme deutlich. Ihre Stärke liegt darin, Zusammenhänge zu veranschaulichen und ohne zusätzlichen Messaufwand eine Grobeinstufung von Vegetationseinheiten zu gewährleisten. Konkrete ergeben sich vier klar umgrenzte ökologische Gruppen, die in zwei Fällen Mofettentypen entsprechen. Die wietere Aufgliederung der Restkollektive scheint den Einsatz subtilerer Instrumente bzw. eines höheren Stichprobenumfanges zu verlangen. Zukünftig wäre die Durchführung multipler Regressionsanalysen zu erwägen, welche auf der Basis neu zu erhebenden Messdaten die Bedeutung von CO_2-Konzentration, Bodenfeuchte, Bodenreaktion und weiterer Standortsparameter genauer quantifizieren könnten.

3.3.5 Pflanzensoziologische Charakterisierung der Mofettentypen

Der Versuch, die Mofettentypen in das syntaxonomische System von BRAUN-BLANQUET (1964) zu integrieren, war aufgrund der meist fehlenden Kennarten niederer Syntaxa nicht unproblematisch. In solchen Fällen war das Bestimmungsbuch von SCHUBERT et al. (1995) eine große Hilfe, dessen Schlüssel es vielfach ermöglichen, eine Determination der Pflanzengesellschaften auch ohne Charakterarten durchzuführen.

Calluna- und *Calluna-Nardus*-Typ lassen sich unschwer den Borstgrasrasen *(Nardetalia)* zuordnen, da viele der hier vorkommenden positiven Mofettenzeiger Kennarten der Ordnung oder der übergeordneten Klasse *Nardo-Callunetea* sind. Innerhalb der *Nardetalia* werden die Verbände der trockenen *(Violion caninae)* und feuchten Borstgrasrasen *(Juncion squarrosi)* unterschieden (FOERSTER 1983; ELLENBERG et al. 1992; POTT 1995). Letzterem können die o. g. Mofettentypen angeschlossen werden. Im Gebiet kommen mit *Dianthus deltoides* und *Viola canina* zwei Verbandscharakterterarten vor, deren Vorkommen allerdings auf Kontrollstandorte beschränkt ist.

Der *Eriophorum-Nardus*-Typ feuchterer Standorte ähnelt in seiner Artenkombination dem Scheidenwollgras-Borstgrasrasen *(Nardus stricta-Eriophorum vaginatum*-Gesellschaft), welcher seinerseits dem *Juncion squarrosi* angehört. Die Gesellschaft ist „für die nassen, ständig von Wasser durchrieselten Torfabbauflächen der oligotroph-sauren Regenmoore des Erzgebirges beschrieben worden" (POTT 1995). SCHUBERT et al. (1995) erheben sie unter der Bezeichnung *Eriophoro-Nardetum* in den Assoziationsrang.

Als *Eriophorum-Deschampsia*-Typ wurde ein Mischtyp klassifiziert, der sich bei kleinflächiger Betrachtungsweise als ausgesprochen inhomogen erweist. Er charakterisiert größere Reinbestände von *Deschampsia cespitosa,* in die an den Ausgasungsstellen Einzelhorste oder Horstgruppen von *Eriophorum vaginatum* eingestreut sind. Das Vorkommen dieser Klassencharakterart lässt den Anschluss an die *Oxycocco-Sphagnetea* zu. Mit der folgenden Einheit ist der *Eriophorum-Deschampsia*-Typ durch fließende Übergänge verbunden.

Der *Eriophorum*-Typ ist durch hohe Abundanz von *Eriophorum vaginatum* und *Aulacomnium palustre* gekennzeichnet. Beide sind Klassen-Charakterarten der Heidemoore und Sumpfheiden *(Oxycocco-Sphagnetea),* die ELLENBERG (1986) in die Ordnungen der Torfmoos-Glockenheiden *(Erico-Sphagnetalia)* und der Hochmoore *(Sphagnetalia)* unterteilt. Da der *Eriophorum*-Typ keiner dieser Einheiten ähnelt, wurde er vorläufig als *Oxycocco-Sphagnetea*-Fragmentgesellschaft klassifiziert.

Wie schon die Namen andeuten, lassen sich *Molinietalia*- und der *Arrhenatheretalia*-Typ, den Ordnungen der Feuchtwiesen *(Molinietalia)* bzw. Fettwiesen *(Arrhenatheretalia)* zuweisen. Auch diesen Typen mangelt es als Fragmentgesellschaften an Charakterarten niederer Syntaxa. Zuordnungsprobleme anderer Art hatte SELVI (1997), dessen Mofetten-Assoziation *Agrostietum caninae* ssp. *montelucii* bis dato eine isolierte Stellung im syntaxonomischen System einnimmt.

Fazit

Wegen der auftretenden Klassifikationsprobleme ist die pflanzensoziologische Methode nach BRAUN-BLANQUET (1964) nicht präzise genug, um die Mofetten des Plesná-Tales mit ihren spezifischen Pflanzengemeinschaften hinreichend genau zu charakterisieren. Hier erwiesen sich die im Gebiet entwickelten Mofettentypen als das erfolgreichere Modell. Der Wert einer syntaxonomischen Klassifikation der Mofettenvegetation besteht vor allem darin, die Einheiten im Kontext mit den sonstigen Vegetationseinheiten des Plesná-Tales und der Gesamtvegetation Mitteleuropas betrachten zu können.

3.4 CO_2-Toleranz ausgewählter Arten

In diesem Kapitel soll die CO_2-Toleranz von 20 Arten der Mofetten- und Kontrollstandorte überprüft werden, die nach ihren Zeigereigenschaften und ihrer Repräsentanz für das Untersuchungsgebiet ausgewählt wurden. Dazu führte man in 10 cm Tiefe CO_2-Messungen unmittelbar an den Pflanzen durch (vgl. Kap. 2.3). Diese lieferten deutlich präzisere Aussagen zur CO_2-Toleranz als flächenbezogene Erhebungen, bei denen Wuchs- und Messort erheblich differieren können. Die Darstellung von Mittelwert und Variationsbreite der so gemessenen CO_2-Konzentrationen erfolgt in Tab. 30. Die Reihenfolge der Arten richtet sich primär nach den Maximalwerten der CO_2-Konzentration (zwischen 99,9 und 100 % wurde nicht unterschieden). In Zweifelsfällen diente die mittlere CO_2-Konzentration als nachrangiges Sortierkriterium.

Die Minimalwerte der CO_2-Konzentration liegen meist im Schwankungsbereich normaler Böden, d. h. zwischen 0 und 2 % (s. Kap. 2.5.3). Nur bei *Eriophorum vaginatum* herrschen selbst am Messpunkt des CO_2-Minimums Werte über 2 % vor, wodurch sich diese Art einmal mehr als „obligat mofetticol" erweist (s. Kap. 3.5.1.1). Die CO_2-Maxima umfassen beinahe das gesamte Wertespektrum. Nach den Unterschieden im ökologischen Verhalten bietet sich eine Einteilung der Arten in drei Gruppen an:

- Tolerante, die CO_2-Konzentrationen von über 50 % ertragen
- Mäßig Tolerante, die CO_2-Konzentrationen von 10 bis 50 % ertragen
- Sensitive (Intolerante), die nur CO_2-Konzentrationen unter 10 % ertragen

Tolerant im hier gebrauchten Sinne sind Arten, welche bestimmten CO_2-Konzentrationen zu trotzen vermögen. Es bleibt dabei unberücksichtigt, ob sie im ökophysiologischen Sinne eine Strategie der CO_2-Toleranz („tolerance") ober -vermeidung („avoidance") anwenden (vgl. BECK et al. 2002). Vergleicht man die auf den Toleranzeigenschaften beruhende Gliederung mit den in Kap. 3.3.1 beschriebenen Indikatoreigenschaften, dann werden Übereinstimmungen und Unterschiede deutlich: Alle positiven Mofettenzeiger und Mofettovagen der Tab. 30 entfallen auf die beiden mehr oder weniger toleranten Gruppen. Gleichzeitig erkennt man, dass eine Unterscheidung der positiven Mofettenzeiger und der Mofettovagen nach ihren Toleranzeigenschaften nicht möglich ist, weshalb es in der Tabelle zu einer Durchmischung der beiden Kollektive kommt. Dagegen besteht die CO_2-sensitive Gruppe der Tabelle ausschließlich aus negativen Mofettenzeigern.

Tab. 30: CO_2-Toleranz von 20 ausgewählten Arten. Bei der Zeigereigenschaft (MZ) werden positive (+) und negative Mofettenzeiger (-) sowie Mofettovage (0) unterschieden. Weiterhin sind Mittelwert (MW), Standardfehler (SF), Maximum (Max), Minimum (Min) und Stichprobenumfang (n) aufgeführt.

Pflanzenart	MZ	Max [%]	Min [%]	MW [%]	SF [%]	n
Eriophorum vaginatum	+	99,9	2,6	36,2	7,8	17
Aulacomnium palustre	+	100,0	0,2	26,7	8,0	23
Carex nigra	0	100,0	0,6	18,4	4,3	36
Calluna vulgaris	+	100,0	0,6	14,3	2,7	41
Deschampsia cespitosa	0	100,0	0,1	13,2	3,0	49
Hieracium pilosella	+	99,9	0,2	12,2	6,1	16
Nardus stricta	+	52,7	0,7	11,1	2,5	22
Leontodon autumnalis	+	47,5	0,1	15,5	5,6	10
Succisa pratensis	0	31,6	0,3	9,5	3,0	13
Festuca ovina	+	31,6	0,4	6,6	1,5	24
Potentilla erecta	0	28,0	0,5	9,0	1,4	25
Pleurozium schreberi	+	29,1	0,5	5,5	1,8	18
Rumex acetosella	+	15,3	1,8	8,3	0,9	17
Alopecurus pratensis	0	13,4	0,1	4,1	1,1	18
Sanguisorba officinalis	0	13,1	0,3	3,7	0,8	18
Bistorta officinalis	-	9,0	0,2	1,8	0,6	18
Anthriscus sylvestris	-	3,0	0,1	1,1	0,3	14
Urtica dioica	-	2,3	0,1	0,8	0,2	11
Veronica chamaedrys	-	1,4	0,2	0,7	0,1	14
Filipendula ulmaria	-	0,8	0,2	0,3	0,1	10

Die Gruppe der Toleranten umfasst mit *Aulacomnium palustre*, *Eriophorum vaginatum*, *Calluna vulgaris*, *Carex nigra*, *Deschampsia cespitosa*, *Hieracium pilosella* und *Nardus stricta* die dominanten Arten der Mofettenvegetation (vgl. Tab. 27). Die positiven Mofettenzeiger unter den mäßig Toleranten sind entweder nur lokal verbreitet *(Leontodon autumnalis, Pleurozium schreberi)* oder zeichnen sich bei weiter Verbreitung durch geringe Deckung aus *(Festuca ovina, Rumex acetosella)*. Die zu den Mofettophoben tendierenden mäßig Toleranten *Alopecurus pratensis* und *Sanguisorba officinalis* haben ihren Verbreitungsschwerpunkt an Kontrollstandorten, während für *Potentilla erecta* und *Succisa pratensis* als mäßig Tolerante mit mofettophiler Tendenz das Gegenteil zutrifft. Von den Intoleranten kann nur *Bistorta officinalis* gelegentlich am Mofettenrand vorkommen. Dagegen schließen Funde von *Anthriscus sylvestris, Filipendula ulmaria, Urtica dioica* und *Veronica chamaedrys* CO_2-Ausgasungen im näheren Umfeld praktisch aus. Diese Arten gelten somit als besonders aussagekräftige Indikatoren.

Tab. 31 kombiniert die Zeigereigenschaften mit der CO_2-Toleranz. Es ergibt sich eine neue Rangfolge der Arten die primär auf den Zeigerqualitäten und sekundär auf der CO_2-Toleranz beruht. Es bietet sich an, die Toleranzstufen der Pflanzen zur verbalen Charakterisierung der CO_2-Konzentration zu übernehmen. Von 0 bis 10 % CO_2 läge demnach einer niedrige, oberhalb von 10 % bis einschließlich 50 % eine mittlere oder moderate und oberhalb von 50 % eine hohe CO_2-Konzentration vor. Analog kann man von schwacher, mäßiger und starker Ausgasung sprechen. Da dem Begriff „Ausgasung" eine dynamische Komponente innewohnt soll hier mit VODNIK et al. (2009) angenommen werden, dass Konzentration und Fluss stets eng korreliert sind. Die 10 %-Grenze der CO_2-Konzentration scheidet im Übrigen nicht nur die mehr oder weniger toleranten Pflanzen von den sensitiven, sondern markiert gleichzeitig die letale Dosis für tierisches Leben (STUPFEL & LE GUERN 1989; PFANZ 2008).

Tab. 31: Zeigereigenschaften und CO_2-Toleranz von 20 ausgewählten Pflanzenarten. Die Toleranzgrenzen beziehen sich auf die in Tab. 30 vermerkte Maximalkonzentration.

	Pos. Mofettenzeiger	Mofettovage	Neg. Mofettenzeiger
Tolerante: > 50 %	*Eriophorum vaginatum* *Aulacomnium palustre* *Calluna vulgaris*		
Mäß. Tolerante: 10 – 50 %	*Hieracium pilosella* *Nardus stricta* *Leontodon autumnalis* *Festuca ovina* *Pleurozium schreberi* *Rumex acetosella*	*Carex nigra* *Deschampsia cespitosa* *Succisa pratensis* *Potentilla erecta* *Alopecurus pratensis* *Sanguisorba officinalis*	
Sensitive: < 10 %			*Bistorta officinalis* *Anthriscus sylvestris* *Urtica dioica* *Veronica chamaedrys* *Filipendula ulmaria*

Fazit

Die Bedeutung der pflanzenbezogenen Messungen besteht hier vor allem darin, einen Beitrag zur Aufstellung einer auf Zeigereigenschaften und CO_2-Toleranz basierenden Arthierachie zu leisten, die bei der Gliederung von Kap. 3.5 erstmalig angewendet werden soll. Es kommt ihnen weiterhin die Aufgabe zu, die in dieser Arbeit häufig gebrauchten Begriffe „CO_2-Toleranz" und „Mofettophilie" mit konkreten Zahlen zu unterfüttern. Dies schließt die Entwicklung einer (vielleicht noch ausbaufähigen) dreistufigen Skala ein. Diese gruppiert die Toleranzeigenschaften der Arten nach klar definierten Stufen der CO_2-Konzentration, wodurch sie sich quantifizieren und benennen lassen. Das hier genutzte, ursprünglich zu einem anderen Zweck erhobene Datenmaterial (s. PELZ 2010), bot ferner die willkommene Gelegenheit, die Plausibilität der auf vegetationskundlichem Wege erarbeiteten positiven und negativen Zeigerarten zu überprüfen.

3.5 Kurzmonographien ausgewählter Arten

Die 20 in Kap. 3.4 behandelten Arten sollen in den folgenden Abhandlungen etwas detaillierter beschrieben werden, wobei die Reihenfolge der Tab. 31 übernommen wurde. Die Texte enthalten allgemeine Angaben zur Ökologie und Verbreitung, einen kurzen Abriss der spezifischen mofettenökologischen Eigenschaften und eine beispielhafte Abbildung, die das Vorkommen auf der Wiese oder im Bereich der Birnenmofette veranschaulicht. Die Flächendarstellung erfolgt in einem Raster von 2,5 x 2,5 (Wiese) oder 1 x 1 m (Birnenmofette).

3.5.1 Positive Mofettenzeiger

3.5.1.1 Scheiden-Wollgras *(Eriophorum vaginatum)*

Eriophorum vaginatum ist ein charakteristisches Element der Torfmoosbulten und -decken im Hochmoor sowie der Kiefern- und Birkenmoore. Der Fasertorfbildner bevorzugt nasse, nährstoff- und basenarme, saure Torfböden (OBERDORFER 2001). Aufgrund seiner Pioniereigenschaften tritt das Scheiden-Wollgras vor allem in den Anfangs- und Abbauzuständen des Hochmoors aspektbildend auf, wobei Trockenphasen mit Hilfe der skleromorphen Rollblätter überstanden werden (AICHELE & SCHWEGLER 1988; OBERDORFER 2001). *Eriophorum vaginatum* ist neben *Aulacomnium palustre* die zweite Charakterart der *Oxycocco-Sphagnetea* im Gebiet (s. RUNGE 1990; ELLENBERG et al. 1992; OBERDORFER 2001). Die maximale Wurzeltiefe beträgt im Hochmoor etwa 60 cm. Von zentraler Bedeutung für das Wurzelwachstum ist die in 10 bis 20 cm Tiefe schräg im Boden befindliche Grundachse, deren Spitze mit dem Moorwachstum Schritt hält, während der basale Teil abstirbt und vertorft (KUTSCHERA et al. 1982).

Das Scheiden-Wollgras, dessen auffälligen, weißen Samenhaaren die „trockenen" Mofetten des Plesná-Tales ihre Entdeckung verdanken, ist wie keine andere Zeigerart an die Zentren der CO_2-Ausgasung gebunden. Die Vorkommen beschränken sich dabei fast ausschließlich auf den Talgrund. Der nach dem Scheiden-Wollgras benannte *Eriophorum*-Vegetationstyp (s. Kap. 3.3.3) ist optimal im südwestlichen Wollgrasband der Borstgrasmofette ausgebildet, wo es auf sumpfigem Grund zu mäßiger bis starker CO_2-Ausgasung kommt. Die etwas trockeneren Standorte im Übergang zur Hangzone besiedelt der *Eriophorum-Nardus*-Typ, welcher reich an *Nardus stricta* ist. Im Kernbereich der Sumpfmofette dominiert *Deschampsia cespitosa*. Im dortigen *Eriophorum-Deschampsia*-Typ drängt die konkurrenzstärkere Rasen-Schmiele das Wollgras an die Ränder der Ausgasungsstellen zurück.

Eriophorum vaginatum kann hohe CO_2-Konzentrationen tolerieren und verfügt als Horstgras gleichzeitig über eine effektive Vermeidungsstrategie: Die lebenden Pflanzenteile entfernen sich beim Aufwachsen der Bulten sukzessive vom Emissionsort, wodurch nach eigenen Messungen im Gebiet der CO_2-Einfluss merklich nachlässt. Horstartige Wuchsformen stellen bei Sumpfgräsern i. d. R. eine Anpassung an stark schwankende Wasserstände dar. Nach Untersuchungen von WARNKE-GRÜTTNER (1990) an der Steifen Segge *(Carex elata* All.) ist die Maximalhöhe der Bulten an den Wasserhöchststand geknüpft. Der Autor sieht den Zweck der Strukturen deshalb darin, „den Vegetationspunkt und damit die Basis der Blätter in den für die Photosynthese günstigeren Luftraum zu heben". Um dauerhafte, stark ausgasende Vents, deren Kernbereiche selbst das Wollgras nicht mehr besiedeln kann, bilden sich beim allmählichen Emporwachsen ringförmige Horststrukturen, in derer Mitte bis zu 40 cm tiefe Hohlformen entstehen können. Diese sind in der Rehmofette besonders gut ausgebildet (s. Kap. 3.2.4).

An stark ausgasenden Stellen finden unter den Pflanzen so viele Carabiden den Tod, dass sich im Laufe des Sommers eine überwiegend aus Flügeldecken bestehende Käferschicht bilden kann. Diese wird im Herbst und Winter von den abgestorbenen Blattscheiden des Wollgrases bedeckt und später im Torf konserviert. Durch alljährliche Wiederholung dieses Vorganges können sich regelmäßige Abfolgen bilden, die im Anschnitt gut erkennbar sind und wie bei bestimmten Seesedimenten (vgl. EHLERS 1994; MURAWSKI & MEYER 1998) Rückschlüsse auf das Sedimentalter zulassen könnten. Das Phänomen der Käferschichten lässt sich mit dem stark reduzierten Windeinfluss erklären, der in Bodennähe unter einer niederen Vegetationsdecke herrscht (GEIGER 1961). Der verminderte Gasaustausch dürfte unter Pflanzenbeständen ebener, stark ausgasender Bereiche das häufige und lang anhaltende Auftreten tödlicher CO_2-Konzentrationen begünstigen, wie sie sonst nur in Muldenlagen vorkommen – mit den gleichen fatalen Auswirkungen auf Carabiden und andere bodenlebende Kleintiere.

Abb. 47 zeigt die Verbreitung des Scheiden-Wollgrases auf der Wiese. *Eriophorum vaginatum* ist aufgrund seiner Habitatansprüche auf den Kernbereich der Mofettenzone beschränkt, der mit Ausnahme vegetationsfreier Ventstrukturen flächig besiedelt wird. Hier zählt das Scheiden-Wollgras neben *Carex nigra* und *Aulacomnium palustre* zu den dominanten Arten, wobei es einen Deckungsgrad von bis zu 50 % erreicht.

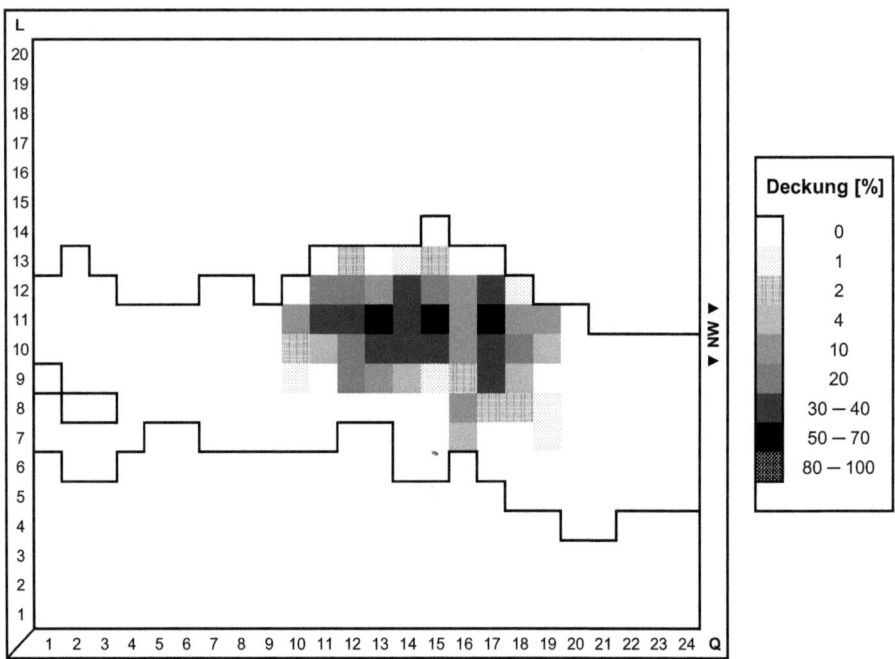

Abb. 47: *Eriophorum vaginatum* im Raster der Wiese Hartoušov. Die eingefügte Linie bezeichnet die CO_2-definierte Mofettengrenze.

3.5.1.2 Sumpf-Sternstreifenmoos *(Aulacomnium palustre)*

Aulacomnium palustre ist ein verbreitetes Laubmoos der bodensauren Sümpfe und Moore (FRAHM & FREY 1987; WIRTH & DÜLL 2000). Die Art weist am Stämmchen einen auffälligen, rostroten Wurzelfilz auf, welcher der kapillaren Wasserleitung dient und das Überdauern trockener Witterungsphasen ermöglicht (WIRTH & DÜLL 2000). Das Sumpf-Sternstreifenmoos gilt nach ELLENBERG (1986) als Charakterart der Hochmoorbult-Gesellschaften *(Oxycocco-Sphagnetea)*.

Trotz des Wurzelfilzes dürfte das Sumpfmoos *Aulacomnium palustre* einen vergleichsweise hohen Wasserbedarf haben, was das Fehlen in der recht trockenen Birnenmofette erklärt. Ansonsten ist es mit bemerkenswerter Stetigkeit in allen untersuchten Mofetten vertreten. Dort teilt es sein Habitat meist mit *Eriophorum vaginatum,* das der gleichen syntaxonomischen Einheit angehört und ähnliche Standortsansprüche hat. In den dichter bewachsenen Mofettenbereichen bildet *Aulacomnium* meist einen unterständigen Moosrasen, dessen Deckungsgrad mit abnehmender Vitalität der Phanerogamenschicht zunimmt. In unmittelbarer Nähe stark gasender Vents kann die Art als bräunlich-chlorotische Kümmerform Reinbestände bilden und dabei ihre bemerkenswerte Stresstoleranz unter Beweis stellen. Außerhalb der Mofettenstandorte besiedelt dieses Moos vor allem lichte Stellen im Birkenbruchwald, wo es sehr üppige Polster ausbildet.

Wie Abb. 48 zeigt, weist *Aulacomnium palustre* auf der Wiese ein geschlossenes Verbreitungsgebiet auf, das sich fast vollständig mit der Mofettenzone deckt. Der maximale Deckungsgrad von 30 % wird in der Umgebung der Vents erreicht, wo extreme CO_2-Konzentrationen die Gefäßpflanzenkonkurrenz weitgehend ausschalten. Im Südwesten kann das Moos die Mofettengrenze etwas überschreiten, während es auf den Quergradienten 14 bis 17 erst ab dem neunten Aufnahmequadrat vorkommt. Den nicht von der Art besiedelten nordöstlichen Teil der Mofettenzone, welcher aus noch ungeklärten Gründen von Reinbeständen der Rasen-Schmiele beherrscht wird, meiden interessanterweise auch die übrigen Mofettenzeiger.

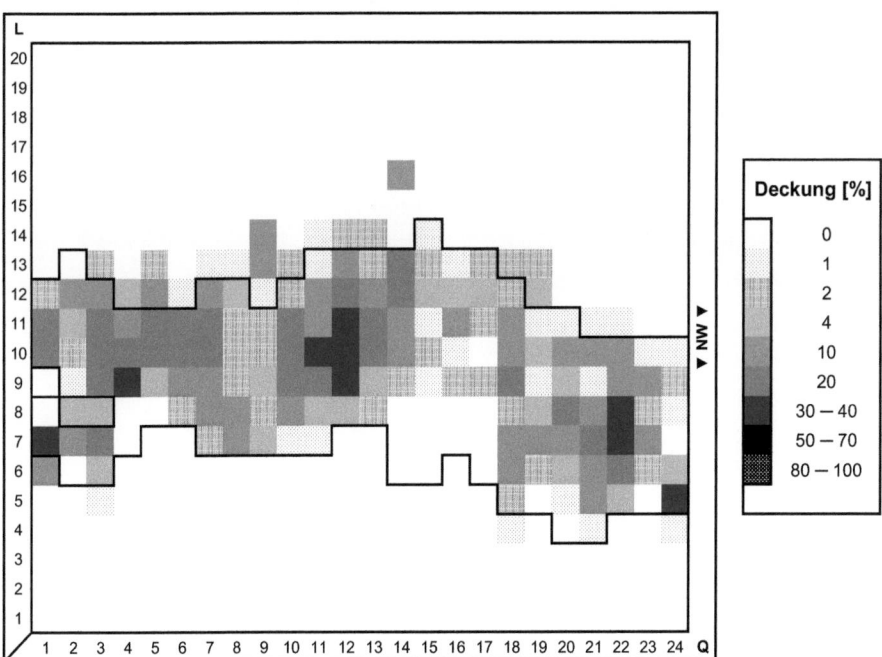

Abb. 48: *Aulacomnium palustre* im Raster der Wiese Hartoušov. Die eingefügte Linie bezeichnet die CO_2-definierte Mofettengrenze.

3.5.1.3 Heidekraut, Besenheide *(Calluna vulgaris)*

Calluna vulgaris ist ein langsamwüchsiger, kurzlebiger Zwergstrauch, der auf mäßig trockenen bis feuchten, nährstoff- und basenarmen, sauren, humosen, sandigen oder steinigen Lehmböden sowie auf Torfböden zu finden ist (DÜLL & KUTZELNIGG 1990; OBERDORFER 2001). Die frostempfindliche, konkurrenzschwache Pionierpflanze wurzelt bis zu 50 cm tief und vermag den Boden durch Rohhumusbildung nachhaltig zu verschlechtern (OBERDORFER 2001; WILMANNS 1993). Sie gilt als Klassencharakterart der *Nardo-Callunetea* (RUNGE 1990; ELLENBERG et al. 1992; OBERDORFER 2001). Die nadelartigen Rollblätter werden nicht als Xero-, sondern als Peinomorphose gedeutet (DÜLL & KUTZELNIGG 1994). SELVI & BETTARINI (1999) berichten von polsterförmigen, extrem skleomorphen, mit Schuppenblättern ausgestatteten Ökotypen welche die „soffioni boraciferi" besiedeln (s. Kap. 1.2.5). Aufgrund der Bodenhitze weisen die Pflanzen dort eine sehr flache Bewurzelung auf.

Die Dominanz von *Calluna vulgaris* in zahlreichen Mofetten belegt, dass Azidotoleranz und Genügsamkeit bei der Besiedlung derartiger Standorte wichtiger sein können als eine Anpassung an sauerstoffarme Böden (vgl. Kap. 3.3.2). Ansonsten wäre es kaum denkbar, dass eine konkurrenzschwache Art ohne Luftleitgewebe einen eigenen, in dieser Arbeit als *Calluna*-Typ bezeichneten Mofettentyp prägen kann (s. Kap. 3.3.3). Die Besenheide ist hier mit dem Laubmoos *Pleurozium schreberi*, diversen Strauchflechten der Gattung *Cladonia* und einigen typischen Begleitern der Borstgrasrasen vergesellschaftet (z. B. *Festuca ovina, Hieracium lactucella, H. pilosella* und *Potentilla erecta)*. Der Mofettentyp ist im Plesná-Tal auf die trockensten Standorte beschränkt. An etwas feuchteren Stellen mischt sich die Leitart mit *Nardus stricta*, was den *Calluna-Nardus*-Typ ergibt. Das Vorkommen der beiden Einheiten beschränkt sich auf die Birnen- und Borstgrasmofette, was Einzelvorkommen der Besenheide in den meisten anderen Mofetten allerdings nicht ausschließt. In Kontrollbereichen ist die Art ein Hauptbestandteil von Borstgrasrasen-Relikten *(Violion caninae),* die bevorzugt an besonnten Böschungen auftreten (vgl. FOERSTER 1983).

Die Vitalität von *Calluna vulgaris* wird im Gebiet durch Fröste beeinträchtigt, welche an der kontinentalen Verbreitungsgrenze (vgl. Kap. 2.1.2) ein regelmäßiges Zurückfrieren exponierter Zweige bewirken. Es erscheint denkbar, dass das mit ihr vergesellschaftete Laubmoos *Pleurozium schreberi* durch die Isolierwirkung seiner Polster ein Erfrieren bodennaher Pflanzenteile verhindert und so zur Existenzsicherung beiträgt. Das flächige Absterben der Pflanzen in der nördlichen Borstgrasmofette, wo eine Moosschicht fehlt, könnte daher durch Frosteinwirkung erklärt werden. Ein alternativer Erklärungsansatz wäre das Auftreten letaler Spitzenwerte der CO_2-Konzentration, die eine regelmäßige Begleiterscheinung stärkerer Schwarmbeben sind (vgl. HILL & PREJAN 2005; WEINLICH et al. 2006), aber auch im Stau einer winterlichen Schneedecke auftreten können (GERLACH et al. 1998). Für diese These sprechen abgestorbene, ausgebleichte Becherflechten *(Cladonia),* die man nach dem recht schneereichen Winter 2008/09 an alten Bohrlöchern finden konnte. Ein kleinflächiges, durch menschlichen Leichtsinn verursachtes Brandereignis, wie es RENNERT (mündl. Mitt.) postuliert, ist als Ursache des *Calluna*-Sterbens ebenfalls nicht völlig auszuschließen.

Nach Absterbereignissen erfolgt i. d. R. eine rasche Regeneration der Bestände auf vegetativem wie auf generativem Wege. Im Zentrum der Birnenmofette, wo im Jahre 2008 ebenfalls deutliche Verluste auftraten, konnten diese durch kräftiges Wachstum der überlebenden Pflanzen im Folgejahr kompensiert werden. Hier deutet sich in jüngster Zeit sogar eine Expansion an, die auf Kosten von *Pleurozium schreberi* und bisher unbewachsener Partien zu erfolgen scheint. Vieles weist auf witterungsinduzierten Fluktuationen beider Arten hin, wodurch das Konkurrenzverhältnis ständig neu definiert werden könnte. Als weitere Einflussgröße kommen in der Birnenmofette vermutlich Trittschäden hinzu, die ein Preis der Forschungsaktivitäten sind (vgl. Kap. 3.2.2) und von denen die Besenheide als Pionierpflanze indirekt profitieren könnte.

Abb. 49 zeigt die Verbreitung der Art im Bereich der Birnenmofette. Das Diagramm stellt den Zustand im Jahre 2008, d. h. vor der jüngsten Expansion dar. *Calluna vulgaris* kommt auf insgesamt 67 Teilflächen (31 %) vor, wobei die Verbreitung eng mit der CO_2-Konzentration korreliert ist. Hohe Deckungsgrade von bis zu 50 % fallen in zwei räumlich getrennte Zonen, die sich durch besonders hohe CO_2-Konzentrationen auszeichnen (s. Abb. 22). Aufgrund ihrer geringen Konkurrenzkraft bleibt die Art dem Mofettenbereich weitgehend treu, den sie allerdings nicht durchgehend besiedeln kann. Im Nordosten der Fläche, insbesondere im Bereich der Quergradienten 11 und 12 sowie der Längsgradienten 4 und 5, muss sie z. B. *Deschampsia cespitosa* weichen (vgl. Abb. 57).

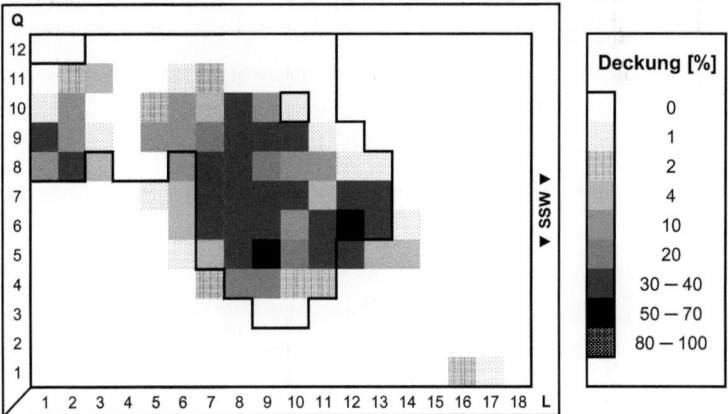

Abb. 49: *Calluna vulgaris* im Raster der Birnenmofette. Die eingefügte Linie bezeichnet die CO_2-definierte Mofettengrenze.

3.5.1.4 Kleines Habichtskraut *(Hieracium pilosella)*

Hieracium pilosella ist eine bis 50 cm tief wurzelnde Pionierpflanze, die bevorzugt mäßig trockene, basenreiche aber kalkarme, mäßig saure bis saure, rohe oder humos-torfige, sandig-grusige Lehmböden oder bindige Sandböden besiedelt (OBERDORFER 2001). Die Art weist nach DÜLL & KUTZELNIGG (1994) eine besondere Anpassung an sonnige Xerothermstandorte auf: Während die Blattoberseite bis auf lockere Borstenhaare kahl ist, weist die Unterseite einen dichten, weißen Haarfilz auf. Bei Trockenheit rollen sich die Blätter ein, so dass die lichtreflektierende Unterseite nach oben weist, wodurch die Lichtabsorbtion minimiert wird. Neben der Samenproduktion vermehrt sich das Kleine Habichskraut auch durch Ausbildung oberirdischer Ausläufer. Diese Form der Verbreitung scheint im Mofettenbereich vorzuherrschen.

Während die Art bei ELLENBERG et al. (1992) als gesellschaftsvag geführt wird, gesteht ihr OBERDORFER (2001) den Rang einer schwachen *Nardo-Callunetea*-Klassencharakterart zu. Im Gebiet ist *Hieracium pilosella* ein fester Bestandteil des mofettophilen Heide- und Borstgrasrasenkomplexes. Das Kleine Habichtskraut bevorzugt hier Stellen mit dichten, steinigen Rohböden, die i. d. R. einer mäßigen bis starken CO_2-Ausgasung unterliegen. Wegen ihrer speziellen Standortansprüche und der vegetativen Ausbreitungsstrategie ist die Art innerhalb der Mofettenbereiche durch eine sehr inhomogene Verbreitung gekennzeichnet. Während das Kleine Habichtskraut bestimmte Teilbereiche mit seinen beblätterten Ausläufer fast lückenlos bedeckt, kann es wenige Dezimeter daneben vollständig fehlen, wodurch die Bestände ungewöhnlich scharf begrenzt sind.

Von den im Plesná-Tal untersuchten Objekten werden vor allem Birnen- und Moosmofette besiedelt. Daneben findet sich ein kleines Vorkommen in der Mofetten-Kernzone der Wiese. Im Bereich der Borstgrasmofette sucht man *Hieracium pilosella* hingegen vergeblich, obwohl diese Struktur zumindest im Nordosten der Aufnahmefläche Nord ähnliche Standortsbedingungen aufweist. Die Art wird dort aus noch unbekannten Gründen von der nahe verwandten Sippe *H. lactucella* ersetzt, die sich vor allem durch kahle, bläulich bereifte Blätter unterscheidet und als *Nardetalia*-Ordnungscharakterart gilt (ELLENBERG et al. 1992). Das Vorkommen von *Hieracium pilosella* auf der Wiese zeigt eine interessante Anpassung an hohe CO_2-Konzentrationen in der bodennahen Luftschicht (vgl. Kap. 1.2.3): Statt über den Boden zu kriechen, nutzten die beblätterten Ausläufer diverse Gräser als Kletterhilfe, um sich auf diese Weise von der Bodenoberfläche zu entfernen.

In Abb. 50 ist die Verbreitung der Art im Bereich der Birnenmofette dargestellt, wo sich die Präsenz nahezu ausschließlich auf die Mofettenzone beschränkt. Dem heterogenen Verbreitungsmuster entsprechend, zeigt der Deckungsgrad eine große Variationsbreite. Bezeichnend ist ein zu 60 % bedecktes Quadrat, an den ein völlig unbesiedelter Plot angrenzt. *Hieracium pilosella* hat seinen Verbreitungsschwerpunkt im Nordosten des untersuchten Areals, wo auch das Deckungsgradmaximum von 70 % zu finden ist.

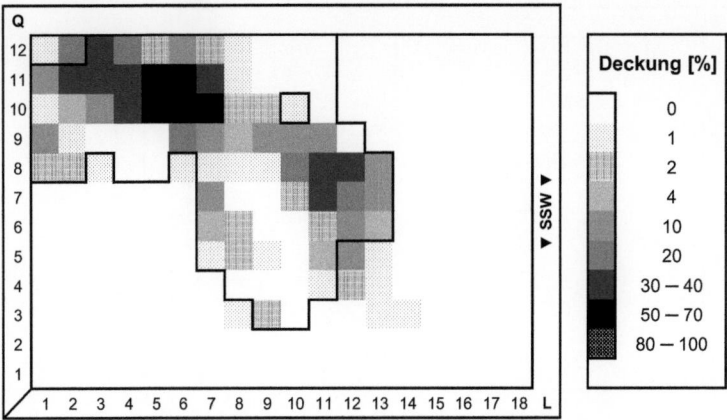

Abb. 50: *Hieracium pilosella* im Raster der Birnenmofette. Die eingefügte Linie bezeichnet die CO_2-definierte Mofettengrenze.

3.5.1.5 Borstgras *(Nardus stricta)*

Nardus stricta ist eine bestandsbildende Art der Magerrasen und Weiden auf frischen bis wechselfrischen, mäßig nährstoffreichen, sauren, humosen Lehmböden oder auf Torfböden (OBERDORFER 2001). Die borstigen Halme der Art stellen nach DÜLL & KUTZELNIGG (1994) eine Peinomorphose dar, die zusammen mit einer bis 80 cm tief reichenden Bewurzelung das Überleben auf armen Standorten ermöglicht. Das Borstgras gilt als Ordnungscharakterart der *Nardetalia* (RUNGE 1990; ELLENBERG et al. 1992; OBERDORFER 2001).

Ausgedehnte Mofetten-Vorkommen von *Nardus stricta* deuten nach eigener Beobachtung auf fehlende Mahd sowie mittlere Bodenfeuchte- und Ausgasungsverhältnisse hin. Folgerichtig weist die regelmäßig gemähte Wiese nur kleine Bestände auf. Der *Calluna-Nardus*-Vegetationstyp, dessen Aspekt von der Art geprägt wird, geht bei schlechterer Wasserversorgung in den *Calluna*-Typ, bei besserer in den *Eriophorum-Nardus*-Typ über (s. Kap. 3.3.3). Die Hauptvorkommen von *Nardus stricta* finden sich in den trockeneren Bereichen der Borstgrasmofette; die Art meidet den Talboden und fehlt der Sumpfmofette. Wie viele seiner Begleiter weist auch das Borstgras Einzelvorkommen in mofettenfernen Borstgrasrasenrelikten auf (vgl. FOERSTER 1983).

Abb. 51 zeigt die Verbreitung von *Nardus stricta* im Bereich der Birnenmofette. Anders als bei der südlichen Borstgrasmofette, wo die Art Deckungsgrade von bis zu 90 % erreichen kann, kommt sie im *Calluna-Nardus*-Typ der Birnenmofette nicht über einen Anteil von 40 % hinaus. Das Vorkommen der Art beschränkt sich auf den Nordwesten der Mofettenzone, wo bei mäßiger Wasserversorgung und schwacher bis mäßiger Ausgasung ausgesprochen saure Bodenverhältnisse herrschen.

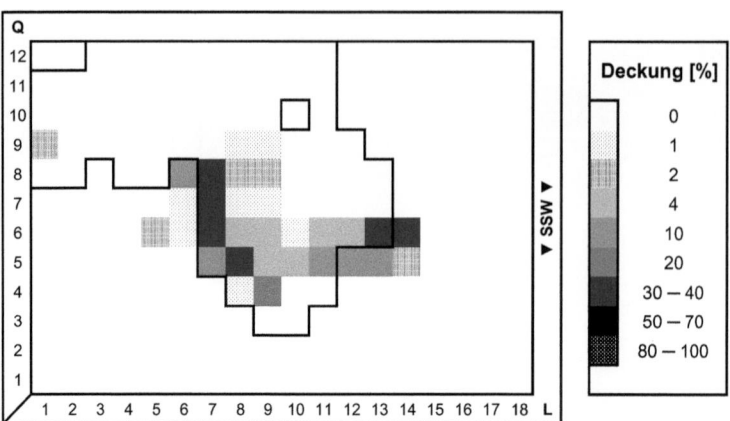

Abb. 51: *Nardus stricta* im Raster der Birnenmofette. Die eingefügte Linie bezeichnet die CO_2-definierte Mofettengrenze.

3.5.1.6 Herbst-Löwenzahn *(Leontodon autumnalis)*

Leontodon autumnalis ist in Fettweiden, Parkrasen und Trittgesellschaften auf mäßig frischen bis frischen, nährstoffreichen, vorzugsweise kalkarmen, mehr oder weniger humosen, dichten Lehm- und Tonböden verbreitet (OBERDORFER 2001). Die Hauptwurzel des ausdauernden Hemikryptophyten stößt dabei in Bodentiefen von bis zu 50 cm vor (DÜLL & KUTZELNIGG 1994; OBERDORFER 2001). Pflanzensoziologisch ist der Herbst-Löwenzahn eine (schwache) Kennart des *Cynosurion*-Verbandes (ELLENBERG et al. 1992; OBERDORFER 2001).

Als Mofettenpflanze sticht *Leontodon autumnalis* als Mäßigsäure- und Mäßigstickstoffzeiger (ELLENBERG et al. 1992) deutlich aus dem Kollektiv der azidophilen Hungerkünstler heraus (vgl. Tab. 28). Dies dürfte ein Grund dafür sein, dass die Art als einziger Mofettophyt eine Bindung an die vergleichsweise nährstoffreiche Wiese mit ihren weniger sauren Böden zeigt. Aufgrund einer Kombination von regelmäßiger Mahd, mäßiger bis starker CO_2-Ausgasung und anthropogen verdichteten, mäßig frischen Böden findet der Herbst-Löwenzahn vor allem im Nordwesten der Mofettenzone kurzrasige Flächen vor, die er als niedrige Halbrosettenpflanze benötigt.

Wie Abb. 52 zeigt, liegt der Deckungsgrad meist niedrig, nur selten werden 20 % erreicht. Dank seiner auffälligen, Blütenköpfe kann *Leontodon autumnalis* dennoch einen auffälligen Spätsommer-Blühaspekt bieten, der Teile der Wiese für etliche Wochen in ein warmes Goldgelb taucht. Man kann vermuten, dass die Anpassung an verdichtete Böden zu Mechanismen geführt hat, welche die Sauerstoffversorgung der Pfahlwurzel auch im CO_2-durchströmten Boden gewährleisten. Dies würde erklären, warum die Pflanzen im Gegensatz zu den Gräsern der Umgebung i. d. R. nur schwache Chlorosen zeigen.

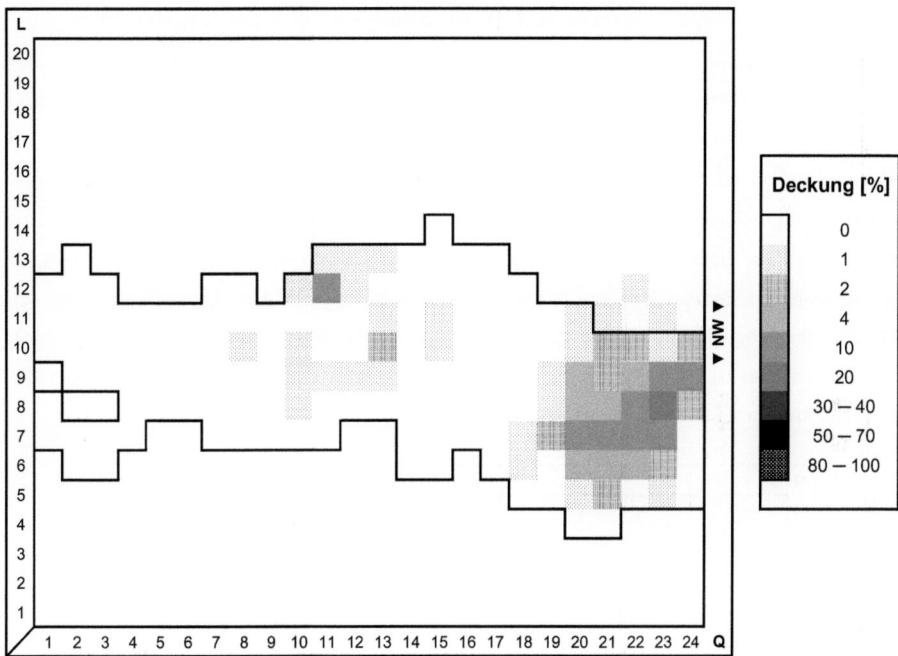

Abb. 52: *Leontodon autumnalis* im Raster der Wiese Hartoušov. Die eingefügte Linie bezeichnet die CO_2-definierte Mofettengrenze.

3.5.1.7 Schaf-Schwingel *(Festuca ovina)*

Festuca ovina ist ein ausdauerndes Horstgras, das in eine Vielzahl schwer bestimmbarer Kleinarten aufgeteilt wird (DÜLL & KUTZELNIGG 1990; SCHMEIL & FITSCHEN 2006). Besiedelt werden trockene bis mäßig trockene Standorte mit nährstoff- und basenarmen, vorwiegend mäßig sauren, humosen Böden aller Art. Wie andere Besiedler magerer, trockener Standorte weist die Art eine tiefgehende Bewurzelung auf, die bis 50 cm unter die Oberfläche reicht (OBERDORFER 2001). Ihre sklaromorphen Rollblätter werden als Xero- und Peinomorphose gedeutet; als zusätzlicher Verdunstungsschutz dient ein „Strohmantel" aus abgestorbenem Blattwerk (DÜLL & KUTZELNIGG 1990).

Als *Nardetalia*-Begleitart (RUNGE 1990; OBERDORFER 2001) zeigt *Festuca ovina* im Gebiet eine ähnliche Verbreitung wie *Calluna vulgaris* oder *Nardus stricta*. Besiedelt werden eher trockene, geschlossene wie offene Mofettenstandorte. Die Art kann in fast kahler Umgebung Einzelhorste bilden oder in dichten Rasen auftreten. Der Schaf-Schwingel ist außerdem in mofettenfernen Borstgrasrasen-Relikten verbreitet und dringt auch auf die Wiese vor. Hier gehört er zu den charakteristischen Vertretern der Mofetten-Übergangszone.

Abb. 53 zeigt die Verbreitung im Bereich der Birnenmofette. Wie *Calluna vulgaris* ist *Festuca ovina* auf den Mofettenbereich beschränkt, wodurch sich die Art als guter positiver Mofettenzeiger erweist. Innerhalb dieser Zone zeigen beide Arten allerdings ein stark abweichendes Verbreitungsmuster: Während *Calluna* die zentralen Hauptausgasungsstellen bevorzugt, zeigt *Festuca* gerade dort auffällige Verbreitungslücken. Mit bis zu 40 % erreicht der Deckungsgrad am Mofettenrand seine höchsten Werte. Das ringförmige Distributionsmuster kommt in ähnlicher Form auch bei anderen Spezies vor. Es weist vermutlich auf geringe CO_2-Toleranz in Verbindung mit mäßiger Konkurrenzkraft hin: Während die hohe Ausgasungsaktivität eine Besiedlung des Mofettenkerns weitgehend ausschließt, wird die Kontrollzone von übermächtigen Konkurrenten wie *Deschampsia cespitosa* und *Alopecurus pratensis* beherrscht (s. Abb. 57 und 60). Eine Einnischung ist nur am Mofettenrand möglich, weil hier bei schwacher Ausgasung die Konkurrenzkraft dieser Gräser schon deutlich reduziert ist. Dies scheint mehr eine Folge ungünstiger Bodenverhältnisse als der CO_2-Konzentration zu sein.

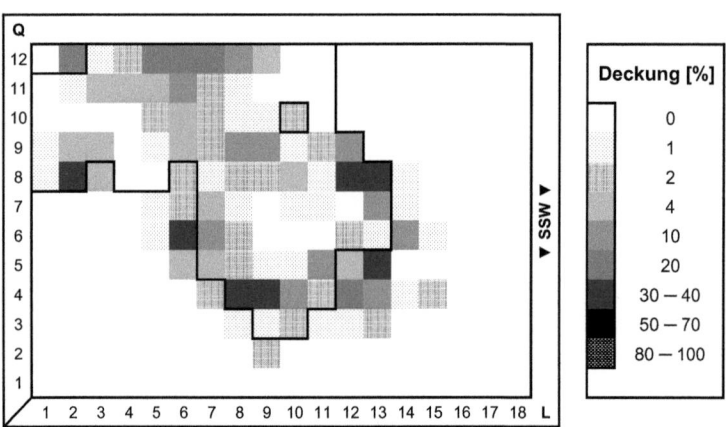

Abb. 53: *Festuca ovina* im Raster der Birnenmofette. Die eingefügte Linie bezeichnet die CO_2-definierte Mofettengrenze.

3.5.1.8 Rotstängelmoos *(Pleurozium schreberi)*

Pleurozium schreberi ist ein azidophiles, trockentolerantes Laubmoos, das Rohhumusdecken als Substrat präferiert und mit seiner sauren Streu selbst zur Rohhumusbildung beiträgt (FRAHM & FREY 1987; DÜLL 1997). Daher hat es seinen Verbreitungsschwerpunkt in sauren, wechselfeuchten Nadelwäldern und -forsten, sowie in Heiden und auf kalkfreien Blockhalden (DÜLL 1997).

Im Gebiet ist das Vorkommen des Rotstängelmooses im Wesentlichen auf die Birnen- und Moosmofette beschränkt, wo es i. d. R. im Rohhumus der Heidekrautpolster wächst. Ansonsten gibt es Einzelfunde in fast allen Mofetten sowie an Böschungen und Waldrändern.

Die in Abb. 54 dargestellte Verbreitung in der Birnenmofette zeigt eine auffällige Übereinstimmung mit dem Muster von *Calluna vulgaris* (s. Abb. 49). Da das Moos zum Aufnahmezeitpunkt im Frühjahr 2008 nicht nur vitaler wirkte, sondern auch die Hauptmasse der gemischten Polster ausmachte, wurden meist höhere Deckungsgrade ermittelt als beim Heidekraut (auf die Koexistenz und Fluktuation beider Arten sowie ihre möglichen Ursachen wird in Kap. 3.5.1.3 eingegangen). Seinen maximalen Deckungsgrad von 90 % erreicht *Pleurozium schreberi* knapp außerhalb des zentralen Ausgasungszentrums. Die Art zeigt insgesamt ein mofettophiles Verbreitungsmuster, wobei die Vents ausgespart bleiben.

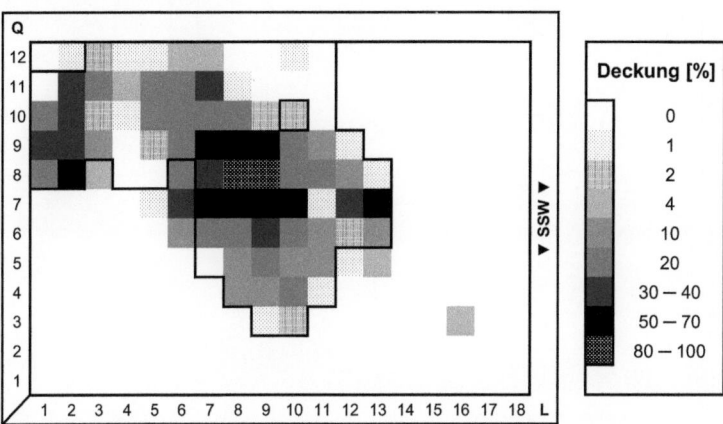

Abb. 54: *Pleurozium schreberi* im Raster der Birnenmofette. Die eingefügte Linie bezeichnet die CO_2-definierte Mofettengrenze.

3.5.1.9 Kleiner Ampfer *(Rumex acetosella)*

Rumex acetosella ist als Pionierpflanze und Rhizom-Geophyt charakterisiert, der trockene bis mäßig frische, mäßig nährstoffreiche, saure, humose oder rohe Sandböden sowie Moorböden besiedelt (ELLENBERG et al. 1992; OBERDORFER 2001). Als ausgesprochener Tiefwurzler dringt die Art in Bodentiefen von bis zu 1 m vor. Offene Bodenstellen vermag *Rumex acetosella* mit Hilfe seiner Wurzelsprosse rasch zu erschließen und befestigen (DÜLL & KUTZELNIGG 1994; OBERDORFER 2001).

Der Kleine Ampfer gehört zu den Mofettenpflanzen mit eher schwacher Habitatbindung. Er scheint allenfalls mäßige CO_2-Konzentrationen zu tolerieren und findet sich bevorzugt an vegetationsarmen Stellen, die durch Tiere oder Tritt in fast allen untersuchten Mofetten auftreten. Aufgrund der kleinen Blättchen und des schütteren Wuchses werden nur selten Deckungsgrade von mehr als 10 % erreicht.

Das in Abb. 55 dargestellte Verbreitungsmuster im Bereich der Birnenmofette ähnelt demjenigen von *Festuca ovina:* Die Art meidet sowohl das Mofettenzentrum als auch die Kontrollbereiche und bevorzugt das Mofettenrand-Ökoton. Im Westen wird die Mofettengrenze deutlich nach außen überschritten. Hier befinden sich einige größere Vegetationslücken, die ihre Existenz dem Brutbetrieb von Ameisen verdanken dürften.

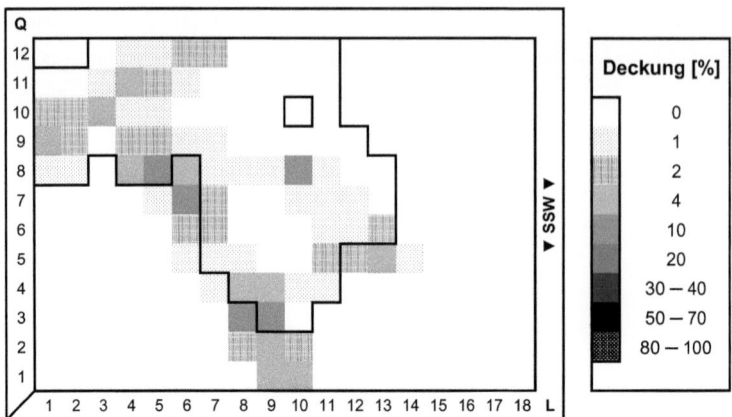

Abb. 55: *Rumex acetosella* im Raster der Birnenmofette. Die eingefügte Linie bezeichnet die CO_2-definierte Mofettengrenze.

3.5.2 Mofettovage

3.5.2.1 Wiesen-Segge, Braun-Segge *(Carex nigra)*

Auch wenn *Carex nigra* zu den geophytischen, Ausläufer bildenden Seggenarten gehört (HEGI 1980; ELLENBERG et al. 1992; OBERDORFER 2001), können in alten Brachen ausgeprägte, bis zu 50 cm hohe Horste beobachtet werden, die wohl der von HEGI (1980) beschriebenen „dichtrasigen" Wuchsform entsprechen. Die Wiesen-Segge tritt häufig und gesellig in Niedermooren, an Quellen und Ufern sowie in Binsenwiesen auf, wo sie sicker- oder staunasse, mäßig nährstoff- und basenreiche, mäßig saure Sumpfhumusböden bevorzugt (OBERDORFER 2001). Sie wird in der Literatur als Ordnungscharakterart der *Caricetalia nigrae* (AICHELE & SCHWEGLER 1988; ELLENBERG et al 1992), als Verbandskennart des *Caricion nigrae* (RUNGE 1990) oder als Klassencharakterart der *Scheuchzerio-Caricetea* geführt (OBERDORFER 2001).

Unter den Mofettenvagen ist *Carex nigra* vielleicht die Art mit den stärksten mofettophilen Tendenzen. Sie verfügt über eine sehr hohe CO_2-Toleranz, die sie befähigt, selbst Mofetten-Kernzonen zu besiedeln (s. Tab. 30). An konkurrenzarmen Mofettenstandorten stellt sie eine bemerkenswerte Trockentoleranz unter Beweis und gehört als einzige Art neben *Deschampsia cespitosa* zur Artengarnitur aller untersuchten Mofetten. Trotz ihres Schwerpunktes an CO_2-reichen Stellen, kommt sie zu häufig in der Kontrollzone vor, um noch als Mofettenzeiger gelten zu können (vgl. Tab. 27). Im mofettenfernen Grünland bevorzugt die Wiesen-Segge nasse, mäßig saure Bereiche, wo sie in eher kleinflächigen Reliktbeständen vorkommt. Diese finden sich als *Caricetum nigrae* im verlandeten Plesná-Altarm am Nordostrand der Wiese und als *Carici canescentis-Agrostietum caninae* in der Nähe des Südtransektes der Borstgrasmofette, wobei die Übergänge zwischen den beiden Assoziationen fließend sind (s. RUNGE 1999; POTT 1995; VERBÜCHELN et al. 1995).

Abb. 56 zeigt ein arondiertes Mofettenareal am Zentralvent der Birnenmofette. Die Art ist dort mit Mofettenzeigern wie *Calluna vulgaris* und *Nardus stricta* vergesellschaftet und erreicht einen Deckungsgrad von bis zu 40 %. Ein weiteres, deutlich kleineres Vorkommen findet sich im Südwesten der Kontrollzone, wo *Carex nigra* die Lücken zwischen den Horsten der Rasen-Schmiele schließt. Die dortigen Standortsverhältnisse entsprechen weder denen des Mofetten- noch des Normalhabitates (mögliche Erklärungen s. Kap. 3.5.2.4).

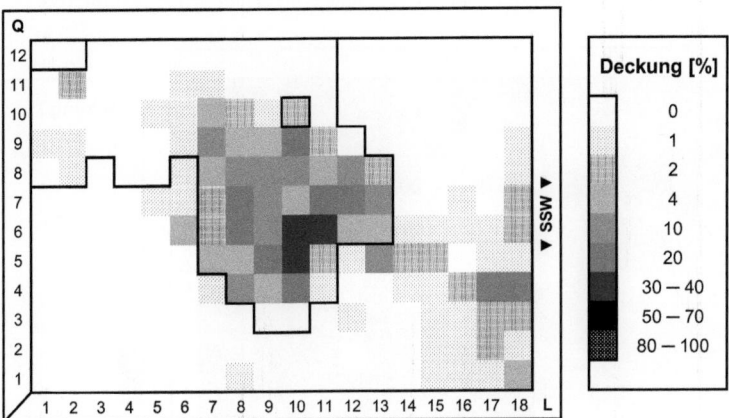

Abb. 56: *Carex nigra* im Raster der Birnenmofette. Die eingefügte Linie bezeichnet die CO_2-definierte Mofettengrenze.

3.5.2.2 Rasen-Schmiele *(Deschampsia cespitosa)*

Deschampsia cespitosa gehört zu den Horstgräsern. Die hemikryptophytische, immergrüne Art wurzelt bis 1 m tief (DÜLL & KUTZELNIGG 1994; OBERDORFER 2001). Sie kommt verbreitet in nassen Wiesen und Wäldern sowie an Quellen vor. Als Quell- und Grundwasserzeiger besiedelt die Rasen-Schmiele sicker- und grundfeuchte bis -nasse oder wechselnasse, milde bis mäßig saure, humose Lehm- und Tonböden (OBERDORFER 2001). Da die Art in Wald- und Grünlandgesellschaften gleichermaßen verbreitet ist, gilt sie als gesellschaftsvag (ELLENBERG et al. 1992; OBERDORFER 2001).

Wenngleich *Deschampsia cespitosa* ein Hauptbestandteil der Mofettenvegetation ist, so meidet sie anders als etwa *Eriophorum vaginatum* und *Carex nigra* die besonders CO_2-reichen Kernzonen. Die Schwerpunktvorkommen liegen einerseits in nicht allzu sauren, schwach bis mäßig ausgasenden Mofettenbereichen und andererseits auf besonnten bis halbschattigen, nährstoffarmen Kontrollstandorten der Hangzone. Gemieden werden stark ausgasende, sehr saure, und ausgesprochen trockene, nasse oder nährstoffreiche Stellen, wenngleich auch dort oft Einzelexemplare zu finden sind. Die Rasen-Schmiele ist die einzige Art im untersuchten Teil des Plesná-Tales, welche in allen Mofetten- und Kontrollzonen vorkommt. Unter zusagenden Bedingungen ist sie ausgesprochen konkurrenzstark und neigt aufgrund ihrer Unduldsamkeit zur Ausbildung monotoner Dominanz- oder Reinbestände.

Abb. 57 dokumentiert ein Massenvorkommen in der Birnenmofette, das nur in der Mofetten-Kernzone und im äußersten Norden der Fläche kleinere Lücken aufweist. Während das Fehlen im Zentrum der Mofette eine direkte Folge der CO_2-Ausgasung sein dürfte, wird die Rasen-Schmiele im Norden durch nitrophile Arten wie *Alopecurus pratensis* und *Urtica dioica* verdrängt, die von der vergleichsweise guten Wasser- und Nährstoffversorgung im alten Bachbett profitieren.

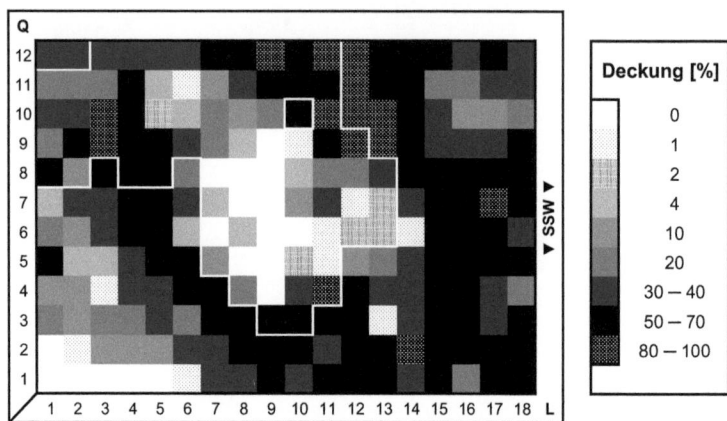

Abb. 57: *Deschampsia cespitosa* im Raster der Birnenmofette. Die eingefügte Linie bezeichnet die CO_2-definierte Mofettengrenze.

3.5.2.3 Gemeiner Teufelsabbiss *(Succisa pratensis)*

Der Gemeine Teufelsabbiss zeigt ein zerstreutes Vorkommen in Moorwiesen, Magerrasen, Niedermooren und mageren Wirtschaftswiesen, wobei sein Verbreitungsschwerpunkt im Mittelgebirge liegt. Die Art gilt als Magerkeitszeiger. Sie findet sich auf wechselfeuchten, basenreichen, neutralen bis mäßig sauren, humosen Lehm- und Tonböden sowie auf Torfböden (OBERDORFER 2001). *Succisa pratensis* ist eine hemikryptophytische Halbrosettenpflanze (ELLENBERG et al. 1992; DÜLL & KUTZELNIGG 1994), die trotz der „abgebissen" erscheinenden Hauptwurzel bis in 50 cm Bodentiefe vordringen kann (OBERDORFER 2001). Der Teufelsabbiss gilt je nach Autor als Ordnungscharakterart der *Molinietalia* (ELLENBERG et al. 1992; POTT 1995) oder als Verbandscharakterart des *Molinions* (RUNGE 1990).

Die CO_2-tolerante Pflanze kommt in Mofetten- und Kontrollbereichen vor, sofern saure, nährstoffarme Böden das Aufkommen höherwüchsiger Konkurrenten verhindern. Hinsichtlich der Bodenfeuchte weist *Succisa pratensis* eine breite Amplitude auf, welche von mäßig frischen bis zu feuchten Standorten reicht. Nur die ausgesprochen nassen Bereiche des Talraumes werden gemieden.

Größere Vorkommen finden sich im Bereich der Birnenmofette und in der Hangzone der Borstgrasmofette, etwas kleinere im Bereich von Wiese und Rehmofette.

Abb. 58 zeigt das Verteilungsmuster der Art im Bereich der Birnenmofette. Der Gemeine Teufelsabbiss erweist sich hier als typische Art des Mofettenrand-Ökotons, mit weniger mofettophilen Tendenzen als etwa *Festuca ovina*. Da die Einzelrosetten typischerweise ein sehr disperses Verbreitungsmuster zeigen, erreicht er am Rande der Birnenmofette meist nur Deckungsgrade von wenigen Prozent. In der südlichen Kontrollzone, wo *Succisa pratensis* ihren lokalen Verbreitungsschwerpunkt hat, kann sie ausnahmsweise bis zu 30 % der Fläche einnehmen. Als konkurrenzschwache Art fehlt der Gemeine Teufelsabbiss den hochwüchsigen Grasbeständen der Kontrollzone, ganz gleich ob sie von *Deschampsia cespitosa* und *Alopecurus pratensis* beherrscht werden. Trotz seiner vergleichsweise großen CO_2-Toleranz (s. Tab. 30) meidet er auch den stark ausgasenden Zentralbereich der Mofettenzone. Es ist durchaus vorstellbar, dass die Toleranzeigenschaften dort durch ein geringes Wasserangebot und stark versauerte Böden geschmälert werden.

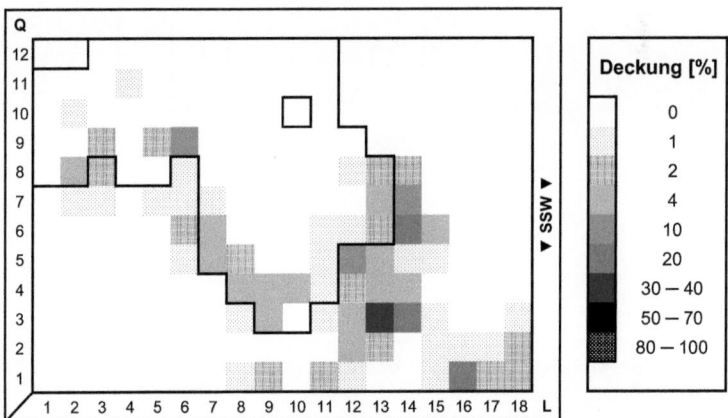

Abb. 58: *Succisa pratensis* im Raster der Birnenmofette. Die eingefügte Linie bezeichnet die CO_2-definierte Mofettengrenze.

3.5.2.4 Blutwurz *(Potentilla erecta)*

Potentilla erecta ist ein bis zu 50 cm tief wurzelnder Hemikryptophyt (ELLENBERG et al. 1992; OBERDORFER 2001). Die Art kommt häufig in Magerrasen, Heiden, Moorwiesen und lichten Wäldern vor (OBERDORFER 2001). Dabei werden frische bis wechselfeuchte, basenreiche bis -arme, meist saure, humose Lehm- und Tonböden sowie Torfböden besiedelt. ELLENBERG et al. (1992) und OBERDORFER (2001) bezeichnen die Blutwurz als (schwache) Klassencharakterart der *Nardo-Callunetea*.

Wie die vorgenannten Mofettenvagen ist auch *Potentilla erecta* ein typischer Besiedler schwach bis mäßig ausgasender Mofettenzonen und deren Randbereiche. Vielfach zeigt sich ein ausgesproner Schwerpunkt im Übergangsbereich. Hier kann es zu ähnlichen Verbreitungsmustern kommen, wie bei *Festuca ovina* (s. Abb. 53). Außerhalb der Mofettenbereiche weist die Art bedeutsame Vorkommen in reliktischen Borstgrasrasen auf, deren Aspekt sie maßgeblich prägen kann.

Das in Abb. 59 dargestellte Areal im Bereich der Birnenmofette ist beiderseits der Mofettengrenze orientiert und umfasst außerdem die Kontrollzone im Westen der untersuchten Fläche. Hier kann die konkurrenzstarke Rasen-Schmiele auf sauren, mäßig frischen Böden nur vergleichsweise lückige Bestände bilden, in die *Potentilla erecta* und *Succisa pratensis* ebenso einzudringen vermögen wie *Carex nigra*. Während die Wiesen-Segge einen ins Mofettenzentrum verlagerten Schwerpunkt aufweist, sind die Verbreitungsgebiete der anderen beiden Spezies weitestgehend identisch. Die Blutwurz meidet die Mofetten-Kernzone, die östliche Randzone sowie die nährstoffreicheren, von nitrophilen Arten dominierten Bereiche der Kontrollzone im Norden und Süden.

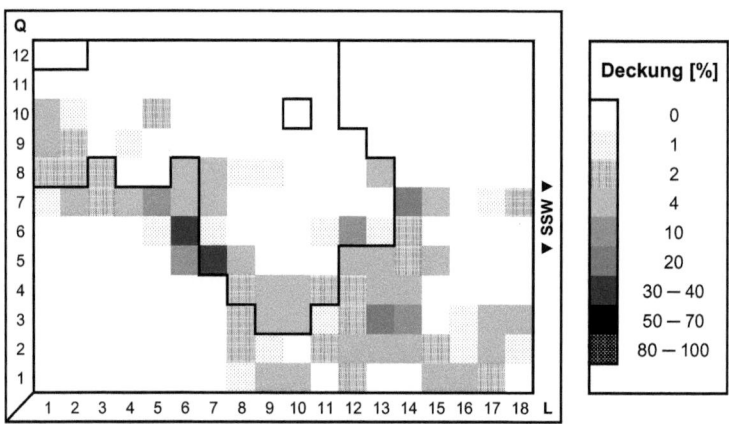

Abb. 59: *Potentilla erecta* Raster der Birnenmofette. Die eingefügte Linie bezeichnet die CO_2-definierte Mofettengrenze.

3.5.2.5 Wiesen-Fuchsschwanz *(Alopecurus pratensis)*

DÜLL & KUTZELNIGG (1994) beschreiben die Art als „ausdauernde Horstpflanze mit unterirdischen Ausläufern". Der nicht weidefeste Hemikryptophyt ist in feuchten Wiesen, an Dungstellen, in Baumgärten sowie in Uferstaudengesellschaften zu finden. Besiedelt werden sickerfeuchte, nährstoffreiche, milde bis mäßig saure, humose meist tiefgründige Lehm- und Tonböden in humider Klimalage (OBERDORFER 2001). Der Wiesen-Fuchsschwanz wird durch Düngung gefördert, so dass Monokulturen (insbesondere auf ärmeren Böden) starke anthropogene Einflüsse anzeigen (DÜLL & KUTZELNIGG 1994). In der Literatur wird die Spezies z. T. als Klassencharakterart der *Molinio-Arrhenatheretea* geführt (AICHELE & SCHWEGLER 1988; ELLENBERG et al. 1992; OBERDORFER 2001). Bei anderen Autoren gilt sie gleichzeitig (CONERT 2000) oder ausschließlich (RUNGE 1990; POTT 1995) als Assoziationskennart für das *Alopecuretum pratensis*.

Der Wiesen-Fuchsschwanz repräsentiert den mofettophoben Flügel der Mofettenvagen. Dies äußert sich in einer klaren Präferierung der Kontrollzone, was aber die Besiedlung schwach ausgasender Mofettenstrukturen nicht ausschließt. Die Verbreitung der Art auf den untersuchten Flächen konzentriert sich stark auf die Wiese, wo in den Jahren der Vegetationsaufnahme nahezu optimale Wuchsbedingungen herrschten. Daneben werden ruderal geprägte Brachestadien frischer Standorte besiedelt. Weniger günstige Rahmenbedingungen steigern dort offenbar die CO_2-Sensitivität, so dass der Wiesen-Fuchsschwanz außerhalb der Wiese i. d. R. als negativer Mofettenzeiger fungiert.

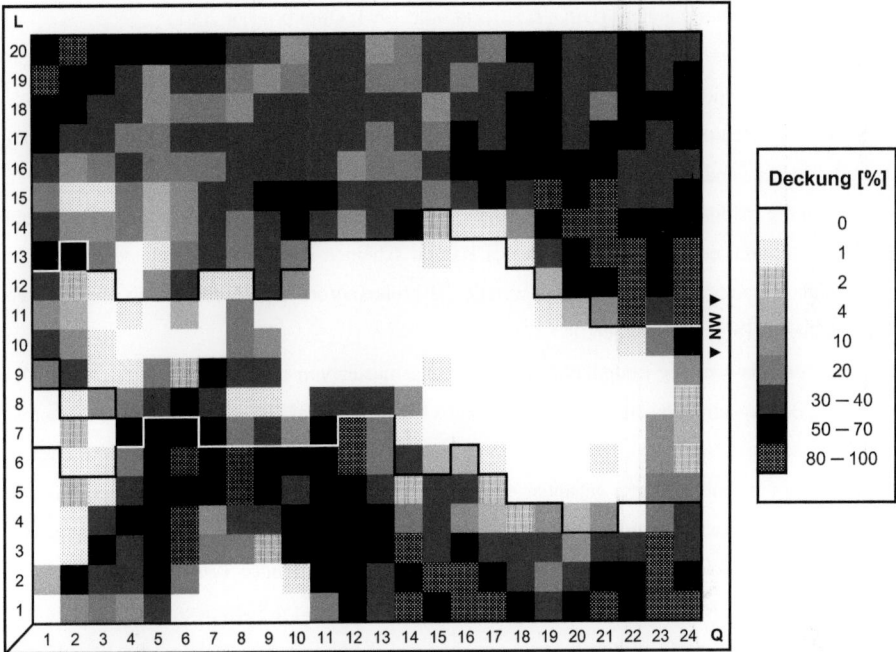

Abb. 60: *Alopecurus pratensis* im Raster der Wiese Hartoušov. Die eingefügte Linie bezeichnet die CO_2-definierte Mofettengrenze.

Nach Abb. 60 liegt die Hauptverbreitung auf der Wiese in der Kontrollzone. Letztere wird mit Ausnahme zweier Lücken im Nordosten und Osten vollständig besiedelt, wobei Deckungsgrade bis zu 100 % die gewaltige Konkurrenzkraft der Art dokumentieren. Die größeren Fehlstellen im Kontrollbereich dürften edaphisch bedingt sein: Während die sandige Böschung im Nordosten für den Wiesen-Fuchsschwanz gleichermaßen zu trocken und zu sauer sein könnte, scheint ihn im Osten die Nässe zu limitieren. Der Mofetten-Kernbereich wird strikt gemieden. *Alopecurus pratensis* kann allerdings in die Randzone vordringen, solange sich die CO_2-Konzentration in moderaten Grenzen hält. Da ein Vorkommen der Art i. d. R. mit hohen Deckungsgraden verknüpft ist, bildet *Alopecurus pratensis* auf der Wiese ähnlich scharfe Vegetationsgrenzen aus wie *Hieracium pilosella* im Bereich der Birnenmofette.

3.5.2.6 Großer Wiesenknopf *(Sanguisorba officinalis)*

Sanguisorba officinalis ist eine Art der Feucht-, Nass- und Moorwiesen. Der ausdauernde Rhizomgeophyt besiedelt grund-, sicker- oder wechselfeuchte, nährstoff- und basenreiche, neutrale bis mäßig saure, humose Lehm- und Tonböden oder Torfe (OBERDORFER 2001). Je nach Autor wird er als Klassencharakterart der *Molinio-Arrhenatheretalia* (ELLENBERG et al. 1992) oder als Ordnungskennart der *Molinietalia* geführt (DÜLL & KUTZELNIGG 1994; OBERDORFER 2001)

Sanguisorba officinalis ist eine weit verbreitete Art der Kontrollbereiche, die bis in schwach ausgasende Mofetten-Randzonen vordringt. Der Große Wiesenknopf bevorzugt sehr frische bis feuchte Habitate und fehlt aufgrund seines erhöhten Wasserbedarfes auf den nur mäßig frischen Hangstandorten der Birnen- und Moosmofette. Auch Reh- und Sumpfmofette sind kaum besiedelt. Hier fehlen vermutlich die mäßig sauren, CO_2-armen Standorte, auf denen darüberhinaus keine übermächtigen Hochstaudenfluren etabliert sind. Ein ideales Habitat scheinen die *Calthio*n-Bestände im Umfeld der südlichen Borstgrasmofette zu sein, welche die größten Vorkommen der Art im untersuchten Teil des Plesná-Tales beherbergen.

Abb. 61 zeigt dass mäßig mofettophobe Verbreitungsmuster von *Sanguisorba officinalis* auf der Wiese. Anders als am Schwerpunktvorkommen erscheint das Areal disjukt, mit zwei Dichtezentren im Südwesten und Nordosten. Nur dort kann ausnahmsweise ein Deckungsgrad von 30 % erreicht werden. Wie viele andere zarter gebauten Arten ist auch der Große Wiesenknopf auf Lücken in den Beständen der hochwüchsigen Dominanten *Alopecurus pratensis* und *Filipendula ulmaria* angewiesen. Geeignete Standorte finden sich vereinzelt in schwach ausgasenden Teilen der Hauptmofette, vor allem aber im Bereich der Kleinmofetten, die sich vor allem im Südwesten konzentrieren. Da derartige Sonderstandorte offenbar auch von anderen Konkurrenzschwachen als „Fluchtburg" genutzt werden können, haben sich dort regelrechte „Oasen der Artenvielfalt" entwickelt. Das Vorhandensein des zweite Schwerpunktes im Nordosten hat rein edaphische Gründe: Die mäßig trockenen, stark sauren Böden der Hangzone, die sich dort ein Stück weit in die Wiese vorschieben sind als Habitat für Feuchtgrünlandarten eher ungeeignet. Hier konnte sich eine lückige Heidevegetation etablieren, die an den *Calluna-Nardus*-Typ der Mofettenvegetation erinnert und *Sanguisorba officinalis* erstaunlich gute Existenzmöglichkeiten bietet. Der offensichtliche Widerspruch zum sonst eher hydrophilen und azidophoben Verhalten kann hier nicht aufgeklärt werden.

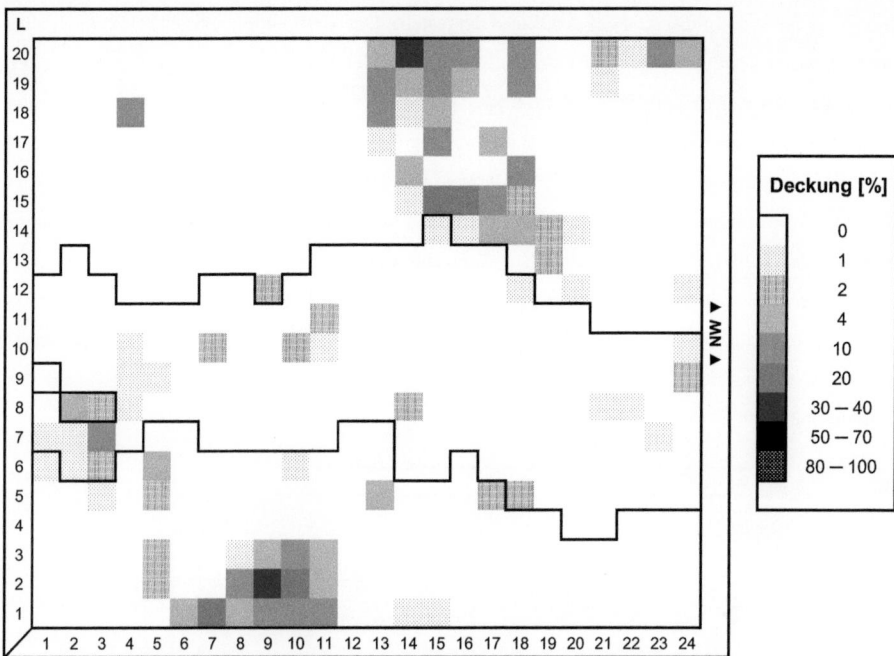

Abb. 61: *Sanguisorba officinalis* im Raster der Wiese Hartoušov. Die eingefügte Linie bezeichnet die CO_2-definierte Mofettengrenze.

3.5.3 Negative Mofettenzeiger

3.5.3.1 Wiesen-Knöterich, Schlangen-Knöterich *(Bistorta officinalis)*

Bistorta officinalis Delarbre ist besser unter der alten Bezeichnung *Polygonum bistorta* L. bekannt. Der Geophyt und Hemikryptophyt ist in Feuchtwiesen, Hochstaudenfluren und Auwäldern anzutreffen (ELLENBERG et al. 1992; OBERDORFER 2001). Die Art besiedelt sickernasse oder grundfeuchte, milde bis mäßig saure, humose, oft anmoorige Lehm- und Tonböden in kühler Klimalage (OBERDORFER 2001). Der Wiesen-Knöterich gilt als Verbandscharakterart des *Calthions* (ELLENBERG et al. 1992; POTT 1995; OBERDORFER 2001), nach RUNGE (1990) als Assoziationskennart des *Angelico-Cirsietums*.

Bistorta officinalis gehört im Gebiet zu den besonders weit verbreiteten negativen Mofettenzeigern (vgl. Tab. 27). Das weitgehende Fehlen im Bereich von Birnen- und Moosmofette könnte mit der vergleichsweise schlechten Wasserversorgung, aber auch mit den stark sauer reagierenden Böden in Verbindung stehen. In dieser Hinsicht decken sich die Ansprüche des Wiesen-Knöterichs weitestgehend mit denen des oft vergesellschafteten Großen Wiesenknopfes. So ist es wenig verwunderlich, dass auch *Bistorta officinalis* ein großes, aber heterogenes Vorkommen auf der Wiese aufweist, während die Art im Bereich von Reh- und Sumpfmofette eher selten ist.

In Abb. 62 ist das Vorkommen auf der Wiese dargestellt. Das Verbreitungsmuster belegt die mäßig mofettophoben Tendenzen der Art (s. Tab. 30). Im Vergleich zu *Sanguisorba officinalis* ist die Anzahl der besiedelten Teilflächen etwa doppelt so groß. Das Areal weist außerdem einen dritten Schwerpunkt im Südosten auf, wo die Hauptmofette fließend in die Kontrollzone übergeht. Der maximale Deckungsgrad liegt mit 40 % nur wenig über dem des Großen Wiesenknopfes. Das Vorkommen im Randbereich der CO_2-Quellen zeigt, dass die Mofettophobe *Bistorta officinalis* unter sonst zusagenden Bedingungen geringe CO_2-Konzentrationen zu tolerieren vermag. In dieser Hinsicht unterscheidet sie sich vom extrem sensitiven Flügel der Mofettophoben um *Anthriscus sylvestris* und *Filipendula ulmaria*. Ihre CO_2-Toleranz reicht offenbar aus, um daraus im Konkurrenzkampf mit empfindlicheren Arten Vorteile zu ziehen und auf diese Weise von der Existenz der Mofettenstandorte zu profitieren.

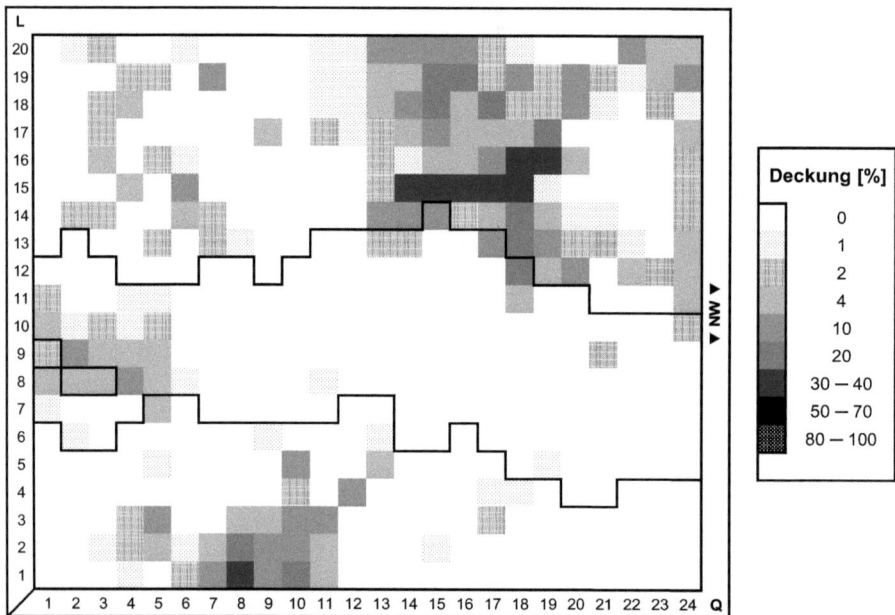

Abb. 62: *Bistorta officinalis* im Raster der Wiese Hartoušov. Die eingefügte Linie bezeichnet die CO_2-definierte Mofettengrenze.

3.5.3.2 Wiesen-Kerbel *(Anthriscus sylvestris)*

Bei *Anthriscus sylvestris* handelt es sich um einen ausdauernden oder zweijährigen Hemikryptophyten mit Wurzelrübe (ELLENBERG et al. 1992; DÜLL & KUTZELNIGG 1994), der in Fettwiesen sowie an Hecken- und Wegrändern auf frischen bis feuchten, nährstoffreichen, lockeren, humosen, tiefgründigen Lehm- und Tonböden verbreitet ist (OBERDORFER 2001). Massenvorkommen weisen fast immer auf starke Düngung hin (DÜLL & KUTZELNIGG 1994). Der Wiesen-Kerbel wird von ELLENBERG et al. (1992) als Ordnungscharakterart der *Arrhenatheretalia* aufgefasst.

Anthriscus sylvestris leidet bereits unter CO_2-Konzentrationen von wenigen Prozent, was er in jüngster Zeit eindrucksvoll unter Beweis stellen konnte: Als vermutliche Folge des im Oktober 2008 beobachteten Schwarmbebens (BRÄUER et al. 2009) kam es im Nordwesten der Moosmofette zu Ausgasungen in der Kontrollzone, denen die im März ausgetriebenen Pflanzen bis Mai fast vollständig zum Opfer fielen. Gemeinsam mit der ebenso CO_2-sensitiven *Filipendula ulmaria* zählt *Anthriscus sylvestris* zu den zuverlässigsten negativen Mofettenzeigern. Die Habitatansprüche der beiden hochwüchsigen Arten sind ansonsten recht verschieden: Während *Filipendula* nasse Dauerbrachen bevorzugt, hat *Anthriscus* seinen Schwerpunkt im frischen, regelmäßig gemähten Wirtschaftsgrünland. Brachflächen werden nur dann stärker besiedelt, wenn sie am Ufer oder an der Grenze zum Kulturland ein hohes Stickstoffangebot aufweisen und nicht allzu feucht sind. Beide Arten koexistieren im Südwesten der Wiese, weil das im standörtlichen Optimum befindliche Mädesüß durch die regelmäßige Mahd in seiner Konkurrenzkraft so sehr geschwächt wird, dass der schnittfeste Wiesen-Kerbel in die Bestände eindringen kann. Ein zweiter Verbreitungsschwerpunkt findet sich in der Kontrollzone der Birnenmofette; im Umfeld der anderen untersuchten Mofetten ist die Art zerstreut bis selten.

Die wünschenswerte Darstellung des Schwerpunktvorkommens auf der Wiese scheiterte am Zeitpunkt der Vegetationsaufnahmen: Im September ist die früh einziehende bzw. absterbende Art nicht mehr repräsentativ zu erfassen. Daher wird in Abb. 63 der Frühjahrsaspekt am Rande der Birnenmofette dokumentiert, wo der Wiesen-Kerbel eine ruderalisierte, mäßig frische Brachfläche besiedelt. Während der Mofettenbereich praktisch unbesiedelt bleibt, weist die Kontrollzone ein relativ geschlossenes Vorkommen auf. Von den zwei Verbreitungsschwerpunkten im Norden und Süden ist der südliche bedeutsamer. Hier wird die Krautschicht von einer Holzbirne *(Pyrus pyraster)* beschattet, was der Konkurrenzkraft von *Anthriscus sylvestris* offenbar nicht abträglich ist. Die beiden Teilvorkommen werden durch einen Korridor getrennt, in dem die Mofettenvegetation auf die Kontrollzone übergreift. Der Deckungsgrad des Wiesen-Kerbels erreicht höchstens 30 %. Da sich ein vergleichbarer Maximalwert auch auf den anderen Flächen findet, liegt die Vermutung nahe, dass es sich um eine artspezifische Konstante handelt, die vielleicht durch den lockeren, raumgreifenden Wuchs und die filigrane Belaubung der Pflanzen zustande kommt.

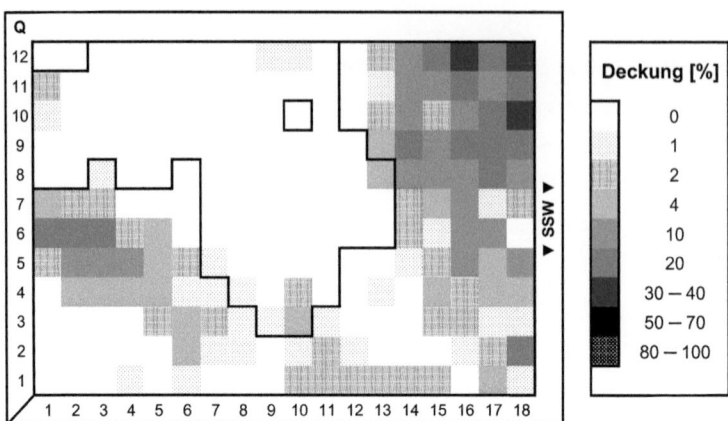

Abb. 63: *Anthriscus sylvestris* im Raster der Birnenmofette. Die eingefügte Linie bezeichnet die CO_2-definierte Mofettengrenze.

3.5.3.3 Große Brennnessel *(Urtica dioica)*

Urtica dioica ist ein ausdauernder Hemikryptophyt, der über kriechende Rhizome verfügt und bis zu 70 cm tief wurzeln kann (ELLENBERG et al. 1992; OBERDORFER 2001). Die Art ist auf Ruderalstandorten sowie in Auwäldern und überdüngten Wiesen verbreitet (OBERDORFER 2001). Besiedelt werden feuchte bis frische, nährstoffreiche, lockere, neutrale bis schwach saure, humose, meist tiefgründige Lehm- und Tonböden (OBERDORFER 2001). Da die Art als ausgesprochener Stickstoffzeiger gilt, deutet ein reichliches Auftreten wie beim Wiesen-Kerbel (s. Kap. 3.5.3.2) auf übermäßige Düngung hin (DÜLL & KUTZELNIGG 1994). Die Große Brennnessel wir als Klassencharakterart der *Artemisietea* angesehen (ELLENBERG et al. 1992; OBERDORFER 2001).

Urtica dioica wächst im Gebiet bevorzugt an ruderalisierten, stickstoffreichen Stellen der Grünlandbrachen. Diese treten vor an der Grenze zum Wirtschaftsgrünland, unter Beständen der Schwarz-Erle *(Alnus glutinosa)* und im Überschwemmungsbereich der Plesná auf. Ein kleineres Vorkommen im Südwesten der Wiese beschränkt sich auf Einzelpflanzen, da die schädliche Mahd eine Ausbildung geschlossener Bestände verhindert (vgl. DÜLL & KUTZELNIGG 1994). Hier zeigt sich eine Parallele zu *Filipendula ulmaria*. Die Große Brennnessel kommt im Umfeld aller untersuchten Mofetten vor, besonders häufig ist sie allerdings in den Hochstaudenfluren um die Sumpfmofette. Die dort untersuchten Transekte reichen weit in die nährstoffreiche Uferzone der Plesná hinein, wo Schwarz-Erlen Dank Ihrer Wurzelsymbiose zusätzlichen Stickstoff akkumulieren.

In Abb. 64 wird das Vorkommen im Bereich der Birnenmofette dargestellt. *Urtica dioica* erweist sich hier als ebenso guter Nichtmofettenzeiger wie *Anthriscus sylvestris*. Dennoch unterscheiden sich die Verbreitungsmuster beider Arten erheblich: Anstatt wie der Wiesen-Kerbel einen lockeren Ring um die Mofette zu bilden, konzentriert sich das Vorkommen der Großen Brennnessel auf den

Nordzipfel der Aufnahmefläche, wo mit den höchsten pH-Werten (vgl. Abb. 24 B) vermutlich auch die höchsten Stickstoffgehalte der Fläche erreicht werden. Der Deckungsgrad erreicht bis zu 50 %. Nitrophile Begleitarten der Brennnessel sind *Alopecurus pratensis* und *Galium aparine*.

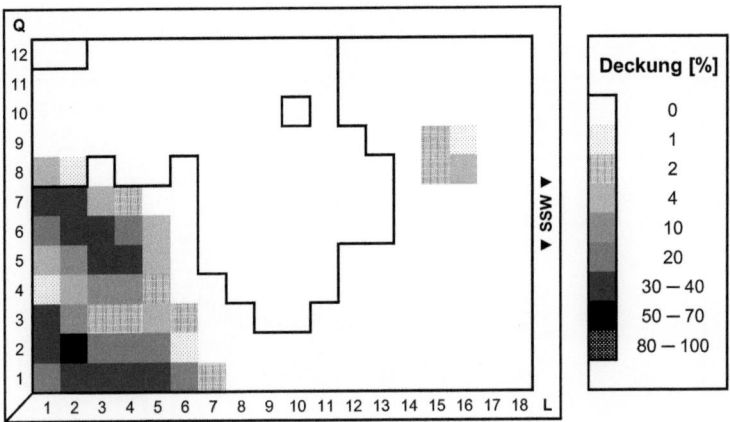

Abb. 64: *Urtica dioica* im Raster der Birnenmofette. Die eingefügte Linie bezeichnet die CO_2-definierte Mofettengrenze.

3.5.3.4 Gamander-Ehrenpreis *(Veronica chamaedrys)*

Der Gamander-Ehrenpreis findet sich verbreitet im Saum von Hecken und Gebüschen, in Wiesen, an Wegrainen und Waldrändern sowie in lichten Eichen-Trockenwäldern. Er gedeiht auf frischen bis mäßig trockenen, nährstoff- und basenreichen, meist neutralen, humosen, mittel- bis tiefgründigen Lehmböden (OBERDORFER 2001). Die flach wurzelnde, unterirdische Ausläufer bildende Art gehört zur Gruppe der krautigen Chamaephyten (ELLENBERG et al. 1992; DÜLL & KUTZELNIGG 1994; OBERDORFER 2001). Aufgrund seiner breiten ökologischen Amplitude und seines Formenreichtums kommt der Gamander-Ehrenpreis in zahlreichen Pflanzengesellschaften vor, weshalb er von ELLENBERG et al. (1992) als gesellschaftsvag eingestuft wird.

Anders als in der Literatur bevorzugt die Art im Untersuchungsgebiet vergleichsweise saure, nährstoffarme Standorte. *Veronica chamaedrys* ist damit weitgehend auf die Hangzone festgelegt, deren Mofettenstandorte allerdings strikt gemieden werden. Die Art fehlt im Bereich der Reh- und Sumpfmofette sowie im Teilen der Borstgrasmofette. Ihr Verbreitungsschwerpunkt liegt im Süden der Borstgrasmofette, gefolgt von Birnen- und Moosmofette. Auf der Wiese ist der Gamander-Ehrenpreis vergleichsweise selten, da kurzrasige Stellen, auf die er als niedrige Art angewiesen ist, fast nur im Einflussbereich der Mofetten auftreten (vgl. Kap. 3.5.1.6 und 3.5.2.6).

In Abb. 65 wird das Schwerpunktvorkommen der Art im Bereich der Birnenmofette dargestellt. Es beschränkt sich mit Ausnahme eines Einzelquadrates im Nordosten auf den Südwesten der Kontrollzone. Bei fehlendem bis geringem CO_2-Einfluss scheinen die Bodenverhältnisse hier höherwüchsige, nitrophile Konkurrenten wie *Urtica dioica* auszuschließen. Die letztgenannte Art zeigt im CO_2-freien Bereich ein geradezu konträres Verbreitungsmuster (s. Abb. 64). Ihren maximalen Deckungsgrad von 30 % erreicht *Veronica chamaedrys* im Ökoton zwischen Mofetten- und Kontrollzone sowie am Gehölzsaum im äußersten Südwesten.

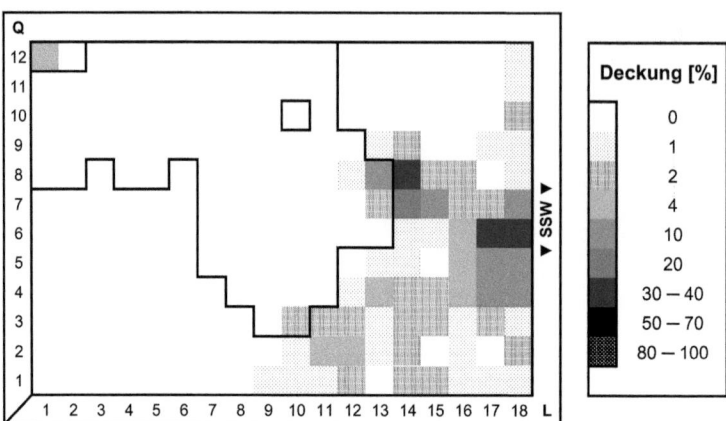

Abb. 65: *Veronica chamaedrys* im Raster der Birnenmofette. Die eingefügte Linie bezeichnet die CO_2-definierte Mofettengrenze.

3.5.3.5 Echtes Mädesüß *(Filipendula ulmaria)*

Filipendula ulmaria ist ein ausdauernder Hemikryptophyt, den man häufig in Nass- und Moorwiesen, an Gräben, in Verlandungsbeständen, in Auwäldern und im Ufergebüsch antrifft (DÜLL & KUTZELNIGG 1994; OBERDORFER 2001). Der Gleyboden-Zeiger gedeiht auf grundnassen bis –feuchten, nährstoffreichen, milden bis mäßig sauren, humosen, Lehm- und Tonböden sowie auf Torf (OBERDORFER 2001). *Filipendula ulmaria* wird oft als Verbandscharakterart des *Filipendulions* geführt (ELLENBERG et al 1992; DÜLL & KUTZELNIGG 1994; OBERDORFER 2001). Andere Autoren (z. B. RUNGE 1990; POTT 1995) sehen sie dagegen als Assoziationskennart des *Valeriano-Filipenduletums* an.

Das Echte Mädesüß ist das Musterbeispiel für eine mofettophobe Sumpfpflanze: Obwohl die Art offenbar über Anpassungsmechanismen verfügt, die ihr ein Gedeihen auf sauerstoffarmen Sumpfböden ermöglicht, genügen schon CO_2-Konzentrationen von wenigen Prozent, um das Mädesüß von ansonsten geeigneten Standorten auszuschließen. *Filipendula ulmaria* ist als feuchtebedürftige Art streng an die Tallage gebunden und fehlt dementsprechend im Bereich von Birnen- und Moosmofette. Abgesehen vom gemähten Wiesenstandort, bildet die konkurrenzstarke Art an ihren Wuchsorten fast immer eine hochwüchsige Mädesüßflur *(Valeriano-Filipenduletum)*, in der sie das beherrschende Element ist.

Abb. 66 zeigt ein geschlossenes Verbreitungsgebiet im Südwesten der Wiese. Dagegen bleiben die Mofettenzone und der gesamte Nordosten nahezu unbesiedelt. Es wier ein Deckungsgrad von bis zu 80 % erreicht, was fast dem Maximalwert von *Alopecurus pratensis* entspricht. Die geringe Präsenz in der nordöstlichen Kontrollzone lässt sich nur z. T. mit der dortigen Substratgrenze erklären, da die Ausläufer des trockeneren Hanges lediglich ein kleines Teilareal erfassen. Vielleicht wirkt sich im Restbereich dieser Zone die ungünstige Kombination von Mahd, Staunässe und niedrigem pH-Wert limitierend aus. Auch der „Tiefengas-Effekt", welcher für Teile der nördlichen Borstgrasmofette postuliert wird (s. Kap. 3.2.3.1), könnte am Faktorenkomplex beteiligt sein, da die CO_2-Konzentration in größeren Bodentiefen z. T. stark ansteigt (vgl. Abb. 15 und 16).

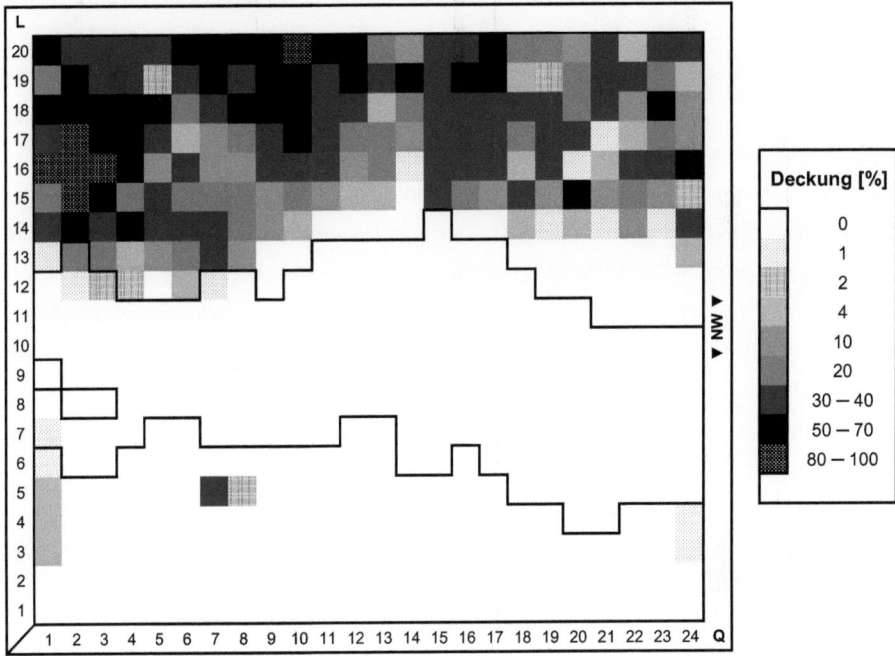

Abb. 66: *Filipendula ulmaria* im Raster der Wiese Hartoušov. Die eingefügte Linie bezeichnet die CO_2-definierte Mofettengrenze.

4 Zusammenfassung

Ziel dieser Studie war es, die azonale Vegetation terrestrischer Mofettenstandorte erstmalig für mitteleuropäische Vegetations- und Klimaverhältnisse zu charakterisieren. Teilaspekte waren die Beschreibung und Darstellung beispielhafter Mofettenstrukturen, das Aufdecken von Zusammenhängen zwischen der Bodenvegetation, der CO_2-Konzentration und sonstigen standörtlichen Einflussgrößen, das Auffinden kennzeichnender Arten, mit deren Hilfe sich Mofettenstandorte definieren, abgegrenzen und klassifizieren lassen sowie die Typisierung mofettenspezifischer Vegetationseinheiten.

Als Untersuchungsgebiet bot sich das im westtschechischen Eger-Becken gelegene Plesná-Tal an, in dem es entlang der Počátky-Plesná-Störungszone zu starken Austritten nahezu reinen CO_2-Gases kommt (WEINLICH et al. 1999; BANKWITZ et al. 2003). Der ausgewählte Talabschnitt zwischen den Dörfern Milhostov und Hartoušov zeichnet sich durch eine große Anzahl punktuelle, linearer und flächiger Mofettenstrukturen aus, die in eine der natürlichen Sukzession unterliegende oder vergleichsweise extensiv bewirtschaftete Grünlandvegetation eingebettet sind.

Die Grundlage der Untersuchung bildeten 16 einreihige Transekte und vier Aufnahmeflächen, die an fünf ausgesuchten Mofettenstandorten eingerichtet worden waren. Dort wurde meist im Meterabstand die CO_2-Konzentration in 10, 20, 40 und 60 cm Bodentiefe gemessen. Parallel erfolgte die Erfassung der Bodenparameter Feuchte, pH-Wert und Humusgehalt sowie die Aufnahme der Bodenvegetation auf quadratischen, meist 1 m^2 großen Probeflächen. Die Vegetationsaufnahmen wurden mit Hilfe der Dezimalskala durchgeführt (s. LONDO 1975). Die Weiterverarbeitung der Rohdaten erfolgte u. a. nach Methoden von BRAUN-BLANQUET (1964), WHITTAKER (1973) und ELLENBERG et al. (1992).

Die Messergebnisse der Bodenparameter ermöglichten eine standortskundliche Charakterisierung der Untersuchungsobjekte. Gleichzeitig wurden Zusammenhänge zwischen den verschiedenen abiotischen Parametern deutlich. In mehreren Fällen ergaben sich enge, negative Korrelationen zwischen der CO_2-Konzentration und dem pH-Wert des Bodens (vgl. WHITNEY & GARDNER 1943; SCHEFFER & SCHACHTSCHABEL 1989). Eine stringente Beziehung zwischen der CO_2-Konzentration und dem Humusgehalt fand sich an einer Stelle, wo die CO_2-Ausgasung in einem Sumpfgelände zur Etablierung torfbildender Vegetation geführt hatte.

Anhand von differenzierten Vegetationstabellen (s. BRAUN-BLANQUET 1964), konnten die Mofettenbereiche der Transekte eindeutig von der umgebenden Kontrollvegetation separiert werden. Um die flächigen Objekte ähnlich klar zu gliedern, waren weitere Arbeitsschritte erforderlich. Diese führten über die Ausscheidung von positiven und negativen Zeigerarten zur Berechnung des sogenannten Zeigerindex, aus dessen Vorzeichen auf die Zugehörigkeit der einzelnen Rasterquadrate zur

Mofetten- oder Kontrollzone geschlossen werden konnte. Dafür mussten die differenzierten Vegetationstabellen der 16 Transekte zunächst zu einer synoptischen Tabelle vereinigt werden, die insgesamt 139 Sippen der Gefäßpflanzen, Moose und Flechten umfasste (s. DIERSCHKE 1994). Aus dieser übergeordneten Tabelle ergaben sich 41 aussagefähige Phytoindikatoren von denen 18 bevorzugt in den Mofettenbereichen vorkommen (positive Mofettenzeiger), während 23 Arten derartige Standorte meiden (negative Mofettenzeiger). Die mittleren Zeigerwerte beider Kollektive (s. ELLENBERG et al. 1992) lassen weitreichende Aussagen zur ökologischen Anpassung der in den Gruppen vereinigten Arten zu. Dabei erwiesen sich die positiven Mofettenzeiger als azidophil und (vermutlich) nitrophob.

Die meist engen Korrelationen, die sich auf den Rasterquadraten zwischen den prozentualen Anteilen der Indikatoren und der CO_2-Konzentration ergaben, lieferten einen Beweis für die Weiserqualität der Gruppen. Eine weitere Bestätigung brachte die Quantifizierung der spezifischen CO_2-Toleranz wichtiger Zeigerarten durch am unmittelbaren Wuchsort eigens dafür durchgeführte Bodengasmessungen.

Die mit Hilfe des Zeigerindex auf den vier Flächen ermittelten phytoindikativen Mofettengrenzen wurden verwendet, um eine einheitliche, gasmesstechnisch nachvollziehbare Grenze zu konstruieren. Dazu wurden mehrere plausible Isolinien der CO_2-Konzentration in 10 cm Tiefe vorfixiert und die Anzahl der Rasterquadrate bestimmt, welche mit dem Vorzeichen des Zeigerindex konform waren. Mit einer Trefferquote von 83,8 bis 93,3 % ergab die CO_2-Konzentration von 2 % das insgesamt beste Ergebnis.

In den differenzierten Vegetationstabellen der 16 Transekte fanden sich sieben für Mofettenbereiche charakteristische Vegetationstypen, deren Benennung i. d. R. nach einer oder zwei dominanten Arten erfolgte. Die Determination der Typen, die auf unterschiedlichen Hierachieebenene des pflanzensoziologischen Systems stehen (s. BRAUN-BLANQUET 1964), kann anhand eines dichotomen Schlüssels nachvollzogen werden. In einigen Fällen war es möglich die spezifische Kombination abiotischer Faktoren zu ermitteln, welche zur Ausbildung der Typen geführt hatte.

5 Ausblick

Die botanische Mofettenforschung im Plesná-Tal wird weitergehen: Im Sommer 2010 beginnen die Außenaufnahmen zu drei weiteren Dissertationen. Bei zweien wird das Monitoring der Mofettenvegetation auf vorhandenen und ggf. neu einzurichtenden Aufnahmeflächen im Mittelpunkt stehen. Dabei soll der Frage nachgegangen werden, ob Fluktuationen bzw. Trends im Ausgasungsgeschehen (s. HILL & PREJAN 2005; HEINECKE et. al. 2006) Änderungen der Vegetationszusammensetzung auszulösen vermögen. Es ist weiterhin geplant, den Ausgasungsbereich der Borstgrasmofette Nord (s. Kap. 2.2 und 3.2.3.1) im Rahmen eines Studentenpraktikums komplett zu erfassen und in dieser Form in das erwähnte Monitoringkonzept einzubeziehen.

Der Schwerpunkt der zweiten Arbeit wird dagegen ein ökophysiologischer sein: Mit Hilfe moderner Messtechnik sollen die physiologischen Hintergründe des mofettophilen bzw. mofettophoben Verhaltens der in dieser Arbeit präsentierten Mofettenpflanzen eroiert werden. Durch neue Geräte wird in Zukunft auch die Messung von CO_2-Flüssen und der H_2-Konzentration möglich sein.

In der Gegenwart wird der botanische Grundlagenforscher immer wieder mit der Frage konfrontiert, worin denn eigentlich der „Sinn" seiner Tätigkeit bestehe. Der im Prinzip seit der Antike bestehende Eigenwert neuer naturwissenschaftlicher Erkenntnisse wird immer mehr in Frage gestellt. Als Wertmaßstab zieht man zunehmend den praktischen Nutzen heran, der sich aus ihnen ziehen lässt. Vor diesem Hintergrund erscheint es notwendig, sich mit der Anwendbarkeit der Ergebnisse dieser und vergleichbarer Studien auseinanderzusetzen. Im Mittelpunkt der Überlegungen sollen dabei die Mofettenzeiger stehen, deren Indikatoreigenschaft für folgende Bereiche von Interesse sein kann:

- Vorerkundung von Gasquellen zwecks Exploitation
- Dichtigkeitsprüfung von CO_2-Deponien
- Unterschutzstellung seltener Biotope
- Detektion von Arealen für die Freilandforschung

Leider hat die Ausbeutung von CO_2-Vorkommen i. d. R. eine starke Beeinträchtigung der Biotope zur Folge (MIGLIETTA et al. 1993; SELVI 1997; SELVI & BETTARINI 1999). Auf Sinn und Unsinn der unterirdischen Entlagerung von CO_2, das aus der Verbrennung fossiler Brennstoffe stammt, soll hier nicht weiter eingegangen werden. Erste Untersuchungen an unterirdisch begasten Wiesengräsern belegen, dass sich „künstliche Mofetten" ähnlich negativ auf das Pflanzenwachstum auswirken wie ihre natürlichen Pendants (PIERCE & SJÖGERSTEN 2009). Insofern scheint es nicht ausgeschlossen zu sein, dass pflanzliche Mofettenindikatoren dabei helfen könnten, Leckagen in CO_2-Deponien zu lokalisieren. Der grundsätzliche Schutzwert von Mofettenstandorten wurde von der Europäischen Komission erkannt und durch Aufnahme in die Liste der CORINE-Biotope gewürdigt (SELVI &

BETTARINI 1999). Eine wirksame Unterschutzstellung setzt allerdings voraus, dass die Mofettenbiotope anhand ihrer typischen Vegetation vorher als solche erkannt wurden. Erwähnt seien noch die ökophysiologischen Studien, welche sich aus aktuellem Anlass mit den Folgen des Klimawandels befassen. Für manche Botaniker gelten Standorte mit natürlicher CO_2-Anreicherung als ideales Freilandlabor, da dort schon heute Anpassungen an die prognostizierten Klimaszenarien studiert werden können. In jüngster Zeit treten allerdings die Grenzen solcher Untersuchungen immer mehr in den Vordergrund (s. PAOLETTI et al. 2005).

6 Literatur

AG BODEN (Hrsg.) (1994): Bodenkundliche Kartieranleitung (4. Aufl.). Hannover.

AICHELE, D. & SCHWEGLER, H.-W. (1991): Unsere Gräser: Süßgräser, Sauergräser, Binsen (10. Aufl.). Stuttgart.

ALLARD, P., CARBONELLE, J., DAJLEVIC, D., LE BRONEC, J., MOREL, P., ROBE, M. C., MAURENAS, J. M., FAIVRE-PIERRET, R., MARTIN, D., SABROUX, J. C. & ZETTWOOG, P. (1991): Eruptive and diffusive emissions of CO_2 from Mount Etna. Nature **351**: 387 – 391.

ANSYCO GMBH (2006): Bedienungsanleitung GA2000/GA2000 Plus. Karlsruhe.

ARBEITSKREIS STANDORTSKARTIERUNG (Hrsg.) (1985): Forstliche Wuchsgebiete und Wuchsbezirke in der Bundesrepublik Deutschland. Münster.

BAAKES, C. (2009): Pedologische und vegetationskundliche Untersuchungen an der Birnenmofette im westtschechischen Plesnatal. Seismologisch induzierte Veränderungen. Examensarbeit am Lehrstuhl für Angewandte Botanik der Universität Duisburg-Essen.

BALDOCK, J. A. & NELSON, P. N. (2000): Soil organic matter. In: Sumner, M. E. (ed.): Handbook of Soil Science: B25 – 84. Boca Raton.

BANKWITZ, P., SCHNEIDER, G., KÄMPF, H. & BANKWITZ, E. (2003): Structural characteristics of epicentral areas in Central Europe: study case Cheb Basin (Czech Republic). Journal of Geodynamics **35**: 5 – 32.

BAUBRON, J. C., ALLARD, P. & TOUTAIN, J. P. (1990): Diffuse volcanic emissions of carbon dioxide from Vulcano Island, Italy. Nature **344**: 51 – 53.

BAYERISCHES GEOLOGISCHES LANDESAMT (Hrsg.) (1996): Geologische Karte von Bayern 1 : 500.000 (4. Aufl.). München.

BETTARINI, I., GRIFONI, D., MIGLIETTA, F. & RASCHI, A. (1999): Local greenhouse effect in a CO_2 spring in Italy. In: Raschi, A., Vaccari, F. P. & Miglietta, F. (eds.): Ecosystem response to CO_2: the MAPLE project results: 1 – 12. Luxembourg.

BGR (2008, Zugriff 29.10.2009): http://www.bgr.bund.de/cln_092/nn_1522586/DE/Themen/ Seismologie/Seismologie/Erdbebenauswertung/Besondere_Erdbeben/Ausgewaehlte_ Erdbeben/schwarm_vogtland.html.

BLUME, H.-P. & FELIX-HENNINGSEN, P. (2009): Reductosols: Natural soils and Technosols under reducing conditions without an aquic moisture regime. J. Plant Nutr. Soil Sci. **172**: 808 – 820.

BOCHTER, R. (1995): Boden und Bodenuntersuchungen für den Unterricht in Chemie, Biologie und Geographie. Praxis-Schriftenreihe, Abt. Chemie, Bd. 53. Köln.

BÖCKER, R., KOWARIK, J. & BORNKAMM, R. (1983): Untersuchungen zur Anwendung der Zeigerwerte nach Ellenberg. Verh. Ges. Ökol. **11**: 35. – 56.

BON, M. (1987): Pareys Buch der Pilze. Hamburg.

BORTZ, J. (2005): Statistik für Human- und Sozialwissenschaftler (6. Aufl.). Heidelberg.

BRÄUER, K., KÄMPF, H., STRAUCH, G. & WEISE, S. M. (2003): Isotopic evidence of fluid-triggered intraplate seismicity. J. Geophys. Res. **108**: B22070, doi: 10.1029/ 2002JB002077.

BRÄUER, K., KÄMPF, H., NIEDERMANN, S., STRAUCH, G. & WEISE, S. M. (2004): Evidence for a nitrogen flux directly derived from the European subcontinental mantle in the Western Eger Rift, central Europe. J. Geochim. Cosmochim. Acta. **68**: (23) 4935 – 4947.

BRÄUER, K., KÄMPF, H., NIEDERMANN, S., STRAUCH, G. (2005): Evidence for ascending upper mantle-derived melt beneath the Cheb basin, central Europe. Geophys. Res. Lett. **32**: L08303, doi: 10.1029/2004GL022205.

BRÄUER, K., KÄMPF, H. & STRAUCH, G. (2009): Earthquake Swarms in non-vulcanic regions: What fluids have to say. Geophys. Res. Lett. **36**: L17309, doi: 10.1029/2009GL039615.

BRAUN-BLANQUET, J. (1964): Pflanzensoziologie (3. Aufl.). Wien.

BRINKMANN, R. (1984): Brinkmanns Abriss der Geologie, Bd. 1: Allgemeine Geologie. Stuttgart.

BROHMER, P. (1992): Fauna von Deutschland. Ein Bestimmungsbuch unserer heimischen Tierwelt (18. Aufl.). Heidelberg.

BROWN, R., FERGUSON, J., LAWRENCE, M. & LEES, D. (1993): Federn, Spuren und Zeichen der Vögel Europas (2.Aufl.). Wiesbaden.

BUSCH, J. (2000): Gaswechsel und strukturelle Anpassungen einheimischer Seggen unter dem Einfluß unterschiedlicher edaphischer und atmosphärischer Standortsbedingungen. Dissertation an der mathematisch-naturwissenschaftlichen Fakultät der Universität Düsseldorf. Göttingen.

CONERT, H. J. (2000): Pareys Gräserbuch. Berlin.

COOK, A. C., OECHEL, W. C. & SVEINBJORNSSON, B. (1997): Using Icelandic CO_2 springs to understand the long-term effects of elevated atmosperic CO_2. In: Raschi, A., Miglietta, F., Tognetti, R. & van Gardingen, P. R. (eds.): Plant responses to elevated CO_2: 87 – 102. Cambridge.

COOK, A. C., TISSUE, D. T., ROBERTS, S. W. & OECHEL, W. C. (1998): Effects on long term elevated [CO_2] from natural CO_2 springs on *Nardus stricta*. Photosynthesis, biochemistry and phenology. Plant Cell Environ. **21**: 417 – 425.

DIERSCHKE, H. (1994): Pflanzensoziologie. Stuttgart.

DIETZ, P., KNIGGE, W. & LÖFFLER H. (1984): Walderschließung: Ein Lehrbuch für Studium und Praxis unter besonderer Berücksichtigung des Waldwegebaus. Hamburg.

DÜLL, R. & KUTZELNIGG, H. (1994): Botanisch-ökologisches Exkursionstaschenbuch (5. Aufl.). Wiesbaden.

DÜLL, R. (1997): Exkursionstaschenbuch der Moose. Bad Münstereifel.

DURVEN, K.-J. (1982): Zur Nutzung von Zeigerwerten und artspezifischen Merkmalen der Gefäßpflanzen für Zwecke der Landschaftsökologie und Planung mit Hilfe der EDV. Arbeitsberichte Lehrstuhl für Landschaftsökologie Münster, Bd. 5. Münster.

EHLERS, J. (1994): Allgemeine und historische Quartärgeologie. Stuttgart.

EHRENDORFER, F. (Hrsg.) (1973): Liste der Gefäßpflanzen Mitteleuropas (2. Aufl.). Stuttgart.

ELLENBERG, H. (1950): Unkrautgemeinschaften als Zeiger für Klima und Boden. Landwirtschaftliche Pflanzensoziologie, Bd. 1. Ludwigsburg.

ELLENBERG, H. (1952): Wiesen und Weiden und ihre standörtliche Bewertung. Landwirtschaftliche Pflanzensoziologie, Bd. 2. Ludwigsburg.

ELLENBERG, H. (1986): Vegetation Mitteleuropas mit den Alpen (4. Aufl.). Stuttgart.

ELLENBERG, H., WEBER, H. E., DÜLL, R., WIRTH, V., WERNER, W. & PAULIßEN, D. (1992): Zeigerwerte von Pflanzen in Mitteleuropa (2. Aufl.). Göttingen.

FABER, F. C. VON (1925): Untersuchungen über die Physiologie der javanischen Solfataren-Pflanzen. Flora **118**: 89 – 110.

FARRAR, C. D., SOREY, M. L., EVANS, W. C., HOWLE, J. F., KERR, B. D., KENNEDY, B. M., KING, C.-Y. & SOUTHON, J. R. (1995): Forest-killing diffuse CO_2 emission at Mammoth Mountain as a sign of magmatic unrest. Nature **376**: 675 – 677.

FISCHER, A. (1995): Forstliche Vegetationskunde. Berlin.

FLECHSIG, C., BUSSERT, R., RECHNER, J., SCHÜTZE, C. & KÄMPF, H. (2008): The Hartoušov Mofette Field in the Cheb Basin: a comparative geoelectric, sedimentologic and soil gas study of a magmatic diffuse CO2-degassing structure. Z. geol. Wiss. **36** (3): 177 – 193.

FOERSTER, E. (1983): Pflanzengesellschaften des Grünlandes in Nordrhein-Westfalen. LÖLF-Schriftenreihe, Bd. 8. Münster.

FRAHM, J.-P. & FREY, W. (1987): Moosflora (2. Aufl.). Stuttgart.

FREY, W. & LÖSCH, R. (1998): Lehrbuch der Geobotanik. Pflanze und Vegetation in Raum und Zeit. Stuttgart.

GEIGER, R. (1961): Das Klima der bodennahen Luftschicht – ein Lehrbuch der Mikroklimatologie (4. Aufl.). Braunschweig.

GEISLER, G. (1973): Morphogenetische Wirkung der O_2- und CO_2-Konzentrationen im Boden auf das Wurzelsystem unter Berücksichtigung des Bodenwassergehaltes. In: Schlichting, E. & Schwertmann, U. (Hrsg.): Pseudogley & Gley. Weinheim a. d. Bergstrasse.

GEISSLER, W. H., KÄMPF, H., KIND, R., KLINGE, K., PLENEFISCH, T., HORÁLEK, J., ZEDNÍK, I. & NEHYBKA, V. (2005): Seismic structure and location of a CO_2 source in the upper mantle of the western Eger (Ohře) Rift, central Europe. Tectonics **24**: TC5001, doi: 10.1029/2004TC001672.

GEOLOGISCHES LANDESAMT NORDHEIN-WESTFALEN (Hrsg.) (1994): Geologische Wanderkarte des Naturparks Rothaargebirge (Südteil) 1: 50.000. Krefeld.

GERHARDT, E. (1997): Der große BLV Pilzführer für unterwegs. München.

GERLACH, T. M, DOUKAS, M. P., MC GEE, K. A. & KESSLER, R. (1998): Three-year decline of magmatic CO_2 emissions from soils of am Mammoth Mountain tree kill: Horseshoe Lake, CA, 1995 – 1996. Geophys. Res. Lett. **25** (11): 1947 – 1950.

GREIß, N. (2008): Mofetten in Westtschechien. Boden- und vegetationskundliche Charakterisierung von Mofetten im Plesnatal. Examensarbeit am Lehrstuhl für Angewandte Botanik der Universität Duisburg-Essen.

HÄCKEL, H. (1990): Meteorologie (2. Aufl.). Stuttgart.

HAEUPLER, H. & MUER, T. (2000): Bildatlas der Farn- und Blütenpflanzen Deutschlands. Stuttgart.

HARRIS, A., TUCKER, L. & VINICOMBE, K. (1991): Vogelbestimmung für Fortgeschrittene: Ähnliche Arten auf einen Blick. Stuttgart.

HARTGE, H. & HORN, R. (1992): Die physikalische Untersuchung von Böden (3. Aufl.). Stuttgart.

HEGI, G. (1980): Illustrierte Flora von Mitteleuropa, Bd. 2, Teil 1: Angiospermae, Monocotyledones 2 (3. Aufl.). Berlin.

HEINECKE, J., KOCH, U., KADEN, H. & OELßNER, W. (2002, ZUGRIFF 03.03.2010): Seismizität im sächsischen Vogtland – Einsatz von CO_2-Sensoren für geowissenschaftliche Untersuchungen. http://www.akademienunion.de/_files/akademiejournal/2002-1/AKJ_2002-01-S-52-56_heinicke.pdf.

HEINECKE, J., BRAUN, T., BURGASSI, P., ITALIANO, F. & MARTINELLI, G. (2006): Gas flow anomalies in seismogenic zones in the Upper Tiber Valley, Central Italy. Geophys. J. Int. **167**: 794 – 806.

HEINECKE, J., FISCHER, T., GAUPP, R., GÖTZE, J., KOCH, U., KONIETZKY, H. & STANEK, K.-P. (2009): Hydrothermal alteration as a trigger mechanism for earthquake swarms: the Vogtland/NW Bohemia region as a case study. Geophys. J. Int. 2009: 1 – 13.

HENNIGFELD, N. (2007): Mofetten in der Vulkaneifel. Boden- und vegetationskundliche Charakterisierung einer Mofette am Ostufer des Laacher Sees. Examensarbeit am Lehrstuhl für Angewandte Botanik der Universität Duisburg-Essen.

HILL, D. P. & PREJAN, S. (2005): Magmatic unrest beneath Mammoth Mountain, California. J. Volcanol. Geotherm. Res. **146**: 257 – 283.

HÖHER, M. (2007): Mofetten am Laacher See. Ökophysiologische Untersuchungen der Mofettenvegetation. Examensarbeit am Lehrstuhl für Angewandte Botanik der Universität Duisburg-Essen.

HUPFER, P. & KUTTLER, W. (Hrsg.) (2005): Witterung und Klima. Eine Einführung in die Meteorologie und Klimatologie (11. Aufl.). Wiesbaden.

HUSS, J. (1989): Leitfaden für die Anfertigung von Diplomarbeiten und Dissertationen in der Forstwissenschaft und verwandten Fachgebieten (2. Aufl.). Frankfurt am Main.

JACOBS, J. (1913): Wanderungen und Streifzüge durch die Laacher Vulkanwelt. In: Mordziol, C. (Hrsg.): Die Rheinlande in naturwissenschaftlichen und geographischen Einzeldarstellungen, Bd. 2. Braunschweig.

JOHNSON, L. (1992): Die Vögel Europas und des Mittelmeerraumes. Stuttgart.

KÄMPF, H., PETEREK, A., ROHRMÜLLER, J., KÜMPEL, H.-J. & GEIßLER, W. H. (eds.) (2005): The KTB deep crustal laboratory and the western Eger Graben. GeoErlangen, September 2005. Erlangen.

KERPEN, W. (1960): Die Böden des Versuchsgutes Rengen, Kartierung, Eigenschaften und Standortwert. Wissenschaftl. Ber. Landw. Fak. Univ. Bonn, Bd. 5.

KLAPP, E. (1974): Taschenbuch der Gräser (10. Aufl.). Berlin.

KNETT, J. (1899): Das Erzgebirgische Schwarmbeben zu Hartenberg vom 1. Jänner bis Feber 1824. Sitzungsber. Deutsch. Naturwiss.-Med. Ver. Böhmen **47**: 167 – 191.

KOCH, U. & HEINICKE, J. (2004, Zugriff 03.03.2010): Die Bad Brambacher Mineralquellen: Hydrogeologie, Genese und seismo-hydrologische Besonderheiten. http://osiris22.pi-consult.de/userdata/l_20/p_105/library/data/quell-bericht.pdf.

KÖLBACH, E. (2008): Ökologische Charakterisierung schlenkenartiger Strukturen in einem Mofettenfeld im Plesnatal. Examensarbeit am Lehrstuhl für Angewandte Botanik der Universität Duisburg-Essen.

KOWARIK, J. & SEIDLING, W. (1989): Zeigerwertberechnungen nach Ellenberg. Zu Problemen und Einschränkungen einer sinnvollen Methode. Landschaft und Stadt **21** (4): 132 – 143.

KRAFFT, M. (1984a): Führer zu den Vulkanen Europas, Bd. 2: Deutschland, Frankreich. Stuttgart.

KRAFFT, M. (1984b): Führer zu den Vulkanen Europas, Bd. 3: Italien, Griechenland. Stuttgart.

KRAJSKÉ MUZEUM CHEB (Zugriff 11.06.2008): http://www.muzeumcheb.cz/Projekt/Chebsko/ Doubra/001.html.

KREEB, K. H. (1983): Vegetationskunde. Stuttgart.

KRIEGLSTEINER, G. J. (1991): Verbreitungsatlas der Großpilze Deutschlands (West), Bd. 1: Ständerpilze. Stuttgart.

KRIEGLSTEINER, G. J. (1993): Verbreitungsatlas der Großpilze Deutschlands (West), Bd. 2: Schlauchpilze. Stuttgart.

KUTSCHERA, L. LICHTENEGGER, E. & SOBOTNIK, M. (1982): Wurzelatlas mitteleuropäischer Grünlandpflanzen, Bd. 1: Monocotyledonae. Stuttgart.

KUTSCHERA, L. LICHTENEGGER, E. & SOBOTNIK, M. (1992): Wurzelatlas mitteleuropäischer Grünlandpflanzen, Bd. 2: Pteridophyta und Dicotyledonae (Magnoliopsida). Stuttgart.

LAMBERS, H., VAN DER WERF, A. & BERGKOTTE, M. (1993): Respirarion: the alternative pathway. In: Hendry, G. F. M. & Grime, J. P. (eds.): Methodes of comparative Plant Ecology: 140 – 144. London.

LARCHER, W. (2001): Ökophysiologie der Pflanzen: Leben, Leistung und Stressbewältigung der Pflanzen in ihrer Umwelt (6. Aufl.). Stuttgart.

LESER, H. (Hrsg.) (1997): Diercke-Wörterbuch Allgemeine Geographie. München.

LONDO, G. (1976): The Decimal Scale for relevés of permanent quadrats. Vegetatio **33** (1): 61 – 64.

LORENZ, R. J. (1996): Grundbegriffe der Biometrie (4. Aufl.). Stuttgart.

LUDWIG, M., GEBHARDT, H., LUDWIG, H. W. & SCHMIDT-FISCHER, S. (2000): Neue Tiere & Pflanzen in der heimischen Natur: Einwandernde Arten erkennen und bestimmen. München.

MAČEK, I., PFANZ. H., FRANCETIČ, V., BATIČ, F. & VODNIK, D. (2005): Root respiration response to high CO_2 concentrations in plants from natural CO_2 springs. Environ. Exp. Bot. **54**: 90 – 99.

MALKOVSKÝ, M. (1987): The Mesozoic and Tertiary basin of the Bohemian Massif and their evolution. Tectonophysics **137**: 31 – 42.

MENGE, H. (1963): Langenscheid Wörterbuch Lateinisch. Berlin.

MIGLIETTA, F. & RASCHI (1993): Studying the effect of elevated CO_2 in the open in a naturally enriched environment in Central Italy. Vegetatio **104/105**: 391 – 400.

MIGLIETTA, F., RASCHI, A., BETTARINI, I, RESTI, R. & SELVI, F. (1993): Natural CO_2 springs in Italy: a resource for examining long-term response to rising atmospheric CO_2 concentrations. Pl. Cell & Environ. **16**: 873 – 878.

MINISTRY OF AGRICULTURE OF THE CZECH REPUBLIC (2004) (ed.): Forest condition monitoring in the Czech Republic 1984 – 2003. Prague.

MÖLLER, H. (1987): Wege zur Ansprache der aktuellen Bodenazidität auf der Basis der Reaktionszahlen von Ellenberg ohne arithmetisches Mitteln dieser Werte. Tuexenia **7**: 499 – 505.

MÜCKENHAUSEN, E. (1993): Die Bodenkunde und ihre geologischen, geomorphologischen, mineralogischen und petrologischen Grundlagen (4. Aufl.). Frankfurt am Main.

MÜHLENBERG, M. (1993): Freilandökologie (3. Aufl.). Heidelberg.

MURAWSKI, H. & MEYER, W. (1998): Geologisches Wörterbuch (10. Aufl.). Stuttgart

OBERDORFER, E. (2001): Pflanzensoziologische Exkursionsflora (8. Aufl.). Stuttgart.

ONODA, Y., HIROSE, T. & HIKOSAKA, K. (2007): Effect of elevated CO_2 levels on leaf starch, nitrogen and photosynthesis of plant growing at three natural CO_2 springs in Japan. Ecol. Res. **22**: 475 – 484.

ONODA, Y., HIROSE, T. & HIKOSAKA, K. (2009): Does leaf photosynthesis adapt to CO_2-enriched environments? An experiment on plants originating from three natural CO_2 springs. New Phytologist **182**: 698 – 709.

OR, D. & WRAITH, J. M. (2000): Soil water content and water potential relationships. In: Sumner, M. E. (ed.): Handbook of Soil Science: A53 – 85. Boca Raton.

PAOLETTI, E., PFANZ, H. & RASCHI, A. (2005): Pros and cons of CO_2 springs as experimental sites. In: Omasa, K., Nouchi, I. & De Kok, L. J. (eds.): Plant Responses to Air Pollution and Global Change. Tokyo.

PELZ, A. (2010): Vegetationsökologische und pedologische Untersuchungen an einer Sumpfmofette im west-tschechischen Plesnátal. Examensarbeit am Lehrstuhl für Angewandte Botanik der Universität Duisburg-Essen.

PETEREK, A. & SCHUNK, R. (2008, Zugriff 06.11.2009): Zitternde Erde – Die Schwarmbeben in Nordwestböhmen. Sonderveröffentlichung Bayerisch-Böhmischer Geopark 1/2008. http://www.geopark-bayern.de/Public/Schriftenreihe/Schriftenreihe_Bayerisch_ Boehmischer_Geopark_Nr_1_Oktober_2008.pdf.

PIERCE, S. & SJÖGERSTEN, S. (2009): Effect of below ground CO_2 emissions on plant and microbial communities. Plant Soil **325**: 197 – 205.

PFANZ, H. & HEBER U. (1986): Buffer capacities of leaves, leaf cells, and leaf cell organelles in relation to fluxes of potentially acidic gases. Plant Physiol. **81**: 597 – 602.

PFANZ, H. & HEBER U. (1989): Determination of extra- and intracellular pH values in relation to the action of acidic gases in cells. In: Linskens, H. F. & Jackson, J. F. (eds.): Modern Methods of Plant Analysis, new series, vol. 6: 322 – 343. Berlin.

PFANZ, H., VODNIK, D., WITTMANN, C., ASCHAN, G. & RASCHI, A. (2004): Plants and geothermal CO_2 exhalations – survival in and adaption to high CO_2 environment. Progress in Botany **65**: 499 – 538.

PFANZ, H., VODNIK, D., WITTMANN, C., ASCHAN, G., BATIC, F., TURK, B. & MACEK, I. (2007): Photosynthetic performance (CO_2-compensation point, carboxylation and net photosynthesis) of timothy grass *(Phleum pratense* L.) is affected by elevated carbon dioxide in post-volcanic mofette areas. Environ. Exp. Bot. **61**: 41 – 48.

PFANZ, H. (2008): Mofetten – kalter Atem schlafender Vulkane. Köln.

POTT, R. (1995): Die Pflanzengesellschaften Deutschlands (2. Aufl.). Stuttgart.

RECHNER, J. (2007): Untersuchung der Beeinflussung von Sedimenten durch hohe natürliche CO_2-Konzentrationen am Beispiel der Mofette Hartousov (Cheb-Becken, NW-Tschechien). Diplomarbeit am Institut für Geophysik und Geologie der Universität Leipzig.

REHFUESS, K. E. (1981): Waldböden. Entwicklung, Eigenschaften und Nutzung. Hamburg.

ROTHMALER, W. (1994): Exkursionsflora von Deutschland, Bd. 2. Gefäßpflanzen: Grundband (15. Auf.). Jena.

ROTHMALER, W. (1995): Exkursionsflora von Deutschland, Bd. 3. Gefäßpflanzen: Atlasband (9. Auf.). Jena.

RICHTER, J. (1986): Der Boden als Reaktor. Modelle für Prozesse in Böden. Stuttgart.

RUDOLF, M. & KUHLISCH, W. (2008): Biostatistik. Eine Einführung für Naturwissenschaftler. München.

RUNGE, F. (1990): Die Pflanzengesellschaften Mitteleuropas (10./11. Aufl.). Münster.

RYMAN, S. & HOLMÅSEN, I. (1992): Pilze. Braunschweig.

SAVIC, A. (2010): Die Wirkung des geogenen Mofettengases CO_2 auf die Fotosyntheseleistung von Flechten im tschechischen Plesnátal. Examensarbeit am Lehrstuhl für Angewandte Botanik der Universität Duisburg-Essen.

SCANLON, B. R., NICOT, J. P. & MASSMAN, J. M. (2000): Soil gas movement in unsaturated systems. In: Sumner, M. E. (ed.): Handbook of Soil Science: A277 – 319. Boca Raton.

SCHEFFER, F. & SCHACHTSCHABEL, P. (1989): Lehrbuch der Bodenkunde (12. Aufl.). Stuttgart.

SCHMEIL, O. & FITSCHEN, J. (1988): Flora von Deutschland und seinen angrenzenden Gebieten (88. Aufl.). Heidelberg.

SCHÖNHAR, S. (1952): Untersuchungen über die Korrelation zwischen der floristischen Zusammensetzung der Bodenvegetation und der Bodenazidität sowie anderen chemischen Bodenfaktoren. Mitt. Ver. Forstl. Standortskartierung **2**: 1 – 23.

SCHRÖTER, W., LAUTENSCHLÄGER, K.-H. & BIBRACK, H. (1986): Taschenbuch der Chemie (12. Aufl.). Leipzig.

SCHUBERT, R., HILBIG, W. & KLOTZ, S. (1995): Bestimmungsbuch der Pflanzengesellschaften Mittel- und Nordostdeutschlands. Jena.

SCHULTZ, J. (2000): Handbuch der Ökozonen. Stuttgart.

SCHULZ, H.-J. & POTAPOV M. B. (2010): A new species of *Folsomia* from mofette fields of zhe Northwest czechia (Collembola, Isotomidae). Zootaxa **2553**: 60 – 64.

SCHULZE, E.-D., BECK, E. & MÜLLER-HOHENSTEIN, K. (2002): Pflanzenökologie. Heidelberg.

SELVI, F. (1994): *Agrostis canina* L. subsp. *monteluccii*. Webbia **49**: 51 – 58.

SELVI, F. (1997): Acidophilic grass communities of CO_2-springs in central Italy: composition, structure and ecology. In: Raschi, A., Miglietta F., Tognetti, R. & van Gardingen, P. R. (eds.): Plant responses to elevated CO_2: 114 – 133. Cambridge.

SELVI, F. (1998): Flora of the mineral CO_2-spring "Bossoleto" (Rapolano Terme Tuskany) and its relevance to ecological research. Atti Soc. tosc. Sci. nat., Mem., Serie B **105** (4): 23 – 30.

SELVI, F. & BETTARINI, I. (1999): Geothermal biotopes in central-western Italy from a botanical view point. In: Raschi, A., Vaccari, F. P. & Miglietta, F. (eds.): Ecosystem response to CO_2: the MAPLE project results: 1 – 12. Luxembourg.

SPELSBERG, G. (1984): Sauer oder neutral? Richtiges Messen will gelernt sein. LÖLF-Mitteilungen **9** (4): 21 – 22.

ŠPIČÁKOVÁ, L., ULIČNÝ, D. & KOUDELKOVÁ, G. (2000): Tectonosedimentary evolution of the Cheb Basin (NW Bohemia, Czech Republic) between late Oligocene and Pliocene: A preliminary note. Studia geoph. et geod. **44**: 556 – 580.

STOFFELS, M. & THEIN, J. (2000): Die Mineral- und Thermalquellen der Region Brohltal/Laacher See. Koblenz.

STUBBE, K. (2002): Wirkungen geogener CO_2-Exhalationen auf Physiologie und Wachstum von *Phacelia tanacetifolia*. Untersuchungen an einem Standort in der Eifel. Diplomarbeit am Lehrstuhl für Angewandte Botanik der Universität Duisburg-Essen.

STUPFEL, M., LE GUERN F. (1989): Are there biochemical criteria to assess an acute carbon dioxide intoxication by a vulcanic emission? J. Volcanol. Geotherm. Res **39**: 247 – 264.

SUCCOW, M. & JOOSTEN, H. (2001): Landschaftsökologische Moorkunde (2. Aufl.). Stuttgart

TAKLE, E. S., MASSMAN, W. J., BRANDLE, J. A., SCHMIDT, R. A., ZHOU, X., LITVINA, I. V., GARCIA, R., DOYLE, G. & RICE, C. W. (2004): Influence of high-pressure pumping on carbon dioxide efflux from soil. Agric. For. Meteorol. **124**: 193 – 206.

TANK, V., PFANZ, H., GEMPERLEIN, H. & STROBL, P. (2005): Infrared remotes sensing of earth degassing – ground study. Annals of Geophysics **48**: 181 – 194.

TANK, V., PFANZ, H. & KICK, H. (2008): Minimal thermal change detection for mofette gas emission and detection and quantification. J. Volcanol. Geotherm. Res **177** (2): 515 – 524.

THOMALLA, A. (2009): Pedologische und vegetationskundliche Untersuchungen an der Moosmofette im Mofettengebiet des west-tschechischen Plesnatales. Examensarbeit am Lehrstuhl für Angewandte Botanik der Universität Duisburg-Essen.

TURK, B., PFANZ, H., VODNIK, D., BERNIK, R., WITTMANN, C., SINCOVIČ, T. & BATIČ, F. (2002): The effects of elevated CO_2 in natural CO_2 springs on bog rush *(Juncus effusus* L.) plants. Effects on shoot anatomy. Phyton **42** (1): 13 – 23.

VERBÜCHELN, G., HINTERLANG, D., PARDEY, A., POTT, R., RAABE, U. & WEYER, K. VAN DE (1995): Rote Liste der Pflanzengesellschaften in Nordrhein-Westfalen. LÖBF-Schriftenreihe, Bd. 5. Recklinghausen.

VODNIK, D., PFANZ, H., MAČEK, I., KASTELEC, D., LOJEN, S. & BATIČ, F. (2002a): Photosynthesis of cockspur *(Echinocloa crus-galli* (L.) Beauv.) at sites of naturally elevated CO_2 concentration. Photosynthetica **40** (4): 575 – 579.

VODNIK, D., PFANZ, H., WITTMANN, C., MAČEK, I., KASTELEC, D., TURK, B. & BATIČ, F. (2002b): Photosynthetic acclimation in plants growing near a carbon dioxid spring. Phyton **42** (3): 239 – 244.

VODNIK, D., ŠIRCELJ, H., KASTELEC, D, MAČEK, I., PFANZ, H. & BATIČ, F. (2005): The effects of natural CO_2 enrichment on the growth of maize. J. Crop. Improv. **13** (1/2): 193 – 212.

VODNIK, D., KASTELEC, D., PFANZ, H., MAČEK, I. & TURK, B. (2006): Small-scale spatial variation in soil CO_2 concentration in a natural carbon dioxide spring and some related plant responses. Geoderma **133**: 309 – 319.

VODNIK, D., VIDEMŠEK, U., PINTAR, M. MAČEK, I. & PFANZ, H. (2009): The charakteristics of soil CO_2 fluxes at a site with natural CO_2 enrichment. Geoderma **150**: 32 – 37.

WALTER, R. (1995): Geologie von Mitteleuropa (6. Aufl.). Stuttgart.

WANG, Z. & PATRICK, W. H. (2000): Anaerobic microbially mediated processes. In: Sumner, M. E. (ed.): Handbook of Soil Science: C120 – 128. Boca Raton.

WARNCKE-GRÜTTNER, R. (1990): Ökologische Untersuchungen zum Nährstoff- und Wasserhaushalt in Niedermooren des westlichen Bodenseegebiets. Dissertationes Botanicae, Bd. 148. Berlin.

WEINLICH, F. H., TESAŘ, J. H., WEISE, S. M., BRÄUER, K. & KÄMPF, H. (1998): Gas flux distribution in mineral springs and tectonic structure in the western Eger Rift. J. Czech Geol. Soc. **43** (1/2): 91 – 110.

WEINLICH, F. H., BRÄUER, K., KÄMPF, H., STRAUCH, G., TESAŘ, J. & WEISE, S. M. (1999): An active subkontinental mantel volatile system in the western Eger rift, Central Europe: Gas flux, isotopic (He, C and N) and compositional fingerprints. Geochim. Cosmochim. Acta **63**: 3653 – 3671.

WHITNEY, R. S. & GARDNER, R. (1943): The effect of carbon dioxide on soil reaction. Soil Sci. **55**: 127 – 141.

WHITTAKER, R. H. (ed.) (1973): Ordination and classification of communities. Handbook of Vegetation Science, vol. 5. The Hague.

WILMANNS, O. (1993): Ökologische Pflanzensoziologie: Eine Einführung in die Vegetation Mitteleuropas (5. Aufl.). Heidelberg.

WIRTH, V. & DÜLL, R. (2000): Farbatlas Flechten und Moose. Stuttgart.

WISHEU, I. & KEDDY, P. A. (1992): Competition and centrifugal organization of plant communities: theory and tests. J. Veg. Sci. **3**: 147 – 156.

WISSKIRCHEN, R. & HAEUPLER, H. (1998): Standardliste der Farn- und Blütenpflanzen Deutschlands. Stuttgart.

WITTMANN, O. (1969): Hydroökologische Untersuchungen an Pelosolen. Bayer. Landw. Jb. **46**: 1003 – 1020.

WOLF, G. (1979): Veränderungen der Vegetation und Abbau der organischen Substanz in aufgegebenen Wiesen des Westerwaldes. Schr. Reihe Vegetationskde. **13**: 1 – 117.

WOLFF-STRAUB, R., BÜSCHER, D., DIEKJOBST, H., FASEL, P., FOERSTER, E., GÖTTE, R., JAGEL, A., KAPLAN, K., KOSLOWSKI, I., KUTZELNIGG, H., RAABE, U., SCHUMACHER, W. & VANBERG, C. (1999, Zugriff 21.01.2010): Rote Liste der gefährdeten Farn- und Blütenpflanzen (Pteridophyta et Spermatophyta) in Nordrhein-Westfalen (3. Fass.). http://www.lanuv.nrw.de/veroeffentlichungen/loebf/schriftenreihe/roteliste/pdfs/s075.pdf.

ZIEGLER, P. A. (1992): European Cenozoic rift system. Tectonophysics **208**: 91 – 111.

7 Anhang

Anh. 1: Gefäßpflanzen im Plesná-Tal (Nomenklatur nach WISSKIRCHEN & HAEUPLER 1998)

- Acer platanoides L.
- Acer pseudoplatanus L.
- Achillea millefolium L.
- Achillea ptarmica L.
- Acorus calamus L.
- Aegopodium podagraria L.
- Agrostis canina L.
- Agrostis capillaris L.
- Agrostis stolonifera L.
- Ajuga reptans L.
- Alchemilla vulgaris agg.
- Alnus glutinosa (L.) P. Gaertn.
- Alopecurus geniculatus L.
- Alopecurus pratensis L.
- Angelica sylvestris L.
- Anthoxanthum odoratum L.
- Anthriscus sylvestris (L.) Hoffm.
- Arctium tomentosum Mill.
- Arnica montana L.
- Arrhenatherum elatius (L.) P. Beauv. ex J. Presl & C. Presl
- Artemisia vulgaris L.
- Atriplex patula L.
- Barbarea vulgaris L.
- Bellis perennis L.
- Betula pendula Roth
- Betula pubescens Ehrh.
- Bistorta officinalis Delarbre
- Briza media L.
- Calamagrostis epigejos (L.) Roth.
- Calluna vulgaris (L.) Hull
- Caltha palustris L.
- Campanula patula L.
- Campanula rotundifolia L.
- Capsella bursa-pastoris (L.) Med.
- Cardamine pratensis L.
- Carduus nutans L.
- Carex acutiformis Ehrh.
- Carex briziodes L.
- Carex canescens L.
- Carex hirta L.
- Carex nigra (L.) Reichard
- Carex ovalis Good.
- Carex pallescens L.
- Carex pilulifera L.
- Carex rostrata Stokes
- Carex vesicaria L.
- Centaurea cyanus L.
- Centaurea vulgaris (Koch) G. H. Loos
- Cerastium arvense L.
- Cerastium holosteoides Fr.
- Chelidonium majus L.
- Chenopodium album L.
- Cirsium arvense (L.) Scop.
- Cirsium heterophyllum (L.) Hill
- Cirsium palustre (L.) Scop.
- Cirsium vulgare (Savi) Ten.
- Convolvulus arvensis L.
- Cuscuta europaea L.
- Dactylis glomerata L.
- Danthonia decumbens (L.) DC.
- Deschampsia cespitosa (L.) P. Beauv.
- Deschampsia flexuosa (L.) Trin.
- Dianthus deltoides L.
- Echinochloa crus-galli (L.) P. Beauv.
- Elymus caninus (L.) L.
- Elymus repens (L.) Gould
- Epilobium angustifolium L.
- Epilobium hirsutum L.
- Epilobium obscurum Schreb.
- Epilobium palustre L.
- Equisetum arvense L.
- Equisetum fluviatile L.
- Equisetum palustre L.
- Eriophorum angustifolium Honck.
- Eriophorum vaginatum L.
- Fallopia convolvulus (L.) A. Löwe
- Festuca arundinacea Schreb.
- Festuca ovina L.
- Festuca pratensis Huds.
- Festuca rubra L.
- Filipendula ulmaria (L.) Maxim.
- Frangula alnus Mill.
- Fraxinus excelsior L.
- Galeopsis tetrahit L.
- Galinsoga ciliata (Raf.) S. F. Blake
- Galium album L.
- Galium aparine L.
- Galium palustre L.
- Galium uliginosum L.
- Galium verum L.
- Genista tinctoria L.
- Geum urbanum L.
- Heracleum mantegazzianum Sommer & Levier
- Heracleum sphondylium L.
- Hieracium lachenalii C. C. Gmel.
- Hieracium lactucella Wallr.
- Hieracium pilosella L.
- Holcus lanatus L.
- Holcus mollis L.
- Hypericum perforatum L.
- Impatiens glandulifera Royle
- Juncus bufonius L.
- Juncus conglomeratus L.
- Juncus effusus L.
- Juncus filiformis L.
- Juncus squarrosus L.

- *Knautia arvensis* (L.) Coult.
- *Lactuca serriola* L.
- *Lamium album* L.
- *Lamium purpureum* L. s. l.
- *Lapsana communis* L.
- *Lathyrus pratensis* L.
- *Leontodon autumnalis* L.
- *Leucanthemum vulgare* Lam.
- *Linaria vulgaris* Mill.
- *Lolium multiflorum* Lam.
- *Lolium perenne* L.
- *Lotus corniculatus* L.
- *Lotus penduculatus* Cav.
- *Luzula campestris* (L.) DC.
- *Luzula multiflora* (Ehrh.) Lej.
- *Lycopus europaeus* L.
- *Lysimachia nummularia* L.
- *Lysimachia vulgaris* L.
- *Malus domestica* Borkh.
- *Malus sylvestris* (L.) Mill.
- *Mentha arvensis* L.
- *Menyanthes trifoliata* L.
- *Molinia caerulea* (L.) Moench
- *Myosotis arvensis* (L.) Hill
- *Myosotis palustris* agg.
- *Nardus stricta* L.
- *Persicara lapathifolia* (L.) Delarbre
- *Peucedanum palustre* (L.) Moench
- *Phalaris arundinacea* L.
- *Phleum pratense* L.
- *Pimpinella saxifraga* L.
- *Plantago lanceolata* L.
- *Plantago major* L.
- *Poa angustifolia* L.
- *Poa annua* L.
- *Poa humilis* Ehrh. ex Hoffm.
- *Poa pratensis* L.
- *Poa trivialis* L.
- *Polygonum aviculare* L.
- *Populus tremula* L.
- *Potentilla anserina* L.
- *Potentilla argentea* L.
- *Potentilla erecta* (L.) Raeusch.
- *Potentilla palustris* (L.) Scop.
- *Prunella vulgaris* L.
- *Prunus avium* L.
- *Prunus spinosa* L.
- *Pyrus pyraster* Burgsd.
- *Quercus robur* L.
- *Ranunculus acris* L.
- *Ranunculus aquatilis* agg.
- *Ranunculus ficaria* L.
- *Ranunculus flammula* L.
- *Ranunculus repens* L.
- *Ranunculus sceleratus* L.
- *Rosa dumalis* Bechst.
- *Rubus fruticosus* agg.
- *Rubus idaeus* L.
- *Rubus plicatus* Weihe & Nees
- *Rumex acetosa* L.
- *Rumex acetosella* L.
- *Rumex aquaticus* L.
- *Rumex crispus* L.
- *Rumex obtusifolius* L.
- *Salix aurita* L.
- *Salix caprea* L.
- *Salix cinerea* L.
- *Sambucus nigra* L.
- *Sanguisorba officinalis* L.
- *Scirpus sylvaticus* L.
- *Scrophularia nodosa* L.
- *Scutellaria galericulata* L.
- *Senecio ovatus* (P. Gaertn., B. Mey. & Scherb.)
- *Silene flos-cuculi* (L.) Clairv.
- *Silene latifolia* Poir.
- *Sinapis arvensis* L.
- *Solanum dulcamara* L.
- *Solidago canadensis* L.
- *Sonchus asper* (L.) Hill
- *Sorbus aucuparia* L.
- *Stachys palustris* L.
- *Stellaria aquatica* (L.) Scop.
- *Stellaria graminea* L.
- *Stellaria media* (L.) Vill.
- *Stellaria nemorum* L.
- *Succisa pratensis* Moench
- *Symphytum officinale* L.
- *Tanacetum vulgare* L.
- *Taraxacum officinale* agg.
- *Thlaspi arvense* L.
- *Trifolium dubium* Sibth.
- *Trifolium hybridum* L.
- *Trifolium medium* L.
- *Trifolium pratense* L.
- *Trifolium repens* L.
- *Tripleurospermum maritimum* (L.) W. D. J. Koch
- *Trisetum flavescens* (L.) P. Beauv.
- *Tussilago farfara* L.
- *Typha latifolia* L.
- *Urtica dioica* L.
- *Vaccinium myrtillus* L.
- *Vaccinium vitis-idaea* L.
- *Valeriana procurrens* Wallr.
- *Veronica arvensis* L.
- *Veronica beccabunga* L.
- *Veronica chamaedrys* L.
- *Veronica officinalis* L.
- *Veronica serpyllifolia* L.
- *Vicia cracca* L.
- *Vicia sepium* L.
- *Vicia tetrasperma* (L.) Schreb.
- *Viola arvensis* Murray
- *Viola canina* L.
- *Viola palustris* L.

Anh. 2: Vögel im Plesná-Tal (Nomenklatur nach BROHMER 1992)

- Acanthis cannabina (L.)
- Accipiter nisus (L.)
- Acrocephalus palustris (Bechst.)
- Aegithalos caudatus (L.)
- Alauda arvensis L.
- Alcedo atthis L.
- Anas platyrhynchos L.
- Anthus trivialis (L.)
- Apus apus L.
- Ardea cinerea L.
- Asio otus (L.)
- Buteo buteo (L.)
- Carduelis carduelis (L.)
- Carduelis chloris (L.)
- Carduelis spinus (L.)
- Certhia brachydactyla Brehm
- Ciconia nigra (L.)
- Circus cyaneus (L.)
- Columba palumbus L.
- Corvus corax L.
- Corvus corone corone L.
- Coturnix coturnix (L.)
- Cuculus canorus L.
- Delichon urbica (L.)
- Dendrocopus major (L.)
- Emberiza citrinella L.
- Emberiza schoeniclus (L.)
- Erithacus rubecula (L.)
- Falco subbuteo L.
- Falco tinnunculus L.
- Fringilla coelebs L.
- Fulica atra L.
- Gallinago gallinago L.
- Gallinula chloropus (L.)
- Garrolus glandarius (L.)
- Grus grus (L.)
- Hippolais icterina (Vieill.)
- Hirundo rustica L.
- Lanius collurio L.
- Lanius excubitor L.
- Larus ridibundus L.
- Locustella fluviatilis (Wolf)
- Locustella naevia (Bodd.)
- Luscinia megarhynchos Brehm
- Milvus milvus (L.)
- Motacilla alba L.
- Muscicapa striata (Pall.)
- Oriolus oriolus (L.)
- Parus ater L.
- Parus caeruleus L.
- Parus major L.
- Parus montanus (Bald.)
- Parus palustris L.
- Passer domesticus (L.)
- Passer montanus (L.)
- Perdix perdix (L.)
- Phalacrocorax carbo L.
- Phasianus colchicus (L.)
- Phoenicurus ochruros (Gmel.)
- Phoenicurus phoenicurus (L.)
- Phylloscopus collybita (Vieill.)
- Phylloscopus sibilatrix (Bechst.)
- Phylloscopus trochilus (L.)
- Pica pica (L.)
- Picus viridis L.
- Regulus regulus (L.)
- Saxicola rubetra (L.)
- Serinus serinus (L.)
- Sitta europaea L.
- Streptopelia decaocto (Friv.)
- Streptopelia turtur (L.)
- Sturnus vulgaris L.
- Sylvia atricapilla (L.)
- Sylvia borin (Bodd.)
- Sylvia communis Lath.
- Sylvia curruca (L.)
- Sylvia nisoria (Bechst.)
- Troglodytes troglodytes L.
- Turdus merula L.
- Turdus philomelos Brehm
- Turdus pilaris (L.)
- Turdus viscivorus (L.)

Anh. 3: Großpilze im Plesná-Tal (Nomenklatur nach KRIEGLSTEINER 1991, 1993)

- *Amanita muscaria* (L.) Pers.
- *Amanita rubescens* (Pers.: Fr.) S. F. Gray
- *Auricularia auriculajudae* (Bull.: Fr.) Wettst.
- *Boletus edulis* Bull.: Fr. (agg.)
- *Chondrostereum purpureum* (Pers.: Fr.) Pouz.
- *Ciboria caucus* (Rebent.: Pers.) Fuckel
- *Clavulina coralloides* (L.: Fr.) Schroet.
- *Clitocybe clavipes* (Pers.: Fr.) Kumm.
- *Clitocybe metachroa* (Fr.) Kumm.
- *Clitocybe phyllophila* (Fr.) Kumm. s. l.
- *Collybia butyracea* (Bull.: Fr.) Kumm.
- *Collybia confluens* (Pers.: Fr.) Kumm.
- *Collybia dryophila* (Bull.: Fr.) Kumm. (agg.)
- *Coprinus micaceus* (Bull.: Fr.) Fr.
- *Cortinarius delibutus* Fr.
- *Cortinarius semisanguineus* (Fr.) Mos.
- *Cylindrobasidion laeve* (Pers.: Fr.) Chamuris
- *Cystoderma amianthinum* (Scop.: Fr.) Fay.
- *Cystoderma jasonis* (Cke. & Massee) Harm.
- *Dacryomyces stillatus* Nees.: Fr. (agg.)
- *Daedalopsis confragosa* (Bolt.: Fr.) Schroet.
- *Datronia mollis* (Sommerf.: Fr.) Donk
- *Diatrypella favacea* (Fr.) Sacc.
- *Entoloma rhodopolium* (Fr.) Kumm.
- *Exidia plana* (Wigg.: Schleich 1821) Donk
- *Fomes fomentarius* (L.: Fr.) Fr.
- *Fomitopsis pinicola* (Swartz: Fr.) P. Karst.
- *Ganoderma lipsiense* (Batsch) Atk.
- *Hapalopilus rutilans* (Pers.: Fr.) P. Karst.
- *Hebeloma crustuliniforme* (Bull.: Fr.) Quél.
- *Hyphodontia sambuci* (Pers.) J. Erikss.
- *Inocybe lacera* (Fr.: Fr.) Kumm.
- *Inonotus hispidus* (Bull.: Fr.) P. Karst.
- *Inonotus radiatus* (Sow.: Fr.) P. Karst.
- *Laccaria laccata* (Scop.: Fr.) Berk. & Br.
- *Laccaria proxima* (Boud.) Pat.
- *Lactarius camphoratus* (Bull.) Fr.
- *Lactarius helvus* (Fr.) Fr.
- *Lactarius quietus* (Fr.) Fr.
- *Lactarius thejogalus* (Bull.: Fr.) S. F. Gray
- *Lactarius turpis* (Weinm.) Fr.
- *Laetiporus sulphureus* (Bull.: Fr.) Murr.
- *Leccinum rufum* (Schaeff.) Kreis.
- *Leccinum scabrum* (Bull.: Fr.) S. F. Gray
- *Leccinum versipelle* (Fr.) Snell
- *Lycoperdon molle* Pers.: Pers.
- *Lycoperdon perlatum* Pers.: Pers.
- *Mycena aetites* (Fr.) Quél.
- *Mycena galericulata* (Scop.: Fr.) S. F. Gray
- *Mycena pura* (Pers.: Fr.) Kumm.
- *Mycena rosea* (Bull.) Gramberg
- *Mycena vitilis* (Fr.) Quél.
- *Nectria cinnabarina* (Tode: Fr.) Fr.
- *Panaeolus caliginosus* Jungh.
- *Panellus serotinus* (Schrader: Fr.) Kuehn.
- *Paxillus involutus* (Batsch: Fr.) Fr.
- *Peniophora quercina* (Pers.: Fr.) Cke.
- *Phellinus igniarius* (L.: Fr.) Quél. s. l.
- *Phellinus punctatus* (P. Karst.) Pil.
- *Phlebia merismoides* (Fr.) Fr.
- *Pholiota squarrosa* (Pers.: Fr.) Kumm.
- *Piptoporus betulinus* (Bull.: Fr.) P. Karst.
- *Plicatura crispa* (Pers.: Fr.) Rea
- *Pluteus cervinus* (Schaeff.) Kumm.
- *Polyporus brumalis* (P. Karst.) Pil.
- *Polyporus ciliatus* Fr.: Fr.
- *Pycnoporus cinnabarinus* (Jacq.: Fr.) P. Karst.
- *Rhytisma acerinum* (Pers.: St. Amans) Fr.
- *Rickenella fibula* (Bull.: Fr.) Raith.
- *Russula claroflava* Grove
- *Russula emetica* var. *betularum* (Hora) Romagn.
- *Russula fragilis* (Pers.: Fr.) Fr.
- *Russula nitida* (Pers.: Fr.) Fr.
- *Russula ochroleuca* (Pers.) Fr.
- *Scleroderma citrinum* Pers.
- *Spongiporus lacteus* (Fr.) Aosh. & Kobay.
- *Stereum hirsutum* (Willd.: Fr.) S. F. Gray
- *Stereum rugosum* (Pers.: Fr.) Fr.
- *Stereum subtomentosum* Pouz.
- *Trametes hirsuta* (Wulf.: Fr.) Pil.
- *Tremella mesenterica* Retz in Hook: Fr.
- *Tricholoma equestre* (L.) Kumm.
- *Xerocomus badius* (Fr.) Kuehn. ex Gilb.
- *Xerocomus chrysenteron* (Bull.: St. Amans) Quél.

Anh. 4: Birnenmofette, Quertransekte 1 und 2 (BiQ1 und BiQ2)

		K: *Arrhenatherion*				M: *Nardetalia* – Typ CN								K: *Arrhenatherion*						
	Aufnahme-Nr.	1	2	3	4	5	6	7	8	9	10	11	12	13	14	15	16	17	18	M	K
	Deckungsgrad KS [%]	100	90	80	70	80	80	70	60	45	60	75	70	70	95	95	90	90	80		
	Artenzahl	9	12	11	8	13	12	13	5	6	8	8	8	16	14	10	8	7	14		
d1.1	*Galium aparine*	1	+	+	.	.	.	.	.	.	.	.	.	.	.	.	.	.	+	.	III
	Urtica dioica	3	3	1	1	.	.	.	.	.	.	.	.	.	.	.	.	.	.	.	III
	O *Anthriscus sylvestris*	1	1	1	.	.	.	.	.	.	.	.	.	.	1	1	2a	+	1	.	V
D1	*Poa angustifolia*	2a	+	+	.	.	.	.	.	.	.	.	.	+	1	2a	1	.	1	I	IV
	K *Alopecurus pratensis*	4	2b	1	.	.	.	.	.	.	.	.	.	.	.	.	2b	.	1	.	III
	Agrostis capillaris	.	r	3	1	1	.	.	.	.	.	.	.	.	1	1	1	.	1	I	IV
	O *Nardus stricta*	.	.	.	.	.	+	3	+	+	.	.	.	.	.	.	.	.	.	III	.
	K *Calluna vulgaris*	.	.	.	.	r	1	3	3	3	1	1	3	3	.	.	.	.	.	V	.
	Pleurozium schreberi (M)	.	.	.	.	r	3	4	4	4	4	r	3	4	.	.	.	.	.	V	.
D2	*Rumex acetosella*	.	.	.	.	+	2a	1	.	.	+	+	+	.	.	.	.	.	.	IV	.
	Festuca ovina	.	.	.	.	+	1	1	r	.	+	r	.	2a	+	.	.	.	.	IV	I
	Hieracium pilosella	.	.	.	.	.	.	.	2a	.	.	1	3	2b	2a	.	.	.	.	III	.
	Pohlia nutans (M)	.	.	.	.	.	.	.	.	+	r	1	.	.	.	.	.	.	.	III	.
d1.2	*Veronica chamaedrys*	.	.	.	.	.	.	.	.	.	.	.	.	1	2b	2a	1	1	2a	I	III
	Populus tremula	.	.	.	.	.	.	.	.	.	.	.	.	.	1	1	1	.	.	.	III
	Succisa pratensis	.	r	r	.	+	+	+	.	.	.	.	.	1	2a	.	.	.	.	III	II
D3	*Potentilla erecta*	+	1	1	1	2a	1	1	.	.	.	.	.	.	2b	1	.	+	1	II	V
	Galeopsis tetrahit	.	.	.	.	+	r	2a	r	.	.	.	.	.	+	.	.	.	r	II	II
	Deschampsia cespitosa	1	3	3	4	4	3	1	.	.	2a	3	r	1	3	4	4	5	4	IV	V
	Carex nigra	.	.	.	.	+	+	1	2b	2a	1	2b	2b	2a	.	.	+	.	1	V	II
	Achillea millefolium	.	.	.	r	.	.	r	.	.	.	.	.	r	1	.	.	+	.	II	II
	Epilobium angustifolium	.	.	1	1	1	+	.	.	.	.	.	.	.	.	.	.	.	.	II	II
	Luzula campestris	.	.	.	.	1	1	.	.	.	.	.	r	r	.	1	.	.	.	II	I
	Rumex acetosa	+	r	.	.	.	.	.	.	.	.	.	.	.	.	1	.	.	.	I	II
	Quercus robur	.	.	.	1	.	.	.	.	.	.	.	.	r	.	.	.	.	+	I	II
	Stellaria graminea	.	.	.	.	r	.	.	.	.	.	.	.	.	.	.	.	r	r	I	II
B1	*Hieracium lachenalii*	.	.	.	.	.	.	r	.	.	.	.	r	r	.	.	.	.	.	II	.
	Deschampsia flexuosa	.	.	.	.	.	.	.	.	.	.	.	2a	2a	2b	.	.	.	.	I	II
	Elymus repens	1	2a	.	.	.	.	.	.	.	.	.	.	.	.	.	.	.	.	.	II
	Brachythecium rutab. (M)	.	1	+	.	.	.	.	.	.	.	.	.	.	.	.	.	.	.	.	II
	Brachythecium salebr. (M)	.	.	.	.	.	.	.	.	.	.	.	.	.	.	.	.	+	+	.	II
	Betula pendula	.	.	.	.	.	.	.	+	.	.	.	.	.	.	.	.	.	.	.	.
	Veronica officinalis	.	.	.	.	.	.	.	.	.	+	.	.	.	.	.	.	.	.	I	.
	Crataegus monogyna	.	.	.	.	.	.	.	.	.	.	.	.	r	.	.	.	.	.	I	.
	Linaria vulgaris	.	.	.	.	.	.	.	.	.	.	.	.	.	r	.	.	.	.	.	I
	Arrhenatherum elatius	.	.	.	.	.	.	.	.	.	.	.	.	.	.	1	.	.	.	.	I

		M: *Nardo-Callunetea* – Typ C										K: *Arrhenatherion*								
	Aufnahme-Nr.	1	2	3	4	5	6	7	8	9	10	11	12	13	14	15	16	17	18	M	K
	Deckungsgrad KS [%]	70	55	90	85	70	80	80	85	90	90	90	80	85	85	50	50	60	75		
	Artenzahl	11	9	5	6	10	6	8	8	10	8	2	3	4	4	7	12	13	10		
	Potentilla erecta	1	+	.	.	.	.	.	.	.	.	.	.	.	.	.	.	.	.	II	.
	Rumex acetosella	1	1	1	r	+	.	.	.	.	.	.	.	.	.	.	.	.	.	III	.
	Poa angustifolia	2a	1	1	1	r	.	.	.	1	.	.	.	.	.	.	.	+	.	III	I
	Hieracium pilosella	+	1	2a	3	4	4	4	1	1	+	.	.	.	.	.	.	.	.	V	.
	Pleurozium schreberi (M)	2b	3	1	+	2b	2b	2b	2b	1	1	.	.	.	.	.	.	.	.	V	.
D1	K *Calluna vulgaris*	+	2a	.	.	1	2a	1	3	2a	+	.	.	.	.	.	.	.	.	IV	.
	Carex nigra	.	.	.	.	r	+	1	1	+	1	.	.	.	.	.	.	.	.	III	.
	Festuca ovina	.	.	.	.	1	1	1	+	+	1	.	.	.	.	.	.	.	.	III	.
	Deschampsia flexuosa	.	.	.	.	.	.	.	1	3	4	3	.	.	.	.	.	.	.	II	II
	Hieracium lachenalii	.	1	.	.	.	.	.	1	+	+	.	.	.	.	.	.	.	.	II	.
	Brachythecium salebr. (M)	.	.	.	.	.	.	.	.	.	.	2a	2a	+	2a	1	.	+	.	.	V
	Galeopsis tetrahit	.	.	.	.	.	.	.	.	.	.	.	+	+	+	1	+	+	1	.	V
	O *Anthriscus sylvestris*	+	.	.	.	.	.	.	.	.	.	.	.	1	2a	1	2a	2b	3	+	IV
	V *Arrhenatherum elatius*	.	.	.	.	.	.	.	.	.	.	.	.	.	1	2a	2a	.	.	.	II
D2	K *Poa pratensis*	.	.	.	.	.	.	.	.	.	.	.	.	+	+	1	+	+	1	.	II
	Agrostis capillaris	.	.	.	.	.	.	.	.	.	.	.	.	.	1	1	1	2a	.	.	III
	Geum urbanum	.	.	.	.	.	.	.	.	.	.	.	.	.	.	.	2a	r	+	.	II
	Galium aparine	.	.	.	.	.	.	.	.	r	.	.	.	.	.	.	+	2a	1	+	II
	Quercus robur	r	.	.	.	.	.	1	.	.	.	.	.	.	.	+	1	+	.	I	II
	Deschampsia cespitosa	3	3	5	4	1	2a	2b	2a	2b	4	5	5	5	4	3	2a	2a	2b	V	V
	Rumex acetosa	.	.	.	+	.	.	.	.	.	.	.	.	.	.	1	.	.	.	+	I
	Poa trivialis	.	.	.	.	.	.	.	.	.	.	.	.	.	.	+	+	.	.	.	II
	Alopecurus pratensis	2b	.	.	.	.	.	.	.	.	.	.	.	.	.	.	.	.	.	+	.
	Luzula campestris	r	.	.	.	.	.	.	.	.	.	.	.	.	.	.	.	.	.	+	.
B1	*Succisa pratensis*	.	r	.	.	.	.	.	.	.	.	.	.	.	.	.	.	.	.	+	.
	Achillea millefolium	.	.	.	.	+	.	.	.	.	.	.	.	.	.	.	.	.	.	+	.
	Crataegus monogyna	.	.	.	.	.	.	.	.	.	.	.	.	.	.	.	.	r	.	.	I
	Fraxinus excelsior	.	.	.	.	.	.	.	.	.	.	.	.	.	.	.	.	.	r	.	I
	Populus tremula	.	.	.	.	.	.	.	.	.	.	.	.	.	.	.	.	r	.	.	I
	Veronica chamaedrys	.	.	.	.	.	.	.	.	.	.	.	.	.	.	.	.	1	.	.	I

Anh. 5: Synoptische Tabelle Plesná-Tal

	Teiltabellen Mofettenzone (M)																Teiltabellen Kontrollzone (K)																Stetigkeit	
Mofette	Wi	Wi	Wi	Wi	Wi	Bl	Bl	Bo	Bo	Bo	Bo	Bo	Re	Re	Su	Su	Bl	Bl	Bo	Bo	Wi	Wi	Wi	Wi	Wi	Su	Bo	Bo	Bo	Su	Re	Re		
Transekt	Q3	Q1	Q5	Q2	Q4	Q2	Q1	Q1	Q2	L1	L2	Q3	L1	L2	L1	Q1	Q2	Q1	L1	L2	Q4	Q3	Q2	Q5	Q1	L1	Q3	Q2	Q1	Q1	L1	L2		
Aufnahmen	12	11	15	15	14	10	9	24	25	23	8	5	29	32	18	13	8	9	17	8	57	54	46	61	45	22	21	25	26	24	13	10	M	K
Positive Mofettenzeiger																																		
Eriophorum angustifolium	III	II	.	.	.	.	.	.	.	.	.	.	.	.	.	.	.	.	.	.	.	.	.	.	.	.	.	.	.	.	.	.	I	.
Leontodon autumnalis	III	.	V	.	.	.	.	.	.	.	.	.	.	.	.	.	.	.	.	.	r	r	.	r	.	.	.	.	.	.	.	.	I	I
Hieracium lachenalii	II	.	.	.	III	II	II	.	r	r	.	.	.	.	.	.	.	.	.	.	.	.	.	.	.	.	.	.	.	.	.	.	II	.
Luzula campestris	.	.	+	.	.	+	II	+	+	r	V	.	.	.	.	.	.	I	.	.	.	.	.	.	.	.	.	.	r	.	.	.	III	I
Aulacomnium palustre (M)	V	V	V	V	V	.	.	IV	IV	V	V	V	III	III	II	II	.	.	.	I	I	I	+	r	+	.	r	II	III	.	.	+	V	IV
Eriophorum vaginatum	V	I	.	II	V	.	.	II	III	I	.	IV	III	II	III	III	.	.	.	.	.	.	.	.	.	r	r	+	I	.	+	.	IV	II
Rumex acetosella	.	.	+	III	.	III	IV	III	IV	III	.	.	II	II	.	.	.	.	.	.	+	.	r	.	.	.	.	r	r	.	.	.	III	II
Nardus stricta	.	.	.	.	I	.	III	IV	IV	V	V	II	III	II	.	.	.	.	.	I	r	.	.	.	.	.	.	.	.	.	.	.	III	I
Calluna vulgaris	.	.	.	.	.	IV	V	III	IV	III	IV	.	I	I	.	II	.	.	.	.	.	.	.	.	.	.	.	.	.	.	.	.	III	.
Festuca ovina	.	.	.	.	.	III	IV	III	IV	III	V	II	III	III	I	II	.	I	+	II	+	.	r	.	.	.	I	I	I	.	.	I	IV	III
Pleurozium schreberi (M)	.	.	.	.	.	V	V	.	.	+	.	.	r	r	+	II	.	.	.	.	.	.	.	.	.	.	.	.	.	.	.	.	III	.
Hieracium pilosella	.	.	.	.	+	V	III	.	.	.	.	.	.	.	.	.	.	.	.	.	.	.	.	.	.	.	.	.	.	.	.	.	I	.
Pohlia nutans (M)	.	.	.	.	.	.	III	II	II	.	.	.	.	.	.	.	.	.	.	.	.	.	.	.	.	.	.	.	.	.	.	.	I	.
Cladonia macilenta (F)	.	.	.	.	.	.	.	III	III	.	.	.	.	.	.	.	.	.	.	.	.	.	.	.	.	.	.	.	.	.	.	.	I	.
Hieracium lactucella	.	.	.	.	.	.	.	II	III	II	.	.	.	.	.	.	.	.	.	.	.	.	.	.	.	.	.	.	.	.	.	.	I	.
Cladonia pyxidata (F)	.	.	.	.	.	.	.	III	I	.	III	.	.	.	.	.	.	.	.	.	.	.	.	.	.	.	.	.	.	.	.	.	I	.
Polytrichum commune (M)	.	.	.	.	.	.	.	.	r	r	III	.	.	.	.	.	.	.	.	.	.	.	.	.	.	.	.	.	.	.	.	.	I	.
Danthonia decumbens	.	.	.	.	.	.	.	.	.	II	III	.	.	.	.	.	.	.	.	.	.	.	.	.	.	.	.	.	.	.	.	.	I	.
Negative Mofettenzeiger																																		
Brachythecium salebr. (M)	.	.	.	.	.	.	.	.	.	.	.	.	.	.	.	.	V	II	.	.	.	.	.	.	.	.	.	.	.	.	.	.	.	I
Populus tremula	.	.	.	.	.	.	.	.	.	.	.	.	.	.	.	.	I	III	.	.	.	.	.	.	.	.	.	.	.	.	.	.	.	I
Linaria vulgaris	.	.	.	.	.	.	.	.	.	.	.	.	.	.	.	.	.	I	III	.	.	.	.	.	.	.	.	.	.	.	.	.	.	I
Agrostis capillaris	.	+	I	.	.	.	I	.	.	.	II	.	.	.	.	.	III	IV	II	V	+	+	III	r	I	.	II	.	.	.	.	.	II	IV
Veronica chamaedrys	.	+	.	+	.	.	I	.	.	+	.	.	.	.	.	.	I	III	V	V	I	II	I	III	I	.	I	.	.	.	.	.	II	IV
Elymus repens	.	.	.	.	.	.	.	.	.	.	.	.	.	.	.	.	.	II	V	III	r	r	.	.	.	.	.	II	I	.	.	.	.	III
Agrostis stolonifera	.	.	.	.	.	.	.	.	.	.	.	.	.	I	.	.	.	.	.	II	II	II	I	II	IV	.	.	II	II	.	.	.	+	III
Galium aparine	.	.	.	.	.	+	.	.	.	.	.	.	.	.	.	.	II	III	I	.	+	r	r	.	r	II	.	.	.	II	.	.	+	III
Anthriscus sylvestris	.	.	+	+	.	+	.	.	.	.	.	.	+	.	.	.	IV	V	V	II	IV	V	V	V	IV	II	.	I	II	.	I	.	II	V
Urtica dioica	.	.	.	.	.	.	.	.	.	.	.	.	.	.	.	.	.	III	II	.	II	I	II	I	II	IV	.	.	I	IV	II	.	.	IV
Galium uliginosum	.	+	.	+	.	.	.	.	r	.	.	I	I	I	+	+	.	.	IV	IV	II	II	II	III	II	II	V	II	II	III	IV	III	III	V
Lotus penduculatus	.	.	.	.	.	.	.	.	.	.	.	.	.	r	.	.	.	.	I	I	+	.	+	I	II	.	V	.	.	.	V	III	+	III
Cirsium arvense	.	+	.	.	.	.	.	.	.	.	.	.	.	.	+	I	.	.	.	III	III	III	II	IV	r	III	I	.	.	III	.	.	I	III
Bistorta officinalis	.	III	+	I	.	.	.	I	+	.	.	I	r	.	.	.	.	.	.	III	III	III	II	III	II	II	IV	IV	IV	r	+	.	III	IV
Filipendula ulmaria	.	.	.	.	.	.	.	.	.	.	.	.	.	.	.	.	.	.	.	.	III	III	IV	III	III	III	III	III	II	III	III	IV	.	IV
Stachys palustris	.	.	.	+	.	.	.	.	.	.	.	.	.	.	+	.	.	.	.	.	II	I	II	I	+	IV	.	.	.	II	.	.	I	III
Rumex aquaticus	.	.	.	.	.	.	.	.	.	.	.	.	.	.	.	.	.	.	.	.	.	+	r	r	+	III	II	I	r	V	IV	IV	.	IV
Lysimachia vulgaris	.	.	.	.	.	.	.	.	.	.	.	.	.	+	.	.	.	.	.	.	.	.	r	.	r	II	II	I	r	II	V	V	+	III
Phalaris arundinacea	.	.	.	.	.	.	.	.	.	.	.	.	.	.	+	.	.	.	.	.	.	II	.	r	+	III	.	.	.	+	.	.	+	II
Scutellaria galericulata	.	.	.	.	.	.	.	.	.	.	.	.	.	I	.	.	.	.	.	.	.	.	.	.	.	r	II	II	+	IV	I	II	+	III
Potentilla palustris	.	.	.	.	.	.	.	.	.	.	.	I	.	.	.	.	.	.	.	.	.	.	.	.	.	.	III	r	r	I	.	.	+	II
Juncus conglomeratus	.	.	.	.	.	.	.	.	.	.	.	.	.	.	.	.	.	.	.	.	.	.	.	.	.	.	III	.	I	.	+	.	.	I
Equisetum fluviatile	.	.	.	.	.	.	.	.	.	.	.	.	.	.	.	.	.	.	.	.	.	.	.	.	.	.	III	.	.	.	II	I	.	I
Begleiter																																		
Deschampsia cespitosa	V	V	V	V	III	V	IV	V	V	V	I	I	V	IV	V	V	V	V	V	V	IV	IV	III	IV	III	III	III	V	V	IV	III	III	V	V
Carex nigra	V	V	V	IV	V	III	V	V	V	V	IV	V	IV	III	II	III	.	II	+	.	+	I	.	.	I	II	IV	II	II	I	III	I	V	IV
Achillea millefolium	+	III	V	.	+	+	II	r	+	II	.	.	r	r	.	.	.	II	V	II	II	II	r	II	II	r	I	I	r	.	+	.	IV	V
Potentilla erecta	I	+	.	+	IV	II	II	IV	IV	V	V	II	V	III	II	III	.	V	.	IV	+	r	+	.	r	.	II	+	+	.	.	.	V	III
Festuca rubra	I	V	II	V	+	.	.	.	.	.	.	I	I	r	.	.	.	.	V	V	II	II	II	I	II	I	IV	I	r	II	.	+	III	V
Cirsium palustre	.	I	.	III	.	.	.	.	.	.	.	I	III	III	I	+	.	.	I	I	+	I	I	.	III	II	I	II	I	r	II	II	III	V
Sanguisorba officinalis	.	II	.	.	.	.	.	I	I	II	IV	.	II	+	.	.	.	.	V	V	II	II	II	II	r	r	III	II	III	r	II	.	III	V
Succisa pratensis	.	I	.	II	.	+	III	r	I	r	V	.	V	II	.	.	.	II	.	IV	.	.	+	r	+	.	IV	I	+	.	+	.	IV	III
Rumex acetosa	II	III	IV	V	.	+	.	r	.	.	I	.	I	.	.	.	I	II	+	II	V	V	V	V	V	.	.	r	.	.	.	.	III	IV
Achillea ptarmica	I	II	II	.	+	.	.	.	.	+	.	I	.	.	+	.	.	.	I	II	II	II	I	II	II	I	III	.	r	.	.	II	III	IV
Alopecurus pratensis	.	III	II	V	I	+	.	.	.	.	II	.	.	.	.	.	.	III	I	I	V	V	V	V	V	III	.	I	II	II	.	.	II	IV
Stellaria graminea	.	.	.	.	.	.	I	.	r	I	.	.	r	r	.	.	.	II	II	.	II	II	II	II	II	.	.	r	.	.	I	+	II	IV
Vicia cracca	+	IV	I	I	.	.	.	.	.	+	.	.	.	.	.	.	.	.	II	.	III	IV	II	III	I	I	+	.	.	I	.	.	II	III
Poa pratensis	.	II	II	II	.	.	.	+	+	.	.	.	.	.	.	.	II	.	.	.	+	III	II	II	I	.	.	r	+	.	.	.	II	III
Peucedanum palustre	.	.	.	.	.	.	.	.	.	.	.	I	III	III	.	.	.	.	.	.	.	.	r	r	r	I	III	II	II	+	+	II	I	IV
Galium palustre	.	+	.	.	.	.	.	.	.	.	.	.	.	.	+	+	.	.	.	I	.	+	+	.	I	+	I	+	I	II	.	.	I	III
Galeopsis tetrahit	.	.	.	.	II	.	II	+	.	.	.	.	.	.	.	.	V	II	.	.	+	+	.	.	r	II	.	+	r	III	.	.	I	III
Holcus lanatus	+	+	I	II	.	.	.	.	.	.	.	.	.	.	.	.	.	.	.	V	+	II	I	II	III	.	II	.	.	.	.	.	II	III
Poa humilis	.	+	III	II	+	.	.	.	.	.	II	.	.	.	.	.	.	.	.	I	II	+	+	II	I	.	.	.	.	.	.	.	II	II
Angelica sylvestris	.	.	.	+	.	.	.	.	.	.	.	.	.	.	+	.	.	.	.	.	I	I	II	I	I	r	I	.	.	.	+	.	I	III
Quercus robur	+	.	.	.	.	I	I	.	.	.	.	.	I	+	.	.	II	II	.	.	.	r	.	.	.	.	r	.	.	.	.	.	II	II
Ranunculus repens	.	+	+	IV	.	.	.	.	.	.	.	.	.	.	.	.	.	.	+	.	III	III	III	III	III	.	.	.	.	.	.	.	I	II
Rhytidiadelphus squarr. (M)	.	.	I	+	.	.	.	.	.	.	II	.	.	.	.	.	.	.	.	II	I	.	+	r	+	.	r	.	.	.	.	.	I	II
Taraxacum officinale agg.	.	+	.	.	.	.	.	.	.	.	.	.	.	.	.	.	.	.	.	.	II	I	r	+	+	r	.	.	r	.	.	.	+	III
Deschampsia flexuosa	.	.	I	.	+	II	I	.	.	.	.	.	I	II	.	.	.	II	.	.	.	.	r	.	.	.	.	.	.	.	.	.	II	I
Epilobium angustifolium	.	.	.	.	+	.	II	.	.	.	.	.	+	r	.	.	.	II	.	.	r	.	.	.	.	.	II	.	.	.	III	.	II	II
Poa angustifolia	.	.	.	.	.	III	I	.	.	.	.	.	.	.	.	.	I	IV	.	I	+	.	r	+	.	.	.	.	.	.	.	.	I	II
Silene flos-cuculi	.	+	.	.	.	.	.	.	.	.	.	.	.	.	.	.	.	.	.	.	r	r	II	r	II	.	.	r	.	.	.	.	+	II
Ranunculus acris	.	.	.	I	.	.	.	.	.	.	.	.	.	.	.	.	.	.	.	.	II	+	I	r	II	.	.	+	.	.	.	.	+	II
Cardamine pratensis	.	.	.	+	.	.	.	.	.	.	.	.	.	.	.	.	.	.	.	.	+	+	r	+	+	.	.	.	r	.	.	.	+	II
Poa trivialis	.	.	.	.	.	.	.	.	.	.	.	.	.	.	.	.	II	.	.	.	II	II	II	II	+	.	.	r	.	.	.	.	.	III
Rumex crispus	.	.	.	.	.	.	.	.	.	.	.	.	.	.	.	.	.	.	.	I	+	r	+	I	+	.	.	.	+	.	.	.	.	III
Carex vesicaria	.	.	.	.	.	.	.	.	.	.	.	.	.	.	.	.	.	.	.	I	.	.	r	.	I	.	r	I	I	.	.	.	.	II
Alchemilla vulgaris agg.	.	.	I	.	.	.	.	.	.	.	.	.	.	.	.	.	.	.	I	.	I	.	.	r	.	.	r	.	.	.	.	.	+	II
Heracleum sphondylium	.	.	.	.	.	.	.	.	.	.	.	.	.	.	.	.	.	.	.	.	II	I	r	r	r	.	.	.	.	.	.	.	.	II
Cerastium holosteoides	.	.	.	.	.	.	.	.	.	.	.	.	.	.	.	.	.	.	.	.	r	r	+	r	+	.	.	.	.	.	.	.	.	II
Trifolium pratense	.	.	.	.	.	.	.	.	.	.	.	.	.	.	.	.	.	.	.	.	r	r	r	r	+	.	.	.	.	.	.	.	.	II
Juncus effusus	.	.	.	+	.	.	.	.	.	.	.	.	.	.	.	.	.	.	.	.	I	.	r	.	I	.	.	.	.	.	.	.	+	I
Betula pendula	.	.	.	.	+	.	I	.	.	.	.	.	+	r	.	.	.	.	.	.	.	.	.	.	.	.	.	.	.	.	.	.	II	.
Epilobium palustre	.	.	.	.	.	.	.	.	.	.	.	I	.	I	.	.	.	.	.	.	.	.	.	.	.	.	II	.	.	.	.	+	I	I
Valeriana procurrens	.	.	.	.	.	.	.	.	.	.	.	.	r	.	.	.	.	.	.	.	.	.	.	.	.	.	II	.	.	.	II	II	+	I
Epilobium obscurum	.	.	.	.	.	.	.	.	.	.	.	.	.	r	.	.	.	.	.	.	.	r	.	.	.	r	.	.	.	.	+	.	+	I
Lathyrus pratensis	.	.	.	.	.	.	.	.	.	.	.	.	.	.	.	.	.	.	II	.	+	.	r	.	.	.	.	.	.	.	II	.	.	II
Rumex obtusifolius	.	.	.	.	.	.	.	.	.	.	.	.	.	.	.	.	.	.	.	.	.	r	.	r	r	.	.	r	.	.	.	.	.	II
Veronica arvensis	.	.	.	.	.	.	.	.	.	.	.	.	.	.	.	.	.	.	.	.	.	r	.	+	+	.	.	.	r	.	.	.	.	II
Juncus filiformis	I	.	.	.	.	.	.	.	.	.	.	.	.	.	.	.	.	.	.	.	.	.	.	.	r	.	.	r	.	.	.	.	+	I
Potentilla anserina	.	I	.	.	.	.	.	.	.	.	.	.	.	.	.	.	.	.	.	.	.	.	.	r	II	.	.	.	.	.	.	.	+	I
Trifolium repens	.	.	I	.	.	.	.	.	.	.	.	.	.	.	.	.	.	.	.	.	.	+	.	+	.	.	.	.	.	.	.	.	+	I
Luzula multiflora	.	.	.	.	.	.	.	.	.	.	.	I	II	r	.	.	.	.	.	.	.	.	.	.	.	.	.	.	.	.	.	.	I	.
Pyrus pyraster	.	.	.	.	.	.	.	.	.	.	.	.	r	r	.	.	.	.	.	.	.	.	.	.	.	.	+	.	.	.	.	.	I	+
Viola palustris	.	.	.	.	.	.	.	.	.	.	.	.	.	+	.	.	.	.	.	.	.	.	.	.	.	.	II	.	r	.	.	.	+	I
Anthoxanthum odoratum	.	.	.	.	.	.	.	.	.	.	.	.	.	.	.	.	.	.	.	I	.	+	.	.	r	.	.	.	.	.	.	.	.	I
Dactylis glomerata	.	.	.	.	.	.	.	.	.	.	.	.	.	.	.	.	.	.	.	.	r	+	.	r	.	.	.	.	.	.	.	.	.	I
Ajuga reptans	.	.	.	.	.	.	.	.	.	.	.	.	.	.	.	.	.	.	.	.	r	.	r	r	.	.	.	.	.	.	.	.	.	I
Lysimachia nummularia	.	.	.	.	.	.	.	.	.	.	.	.	.	.	.	.	.	.	.	.	+	.	.	+	I	.	.	.	.	.	.	.	.	I
Ranunculus ficaria	.	.	.	.	.	.	.	.	.	.	.	.	.	.	.	.	.	.	.	.	+	.	.	r	r	.	.	.	.	.	.	.	.	I

	Teiltabellen Mofettenzone (M)															Teiltabellen Kontrollzone (K)															Stetigkeit	
Mofette	Wi	Wi	Wi	Wi	Wi	Bi	Bi	Bo	Bo	Bo	Bo	Re	Re	Su	Su	Bi	Bi	Bo	Bo	Wi	Wi	Wi	Wi	Su	Bo	Bo	Bo	Su	Re	Re		
Transekt	Q3	Q1	Q5	Q2	Q4	Q2	Q1	Q1	Q2	L1	L2	Q3	L1	L2	Q1	Q2	Q1	L1	L2	Q4	Q3	Q2	Q5	Q1	L1	Q3	Q2	Q1	Q1	L1	L2		
Aufnahmen	12	11	15	15	14	10	9	24	25	23	8	5	29	32	18	13	8	9	17	8	57	54	46	61	45	22	21	25	26	24	13	10	M	K
Veronica officinalis	.	.	.	.	.	I	.	.	+	.	.	.	.	.	.	.	.	.	.	.	.	.	.	.	.	.	.	.	.	.	.	.	I	.
Crataegus monogyna	.	.	.	.	.	I	.	.	.	.	.	.	.	.	.	I	.	.	.	.	.	.	.	.	.	.	.	.	.	.	.	.	+	+
Cladonia furcata (F)	.	.	.	.	.	.	I	I	.	.	.	.	.	.	.	.	.	.	.	.	.	.	.	.	.	.	.	.	.	.	.	.	I	.
Leucanthemum vulgare	.	.	.	.	.	.	.	.	I	.	.	.	.	.	.	.	.	.	.	.	r	.	.	.	.	.	.	.	.	.	.	.	+	+
Molinia caerulea	.	.	.	.	.	.	.	.	.	.	+	I	.	.	.	.	.	.	.	.	.	.	.	.	.	.	.	.	.	.	.	.	I	.
Sorbus aucuparia	.	.	.	.	.	.	.	.	.	.	r	+	.	.	.	.	.	.	.	.	.	.	.	.	.	.	.	.	.	.	.	.	I	.
Sphagnum palustre (M)	.	.	.	.	.	.	.	.	.	.	.	r	r	.	.	.	.	.	.	.	.	.	.	II	.	.	.	.	.	.	.	.	+	+
Arrhenatherum elatius	.	.	.	.	.	.	.	.	.	.	.	.	.	.	.	II	I	.	.	.	.	.	.	.	.	.	.	.	.	.	.	.	.	I
Hypericum perforatum	.	.	.	.	.	.	.	.	.	.	.	.	.	.	.	.	.	II	.	.	.	.	.	.	.	.	.	.	.	+	.	.	.	I
Plantago lanceolata	.	.	.	.	.	.	.	.	.	.	.	.	.	.	.	.	.	.	.	r	r	.	.	.	.	.	.	.	.	.	.	.	.	I
Carex hirta	.	.	.	.	.	.	.	.	.	.	.	.	.	.	.	.	.	.	.	.	r	.	II	.	I	.	.	.	.	.	.	.	.	I
Carex brizoides	.	.	.	.	.	.	.	.	.	.	.	.	.	.	.	.	.	.	.	.	I	II	.	.	.	.	.	.	.	.	.	.	.	I
Plagiomnium affine (M)	.	.	.	.	.	.	.	.	.	.	.	.	.	.	.	.	.	.	.	.	r	r	.	.	.	.	.	.	.	.	.	.	.	I
Trifolium hybridum	.	.	.	.	.	.	.	.	.	.	.	.	.	.	.	.	.	.	.	.	r	.	r	.	.	.	.	.	.	.	.	.	.	I
Tanacetum vulgare	.	.	.	.	.	.	.	.	.	.	.	.	.	.	.	.	.	.	.	.	.	+	.	.	.	.	.	.	II	.	.	.	.	I
Holcus mollis	.	.	.	.	.	.	.	.	.	.	.	.	.	.	.	.	.	.	.	.	.	.	.	.	.	I	.	.	.	.	I	.	.	I
Lycopus europaeus	.	.	.	.	.	.	.	.	.	.	.	.	.	.	.	.	.	.	.	.	.	.	.	.	+	.	.	.	.	.	I	.	.	I
Viola canina	.	.	.	.	.	.	.	r	.	.	.	.	.	.	.	.	.	.	.	.	.	.	.	.	.	.	.	.	.	.	.	.	+	.
Carex pilulifera	.	.	.	.	.	.	.	.	I	.	.	.	.	.	.	.	.	.	.	.	.	.	.	.	.	.	.	.	.	.	.	.	+	.
Geum urbanum	.	.	.	.	.	.	.	.	.	.	.	.	.	.	.	II	.	.	.	.	.	.	.	.	.	.	.	.	.	.	.	.	.	+
Fraxinus excelsior	.	.	.	.	.	.	.	.	.	.	.	.	.	.	.	I	.	.	.	.	.	.	.	.	.	.	.	.	.	.	.	.	.	+
Brachythecium rutab. (M)	.	.	.	.	.	.	.	.	.	.	.	.	.	.	.	.	.	II	.	.	.	.	.	.	.	.	.	.	.	.	.	.	.	+
Cirriphyllum piliferum (M)	.	.	.	.	.	.	.	.	.	.	.	.	.	.	.	.	.	.	V	.	.	.	.	.	.	.	.	.	.	.	.	.	.	+
Plantago major	.	.	.	.	.	.	.	.	.	.	.	.	.	.	.	.	.	.	.	.	r	.	.	.	.	.	.	.	.	.	.	.	.	+
Rubus fruticosus agg.	.	.	.	.	.	.	.	.	.	.	.	.	.	.	.	.	.	.	.	.	r	.	.	.	.	.	.	.	.	.	.	.	.	+
Trisetum flavescens	.	.	.	.	.	.	.	.	.	.	.	.	.	.	.	.	.	.	.	.	r	.	.	.	.	.	.	.	.	.	.	.	.	+
Veronica serpyllifolia	.	.	.	.	.	.	.	.	.	.	.	.	.	.	.	.	.	.	.	.	r	.	.	.	.	.	.	.	.	.	.	.	.	+
Scirpus sylvaticus	.	.	.	.	.	.	.	.	.	.	.	.	.	.	.	.	.	.	.	.	.	r	.	I	.	.	.	.	.	.	.	.	.	+
Stellaria alsine	.	.	.	.	.	.	.	.	.	.	.	.	.	.	.	.	.	.	.	.	.	r	.	.	.	.	.	.	.	.	.	.	.	+
Galium album	.	.	.	.	.	.	.	.	.	.	.	.	.	.	.	.	.	.	.	.	.	.	.	I	.	.	.	.	.	.	.	.	.	+
Vicia sepium	.	.	.	.	.	.	.	.	.	.	.	.	.	.	.	.	.	.	.	.	.	.	+	.	.	.	.	.	.	.	.	.	.	+
Campanula rotundifolia	.	.	.	.	.	.	.	.	.	.	.	.	.	.	.	.	.	.	.	.	.	.	.	.	r	.	.	.	.	.	.	.	.	+
Caltha palustris	.	.	.	.	.	.	.	.	.	.	.	.	.	.	.	.	.	.	.	.	.	.	.	.	.	r	.	.	.	.	.	.	.	+
Equisetum palustre	.	.	.	.	.	.	.	.	.	.	.	.	.	.	.	.	.	.	.	.	.	.	.	.	.	.	.	II	.	.	.	.	.	+
Agrostis canina	.	.	.	.	.	.	.	.	.	.	.	.	.	.	.	.	.	.	.	.	.	.	.	.	.	.	.	r	.	.	.	.	.	+
Centaurea vulgaris	.	.	.	.	.	.	.	.	.	.	.	.	.	.	.	.	.	.	.	.	.	.	.	.	.	.	.	r	.	.	.	.	.	+
Salix aurita	.	.	.	.	.	.	.	.	.	.	.	.	.	.	.	.	.	.	.	.	.	.	.	.	.	.	.	r	.	.	.	.	.	+
Brachythecium mild. (M)	.	.	.	.	.	.	.	.	.	.	.	.	.	.	.	.	.	.	.	.	.	.	.	.	.	.	.	.	.	r	.	.	.	+
Elymus caninus	.	.	.	.	.	.	.	.	.	.	.	.	.	.	.	.	.	.	.	.	.	.	.	.	.	.	.	.	.	+	.	.	.	+
Rubus idaeus	.	.	.	.	.	.	.	.	.	.	.	.	.	.	.	.	.	.	.	.	.	.	.	.	.	.	.	.	.	.	I	.	.	+
Solanum dulcamara	.	.	.	.	.	.	.	.	.	.	.	.	.	.	.	.	.	.	.	.	.	.	.	.	.	.	.	.	.	.	I	.	.	+

8 Danksagung

Mein herzlicher Dank gilt meinem Doktorvater Herrn Prof. Pfanz für die Vergabe des überaus interessanten Themas und die Betreuung der Arbeit.

Danken möchte ich den vielen Studentinnen und Studenten, deren unermüdlicher Einsatz diese Arbeit erst möglich gemacht hat. Gemeinsam mit Herrn Pfanz haben sie außerdem dafür gesorgt, dass die langen Hotelabende niemals langweilig wurden. Mein besonderer Dank gilt den „tschechischen Mofettini" Christian Baakes, Nicole Greiß, Eva Kölbach, Annika Pelz, Alexander Savič und Annika Thomalla für ihren Schweiß, ihre guten Ideen und die zahllosen Insektenstiche, die sie in den Plesná-Sümpfen erdulden mussten.

Weiterhin danke ich den Mitarbeiterinnen des Lehrstuhls für Angewandte Botanik Sabine Flohr, Christa Kosch, Janne Mombour, Christiane Wittmann und Angelika Zimmermann für ihre Unterstützung. Alle haben alle auf ihre Weise zum Gelingen dieser Arbeit beigetragen, sei es durch Hilfe bei den Reiseformalitäten, durch Computertips und Laborratschläge oder durch die Teilnahme an Freilandeinsätzen.

Den Herren Ludescher, Stetzka und Zellner sei für ihre Bestimmungsarbeit gedankt. Hervorheben möchte ich die Leistung von Herrn Dr. Stetzka, der mehr als ein Dutzend Moosarten bestimmte. Gedankt sie auch Herrn Dr. Rennert für die Analyse von Bodenproben und wertvolle Ratschläge zur Bodenansprache.

Dem Team des Hotels „Bronzový Dukát" in Milhostov danke ich für die allzeit herzliche Aufnahme, das gute Essen und viele schöne Sommerabende auf der Hotelterrasse.

Nicht zuletzt möchte ich meinen Eltern danken, die mir stets den Rückhalt gaben, der für ein solches Projekt erforderlich ist.

i want morebooks!

Buy your books fast and straightforward online - at one of world's fastest growing online book stores! Environmentally sound due to Print-on-Demand technologies.

Buy your books online at
www.get-morebooks.com

Kaufen Sie Ihre Bücher schnell und unkompliziert online – auf einer der am schnellsten wachsenden Buchhandelsplattformen weltweit! Dank Print-On-Demand umwelt- und ressourcenschonend produziert.

Bücher schneller online kaufen
www.morebooks.de

 VDM Verlagsservicegesellschaft mbH
Heinrich-Böcking-Str. 6-8   Telefon: +49 681 3720 174   info@vdm-vsg.de
D - 66121 Saarbrücken   Telefax: +49 681 3720 1749 www.vdm-vsg.de

Printed by Books on Demand GmbH, Norderstedt / Germany